中国社会科学院创新工程学术出版资助项目

"十二五"国家重点图书出版规划项目

国家安全与发展战略研究丛书

中国食品安全治理评论

（第一卷）

REVIEW ON
CHINA'S FOOD SAFETY MANAGEMENT
(Vol.1)

江苏省食品安全研究基地主办
主编／吴林海
执行主编／王建华

社会科学文献出版社
SOCIAL SCIENCES ACADEMIC PRESS (CHINA)

《中国食品安全治理评论》编委会

陈　卫　江南大学

陈正行　江南大学

林闽刚　南京大学

文晓魏　华南农业大学

周洁红　浙江大学

周清杰　北京工商大学

赵敏娟　西北农林科技大学

胡武阳　美国肯塔基大学

黄卫东　南京邮电大学

滕乐法　江南大学

主　　　编：吴林海

执 行 主 编：王建华

发刊词

在社会各界的深切关注下，《中国食品安全治理评论》（以下简称刊物）正式呈现在广大读者的面前！本刊物是在江南大学江苏省食品安全研究基地在所承担的《中国食品安全发展报告》和《中国食品安全网络舆情发展报告》两个"教育部哲学社会科学发展报告"培育项目的基础上，坚持以问题为导向，坚持理论与实际相结合，秉承"为人民做学问"的历史责任，兼顾"学科交叉、特色鲜明、实证研究"的学术理念而创立的学术刊物。

中国食品安全的治理既有全球的共性问题，也有中国的特殊性问题。本刊物的研究侧重于中国食品安全治理问题的研究，立足中国的现实场景和具体问题，通过实证调查与案例分析，研究食品经营生产主体的现实微观行为、消费者对食品安全消费的需求、政府食品安全监管的新发展，探讨中国食品生产经营主体生产经营方式的转变，研究中国安全食品市场的培育与发展，分析政府食品安全治理能力的新变化。与此同时，追踪国际食品安全研究的新趋势，关注全球食品安全治理理论的新发展，展开深度的理论研究，努力构建具有中国特色和世界意义的食品安全风险防控、社会共治与食品安全国家治理体系的理论框架。

《中国食品安全治理评论》的诞生顺应了当下食品安全治理新常态与新的时代背景下的中国社会的新诉求，体现了学术思想的时代演进，旨在接受广大读者和作者的审读与关爱，发扬和秉承服务他人、不断创新的精神，并竭尽所能为我国食品安全治理理论的发展提供一个交流与合作的平台。刊物的栏目适度固定，但又动态变化，倡导"百花齐放、百家争鸣"的学术风格，以论文内容与研究方法的实践性和本土性为着眼点，弘扬原创精神，集众家之言，努力体现最新的研究成果，为关心和支持食品安全的理论界与实业界的专家、学者和实际工作者提供一个发表见解的学术园地。

刊物的出版必将带给我们喜悦，也会带来新的期盼。编委会与编辑部衷心地恳求学界、政界与社会各界支持本刊的努力，并坚信在大家的共同参与和帮助下，在广大读者、作者和编者的共同努力下，刊物一定能够办出自己的特色和风格。

目　录

食品安全法与舆情研究

食品生产经营
主体行为研究

农业生产随意性行为的理论解释与政策改进

——来自江苏阜宁生猪饲养户的个案考察*

王建华　马玉婷　乔　磊**

摘　要： 以农业生产者的行为特征为逻辑起点，通过对江苏阜宁生猪饲养户的实地考察，文章从农业生产行为的不同维度对农业生产随意性这一概念进行了界定，并结合"理性经济人"和"利己和利他经济人"假设，探讨了农业生产者随意性行为得以产生的结构性条件，及其对农产品安全生产的影响。研究发现，相对清晰的农产品安全生产认知，是农业生产者持续进行农产品安全生产的前提和基础，如果农业生产者的行为认知与安全生产规范差异太大，即便自身具有安全生产的诉求，其行为结果也会带来安全风险；对经济利益的过分追逐是农业生产者随意性行为产生的原始动因；减少利益冲突和达成利益整合，是促使农业生产者安全生产的重要手段；构建共同治理机制，是消除生产中的路径依赖、化解农产品安全风险和改变农业生产随意性行为的必要条件。

关键词： 农业生产者　随意性行为　理论解释　政策改进

---

* 国家社会科学基金重大项目"环境保护、食品安全与农业生产服务体系研究"（编号：11&ZD155）；江苏高校哲学社会科学优秀创新团队"中国食品安全风险防控研究"（批准号：2013－011）；教育部人文社会科学研究规划基金项目"基于不同类型农户生产经营行为的农产品安全生产模式研究"（批准号：13YJA630087）；教育部人文社会科学研究规划基金项目"基于农产品安全视角的新型农业生产经营主体培育研究"（批准号：13YJA790050）；江南大学自主科研计划重点项目（批准号：JUSRP51325A）。

** 王建华（1979～），男，河南汝南人，博士，江南大学商学院副教授，硕士生导师，研究方向为食品安全管理与农业经济；马玉婷，江南大学商学院；乔磊，江南大学江苏省食品安全研究基地，江南大学商学院。

一 引言

农业生产者在生产过程中的行为偏差和操作不当等随意性行为，是引发农产品安全风险的最直接原因[1]。这些随意性行为往往囿于生产行为的惯性选择[2]，再通过传统认知的默许和无意的传递而被不断放大。比如农业生产者在生产过程中，往往会随意施用农药，擅自加大农药施用量，增加施用频率，并缩短间隔期，甚至为追求立竿见影的效果而倾向于施用剧毒农药[3,4]，从而导致农产品安全风险不断发生。在生猪养殖过程中，随意性行为也时有发生，比如为了增产增效，生猪养殖户往往会随意配比饲料、使用添加剂，不规范使用兽药，不重视疫情防控也不注意饲养环境的消毒，这些行为都直接或间接地威胁着生猪产品质量的安全，给人们的身体健康带来隐患。因此，构建农产品安全风险防控体系的最终落脚点应该是，最大限度地减少农业生产者在农业生产过程中的随意性行为[5]。本文基于农业生产者不断分化与新型生产主体不断涌现的基本国情，以分析农业生产者的随意性行为方式为切入点，研究农业生产者的行为选择逻辑与关键性影响因素，探索规范农业生产者随意性行为的科学路径与政策保障机制，以有效减少农业生产者的生产行为偏差，推进农产品的安全生产。

二 文献综述

针对农业生产者的随意性行为特征及其危害、随意性行为的产生因素和规范农业生产者随意性行为的对策等方面的问题，国内外学者进行了大量的先驱性研究，并取得了较为丰富的研究成果。通过对相关研究的梳理，将主要研究成果总结概括如下。

（一）农业生产者随意性行为的表现形式及其危害

近年来，猪肉中"瘦肉精""兽药残留"等事件频发，引起了社会各界的极大关注和普遍担忧，农业生产者在生产过程中的随意性行为难辞其咎。王毅通过对猪肉主产省散养户和小规模养殖户的养殖环节进行分析发现，部分散户和小规模养殖户在饲养条件、科技知识以及疫情预防方面存在缺陷，凭经验养殖的情节严重[6]。苏小齐等在简要分析猪用疫苗行业状况的基础上，分析了养殖户疫苗的使用状况，研究发现相当数量的养殖户容易盲目加大猪瘟疫苗的使用剂量，从而导致仔猪免疫耐受或猪瘟免疫失败[7]。陈帅对吉林省生猪养殖农户的安全生产行为进行研究，发现部分散户和小规模养殖户饲养管理不规范，将未经处理的粪便水直接排放，也不注重猪场的内外消毒，使寄生虫、病毒和细菌感染于生猪体内[8]。此外，生猪养殖户在兽药使用上不懂药理，使用方法不科学、不规范，导致生猪体内有大量兽药残留，这些行为都对猪肉质量构成潜在威胁。陈迪钦在对生猪生产行为的影响因素进行分析后，发现生猪养殖户通常由自己处理生猪疫病，部分生猪养殖户根据习惯和饲养经验，甚至把人用药品随意用于生猪疫病治疗，这样较易出现食品安全隐患，给疫情处理、兽药用药监管等方面均带来麻烦[9]。吴健通过研究生猪养殖户对饲料购买的选择行为发现，离城镇较远的生猪养殖户为了方便，直接从附近的不正规小店购买饲料，也有生猪养殖户凭借自己的经验，自制配方、自配饲料，给生猪产品质量安全带来威胁[10]。

（二）农业生产者随意性行为的影响因素

影响农业生产者随意性行为的因素错综复杂，主要包括农业生产者的个体特征、家庭特征、认知特征以及经济特征等。就个体特征而言，从事生猪养殖的农业生产者普遍文化程度较低、年龄较大，对病死猪的处理采取就近填埋和随意丢弃的方式[11]。吴学兵等通过研究生猪养殖场质量安全的控制行为后发现，养殖场中的农业生产者年龄越大，思想越保守，越不容易改变传统的生产方式[12]。刘军弟等通过对生猪养猪户防疫意愿的研究，发现女性的防疫意愿比男性更强[13]。刘万利等对生猪养殖户的安全兽药选择行为研究，指出养殖户的年龄对安全兽药的使用意愿有很大的负影响，年龄越大，越不愿意使用安全兽药；女性较男性更不愿意使用安全兽药行为[14]。

在农业生产者的家庭特征方面，张跃华和邬小撑研究指出，当养猪收入占总收入的比例越高时，养殖户越有意识减少养猪过程中的随意性，越倾向于向政府报告疫情，以减少损失[15]。崔新蕾等对武汉市农户的研究证明，家庭人口和收入结构对农户规范生产行为有影响，前者呈负相关关系，后者呈正相关关系[16]。吴秀敏对生猪养殖户采用安全兽药的意愿及其影响因素进行了分析，发现养猪年份与生猪养殖户采用安全兽药的意愿呈负相关关系，即养猪年份越多的生猪养殖户越不愿意采用安全兽药[17]。王瑜通过研究家庭特征对生猪养殖户添加剂使用行为的影响发现，养殖经验越丰富的养殖户越不愿意使用添加剂[18]。还有研究指出，生猪养殖户的养殖规模与其安全生产行为呈正相关关系，养殖规模越大，养殖过程中的不当、违规及非法行为越少，越重视健康养殖以规避风险[19～22]。

农业生产者的认知特征（对相关法律法规的认知、对疫情及防疫的认知、对兽药使用及抗生素休药期的认知、对消毒的认知）也是影响生猪养殖过程中随意性行为的重要因素。应瑞瑶和王瑜研究表明，生猪养殖户对相关法律法规的认识越弱，越倾向于采用药物添加剂[23]。刘军弟对江苏省268个生猪养殖户进行调查后发现养猪户对疫病及防疫效果的认知与养猪户的防疫意愿呈显著正相关关系[13]。孙世民等指出，由于生猪养殖户的认识不足或知识缺乏，兽药的误用、滥用和非法使用现象时有发生[24]。同样，邬小撑等通过调查964个生猪养殖户使用兽药和抗生素的行为，发现目前生猪养殖户对抗生素休药期和违禁药品的认识不足，为滥用抗生素、不遵守休药期以及使用其他违禁药品提供了可能（重金属超标等）[25]。吴健还研究发现不少养猪户缺乏对消毒的重要性认识，觉得消毒是一件很麻烦的事情，没有必要把消毒杀菌当成一项预防各类疫病的重要措施[10]。

部分农业生产者出于经济考虑，采取了急功近利的生产方式，同样给猪肉的质量安全问题埋下隐患。邬小撑发现部分生猪养殖户出于利润最大化动机，会选择见效快的药物，而不考虑猪肉食用安全的问题[25]。同时，陈帅[8]、吴健[10]的研究也指出，生猪养殖户在经济利益的驱使下，会给猪使用国家明令禁止的违禁药品，如"瘦肉精"和添加剂，导致兽药残留超标，严重威胁生猪产品的质量安全。

（三）规范农业生产者随意性行为的对策研究

关于规范农业生产者的随意性行为这个问题，相关研究通常从不同的环节和层面展开。在提高并完善生猪补贴标准，切实落实生猪保险方面，陈迪钦研究指出，提高生猪补贴额度，完善补贴标准，扩大补贴范围，落实现有生猪保险环节的政策可有效帮助生猪养殖户分散由疫病、自然灾害及意外事故带来的风险[9]，从而增强生猪养殖户抵御生产风险的能力，减少生产过程中的投机行为。很多生猪养殖户由于缺乏相应的设备和技术，一些散养户由于欠缺经费，没能很好地对病死猪进行无害化处理。为此，有关部门必须给予充分的关注与支持，一方面畜牧兽医局要加强与保险公司的衔接沟通，积极做好病死猪和死亡能繁母猪的理赔工作；另一方面要认真做好无害化处理的统计登记工作，到现场拍摄并取证，以确保数据真实可靠、证据齐全、报送及时，为生猪养殖户积极争取病死猪无害化处理的经费补贴[10]。

在加强对饲料、兽药添加剂使用的管理以及增强消毒防疫意识方面，吴健通过对生猪养殖户安全生产影响因素的分析，认为要严格执行《饲料和饲料添加剂管理条例》，切实监管好生猪养殖户对饲料原料的安全性使用，督促生猪养殖户按照规定正确使用饲料及药物添加剂[10]。在监管好饲料安全性的同时，政府还应切实加强疫情防疫工作，建立健全符合农村养殖特点的相关防疫体系，完善具体防疫措施，加强疫情排查和监测，同时重点加大镇村防疫设备的投资力度，认真执行重大动物疫病强制免疫，加强生猪调运监管，防止疫情传入，并做好突发疫情应急准备工作[8]。此外，要增强生猪养殖户对猪舍和环境进行消毒的意识，以减少猪群感染疫病的机会，当疫病发生时，应坚持"早、快、严、小"的原则；对病死猪严格执行"四不准一处理"，即不准宰杀、不准食用、不准出售、不准转运，必须进行无害化处理；对发病生猪进行治疗时，不能滥用药物，严禁使用国家规定的违禁药物以保证生猪产品质量安全[26]。

在加强生猪养殖户安全生产的技术培训、规范生猪养殖户养殖行为方面，禾素萍研究表明，有关部门应加强对生猪养殖户的技术培训，定期举行技术培训和函授教育，向广大养殖户传授养殖技术、卫生防疫技术、管理技术等，促进他们科学规范地进行养殖，保证养殖的数量和质量[27]。同样，吴健也研究指出，各地应加强政府和相关专业化组织对生猪养殖户进行质量安全控制方面的技术培训，强化养殖户的质量安全意识，各地应以农业大学和畜牧兽医站为中心，多层次、多渠道、多形式地举行安全饲养方式的培训[10]。

生猪养殖过程中的农业生产者作为猪肉品质安全的保障者和主要提供者，他们的生产行为直接关系到农产品（猪肉）的质量安全，因此研究农业生产者生产的随意性行为，不仅可以从理论上弥补国内相关理论的不足，还有助于在现实中保障农产品的质量安全。国内外学者在不同领域探讨了农业生产随意性行为，但现有研究的系统性不强，全面、深入探讨影响农业生产随意性行为的因素及减少对策的文献十分鲜见，并且这些文献偏重于以理论形式分析农业生产随意性行为。

三　理论依据与方法选择

（一）理论依据

农业生产者的行为范围较广，就其经济行为而言，农业生产者的经济行为是其在特定的社会经济环境中，为了实现自身的经济利益而对外部经济信号做出的反应，一般包括外在行为和内在行为两部分：外在行为一般包括生产、消费、投资和借贷等方面，这些行为基本体现了农业生产者作为农村经济细胞的经济行为；内在行为是从社会学、心理学等角度对农业生产者的经济行为进行描述。对农业生产者来说，约束其经济行为的主要因素是土地、劳动力、资金和制度等，这些因素不仅能够激励其经济行为，而且能够抑制其经济行为。

亚当·斯密提出的"理性经济人"假设指出，人都是利己的，其行为目的是实现自身效用的最大化[28]。而现代马克思主义政治经济学四大假设之一的"利己和利他经济人"假设指出：第一，经济活动中的人有利己和利他两种倾向或性质；第二，经济活动中的人具有理性与非理性两种状态；第三，良好的制度会使经济活动中的人在增进集体利益或社会利益最大化的过程中，实现合理的个人利益最大化[29]。从这两大理论假设可以看出，就经济人假设而言，亚当·斯密和马克思的阐释存在一定程度的对立。这也解释了生猪养殖户为了追求自身利益最大化而在饲养过程中采取的理性或非理性、利己或利他的行为偏差。而"不完全理性"理论则认为，出现不完全理性在于人对自己情绪的控制不足，以及个人思维理性的有限性，并且难以避免。因为无论如何，人的知识水平和思维能力是有限的，所以理性水平受到限制。这说明生猪养殖户的个体因素（受教育程度）是影响其饲养过程中随意性行为的重要因素。

社会认知理论强调外部环境、个人因素和行为三个要素之间的相互作用和相互影响。Bandura（1986）提出了"相互决定论"即"三元互惠交互作用"的理论模型，即个体、个体行为以及行为所处的环境之间不断地相互作用，从而决定或者影响认知和行为之间的关系。内在思维活动和外部的环境因素相互交织在一起，决定着人们的行为。自我效能和结果期望是社会认知理论的核心。从社会认知理论可知，在生猪饲养过程中，生猪养殖户对其饲养行为的认知是其决策行为的基础，只有理解了生猪养殖户对饲养行为的认知和认知过程，才能理解其行为选择的意愿。正因为生猪养殖户缺乏对饲养行为的认知，其随意性行为才不断发生[21]。

由前面的分析可知，生猪养殖户在饲养过程中产生随意性行为的原因是比较复杂的，这里的随意性行为可能是理性的，可能是非理性的，也可能是不完全理性的，所谓"不完全理性"是指超越理性与非理性的一种存在状态。基于这些认识，我们不妨对如下三个方面给予重点探讨并加以验证。

第一，相对清晰的农产品安全生产认知是农业生产者持续进行农产品安全生产的前提和基础，如果农业生产者的行为认知与安全生产规范的差异太大，则即便自身具有安全生产的诉求，其行为结果也会带来安全风险。

第二，对经济利益的过分追逐，是农业生产者随意性生产行为的原始动因，解决利益冲突、达成利益整合，是促使农业生产者安全生产的重要手段。

第三，良好的共同治理机制，是动态掌握农业生产者的利益诉求、消除生产过程中的路径依赖、解决农产品安全风险、改变农业生产随意性行为不可或缺的条件。

（二）研究方法

本文以江苏阜宁生猪养殖散户和规模养殖户为研究对象，采用分层设计与随机抽样的方法，通过半结构式访谈、小组座谈、关键人物访谈、参与式观察及问卷调查等方法收集定性资料，在确保研究问题广泛性、代表性和真实性的同时，对收集的定性资料进行分析。

表1　不同类型资料收集方法的使用情况

	受访者		
	生猪养殖散户	生猪规模养殖基层管理人员	生猪规模养殖领导者
资料收集方法	问卷调查、结构性深度访谈、参与式观察	关键人物访谈、小组座谈、参与式观察	座谈会、关键人物访谈
收集的信息	对生猪养殖的认知和安全养殖行为的意愿	其视角下的安全养殖行为方式；相关利益方利益诉求的满足过程和满足程度	其视角下的生猪安全养殖预期，其责、权、利定位

四　农业生产随意性的产生机制：案例分析

农业生产随意性行为的产生与农业生产者的行为认知、行为习惯，以及追求高利润的目的联系紧密。其产生机制除了与农业生产者的自身因素有关，还与外界客观因素等有关。本文以江苏阜宁生猪饲养户的个体案例为据，对随意性行为的产生机制进行归类。

（一）饲料应用中的随意性行为

案例1：罗桥镇双联村，王福生，男，66岁。10年前王福生开始了自己的全职养猪事业，采用的是传统的自繁自养的养殖模式。

由于无法预知市场价格，所以难以判断猪肉的价格走势。为了养好这些猪，迎合市场需求，增加收益，他在原粮饲料的基础上自行配比并添加了预混料，喂食了预混料的生猪瘦肉比重大大提高，在销量提高的同时收益也不断增加。看到收益颇丰的他内心十分高兴，丝毫没有考虑预混料饲养出的生猪的肉质是否对人体有害。他身边有很多养殖户均在饲料中添加预混料，所以他也毫不犹豫地采取该方式，而这种通过添加预混料来提高瘦肉比重的方式甚至已经被圈内人默认为提高销量与增加收益的"法宝"。

但预混料并不便宜，80公斤/包的单价一般为145元，10包就花费了他1450元。其他原粮饲料大部分来自自家门前的菜地（豆饼、麦麸还要另买），由于没有细耕，这个投入并不多，而且他已经顾不得这个费用的计算了。2014年上半年生猪价格开始回落，从年初最高的14.5元直降至现在的6.6元，全年前后共育了8头肥猪，如果按150斤的出售标准计算，总收入仅为7920元。想到这里，老王很不满意，他在犹豫明年要不要减少预混料的添加以降低成本。

对王福生来说，在猪肉市场信息不对称、自己无法预知生猪市场猪肉价格的前提条件下，积极采取行动迎合市场需求以获取较高的市场份额是他追求高利润的必由之路。

正是在这种经济利益的驱使下，他毫无顾忌地在原粮饲料的基础上添加预混料或其他添加剂，以此提高瘦肉率。然而在猪肉价格下跌，而预混料或其他添加剂价格不变甚至上升的情况下，他也会考虑减少预混料或其他添加剂以最大限度降低成本，这也充分印证了他"理性经济人"假设下的随意性行为。

从此案例我们还可以看出，消费者不理性消费，追求瘦肉率较高的猪肉，政府部门缺乏有效的监督机制，养殖者追求经济利益最大化，各方面共同作用，致使养殖者随意性行为产生，因此，实现社会共同治理，从根本上减少农业生产过程中的随意性行为至关重要。其行为变迁如图1所示。

（二）疫苗应用中的随意性行为

案例2：三灶镇龙富村，张海生，男，54岁。除了日常的农活外，张海生还从事养猪活动，采用自繁自养的养殖模式已有10年。2014年初的生猪销售异常火爆，他和周围的同行一起扩大了养殖规模，全年合

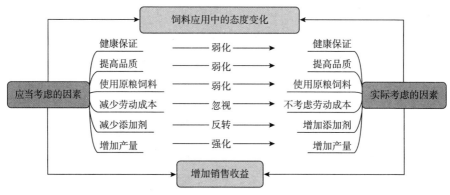

图 1　饲料应用中的随意性行为

计有 40 头之多。为了养好这些猪，提高家庭收入，他费尽心思，喂的是最好的麦麸、玉米、豆饼等纯原粮饲料，预混料使用也是严格按照说明书来添加的，但猪瘟的来临还是打碎了他美好的愿望，40 头生猪竟然死了 10 头。

回想自己养猪、喂猪的细节，他觉得问题主要出在所打的疫苗上。伪狂犬疫苗、猪瘟疫苗、口蹄疫疫苗，还有其他许多记不得名称的疫苗，注射前也没有仔细阅读说明书按剂量、有针对性地注射，单凭自己的经验。并且打的疫苗全由镇里免费提供，由于这种免费的疫苗保管得较为随意，药效也就大打折扣。经历过这么一次，老张觉得，免费的疫苗固然好，如果不能切实起到作用，将来还是自己购买疫苗更放心一点，虽然这会增加他不少负担。

由老张的案例我们可知，首先，虽然政府在生猪养殖方面给予一定的补贴，能够提供一定的免费疫苗，但是防疫站对免费疫苗的保存、管理比较随意，问责制度有缺陷，致使免费疫苗的药效大打折扣，给养殖户造成了经济损失。

其次，养殖户对需要打何种疫苗缺乏认知，其打疫苗行为具有明显的从众性而缺乏有效的针对性，这种因缺乏对疫苗品种的认知而随意注射的行为反映出其"不完全理性"的心理特征。同时，我们还可看出，加强对养殖户的专业防疫知识培训，对规避随意性行为、实现生猪安全生产具有紧迫性与必要性。

最后，当养殖户为降低养殖成本而选择免费疫苗时，如果免费疫苗没有取得成效，反而加重了其负担，那么即使可能提高成本，他们也会考虑自己购买疫苗。这种行为充分反射出其"理性经济人"的心理特征。其行为变迁如图 2 所示。

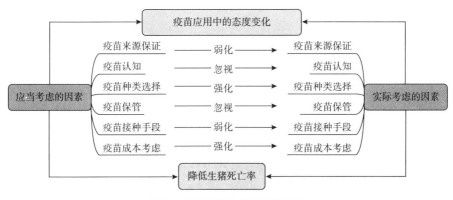

图 2　疫苗应用中的随意性行为

（三）兽药应用中的随意性行为

案例 3：三灶镇王集村，李梅，女，47 岁。如今李梅与家人一道经营着一家规模不大的养猪场，专业从事这一行已有 10 年以上，采用的是部分自繁部分自养的养猪模式。为了提高收益，提高生活水平，自认为经验丰富、管理卓有成效的她在 2014 年初开始扩大养殖规模，规模从 140 头扩大到近 200 头。目前，她已经售出 75 头生猪，平均售价达到 7 元/斤。虽然她对价格不太满意，但多少还可以保本。然而现在存栏的只剩下 60 头，其余全部死亡，死亡率较以往有明显的上升。

面对如此高的死亡率，想到这部分的惨痛损失，李梅的内心至今无法平复。她不断反思，发现问题主要出在兽药环节，自己对兽药管理粗放，内用药和外用药没有分类存储，导致兽药混合。另外，因为当年降雨量较大，兽药受潮比较厉害，但为了节省开支，她仍然给生猪使用受潮后的兽药，丝毫没有意识到受潮后的兽药的危害。并且在使用兽药的过程中，没有认真阅读兽药的保质期，将存放在家里很久甚至已变质的兽药也直接拿出来使用，想到这里，李梅后悔莫及。如今，她正与家人思考着：来年是否要恢复以往的养殖规模，并且学习一些安全存放兽药和使用兽药的知识，以降低死亡率，减少损失。

如上述案例所言，李梅对兽药管理不当，致使兽药混合，这反映出她缺乏对兽药存储管理的认知。而她使用受潮的兽药以及过了保质期的兽药，则一方面反映出她缺乏相应的兽药知识，对受潮的、过了保质期的兽药的危害认识不够，另一方面也反映出她具有最大限度降低成本、追求经济利益最大化的诉求。

一味追求经济利益最大化，缺乏对兽药存储管理的认知以及相应的兽药知识，导致她随意使用兽药，提高了生猪死亡率，最终她不得不面对仅能保本甚至亏本的局面。由此可知，加强对养殖户的兽药知识培训，增强其对兽药管理的认知，动态掌握其经济利益诉求，规范其过分追求经济利益而采取的随意性行为，对降低农产品（猪肉）安全风险至关重要。其行为变迁如图 3 所示。

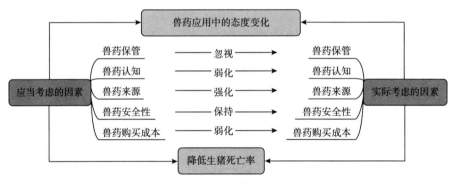

图 3　兽药应用中的随意性行为

（四）饲养环节的随意性行为

案例 4：罗桥镇许何村，张天书，男，于 2008 年 6 月投资 650 万元创建文年万头猪场，并于当年年底建成投产。猪场占地 43 亩，其中标准猪舍 6 幢，办公、生活、仓储等配套用房 15 间，拥有饲料粉碎机 2 台，母猪产房 80 间。消毒池、消毒工具、冷藏设备齐全，新建 50 平方米容量沼气池 2 个，场内道路均为水泥路面或硬质路面，绿化、亮化配套，电视网络监控设施齐全。

张天书认为，让生猪生长在好的环境里，吃自然的粮食，生猪的发病率一定能降低，猪肉也绝对是绿色健康的。在这种想法的驱使下，2012年初，他经过反复调研，投入80万元，将该基地的老式猪舍改为发酵床猪舍，经过此番改造，不仅解决了原老式猪舍排泄物难处理、人工随意处理排泄物、人工消毒散漫等问题，而且实现了污染物"零排放"标准，减轻了养猪业对环境的污染，彻底解决了规模养殖与环境污染的矛盾。同时，他发现改造后的发酵床猪舍饲养出的猪的抵抗力有所增强，所需饲料较少，猪肉的品质也有很大提高，市场竞争力明显增强，收益颇丰，张天书真切地体验到发酵床猪舍的甜头。

张天书的案例展现的关键在于，生猪的生长环境是导致随意性行为产生的一个重要因素，老式猪舍增加了养殖户在清理排泄物过程中的随意性行为，污染了自然环境，同时也提高了生猪的发病率，降低了猪肉的品质，因低销量而导致的勉强保本甚至亏本现象也随之产生。

基于此，为降低生猪发病率、提高经济收益、增强社会效益而选择将老式猪舍改造为发酵床猪舍，生产绿色健康猪肉，这充分展现其坚持"利己和利他经济人"的行为表现。其行为变迁如图4所示。

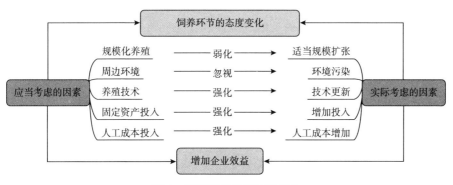

图4　饲养环节的随意性行为

（五）惯性行为驱使下的随意性行为

案例5：盐城阜宁，于步亮，男，44岁，于1997年创建了江苏盐阜众信集团。他的目标是让老百姓吃到绿色健康的猪肉，他坚信走生态养殖路线，改变原来人工饲养过程中一些习惯性的不规范行为就一定可以实现这个目标。于是，经过反复调研，他于 2007 年建立了众信生态养殖有限公司，全部采用生态发酵床养殖法进行饲养，此种养殖法避免了人工对猪粪等排泄物进行清扫过程中的随意性行为，环保无污染。同时，在饲养过程中，于步亮严格遵循传统工艺，为了进一步规范饲养人员的饲养行为，他引导大家在用料时要对采用的原粮饲料进行科学配比，不能根据个人感觉随意配比饲料，不使用任何添加剂；在用药时，要仔细阅读兽药说明书，严格控制用药量、严格遵守用药时间以及用药顺序，不能不假思索地随意用药；在给猪打疫苗时，要首先认清是何种疫苗，不能盲目乱打疫苗，更不能简单地将以前用过的所有疫苗都给猪注射。

在于步亮的努力下，公司的猪肉品质得到很大提升，得到了消费者的广泛认可，市场份额不断扩大，公司收益也节节攀升。看到今天大家共同受益的局面，于步亮的内心甚是欣喜，这满足了他让广大消费者吃得健康的心愿，也更加坚定了他生态养殖的理念。

于步亮的案例表明，养殖户的惯性行为是可以进行有效规范的，如科学配比饲料、不随意添加任何添加剂、严格控制兽药用药量并遵守用药顺序、有针对性地注射疫苗等，这对有效减少饲养过程中的随意性行为具有重要作用，同时也是提高猪肉品质、扩大销售量、提高收益的重要途径。

这种出于利己又利他的目的的规范性行为反映了养殖户"利己和利他经济人"假设下的行为特征。规范惯性行为，减少饲养过程中的随意性，不仅可以提高经济利益，还可以增强社会效益，政府部门对此应制定相关奖励政策，实现良好的社会激励机制，加大社会宣传推广力度。

最后，我们还可以得出，消费者、养殖者和政府部门是减少农业生产过程中的随意性行为，实现农产品安全生产的有效主体，应努力构建社会共同治理机制，综合有效地规范农业生产过程中的随意性行为，减少农产品安全生产风险。其行为变迁如图 5 所示。

从农业生产者随意性行为的以上五种产生机制来看，这五种机制表现出一个共同的特点，即随意性行为的产生与农业生产者的认知有着密切的关联，其行为动机都表现出对利润的追逐。在第一个案例中，随意性行为的产生因素主要是农业生产者的个体及认知因素，当然外界客观因素，如无法预知市场价格、市场信息不对称等，也是其随意性行为产生的因素。

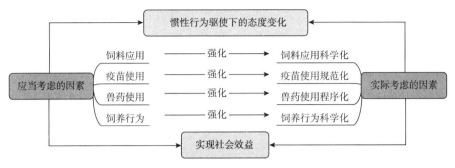

图 5　惯性行为驱使下的随意性行为

在第二和第三个案例中，随意性行为的产生机制主要与农业生产者的认知程度相关，对疫苗和兽药的认知度低是导致其随意性行为产生的主要因素。第四个案例主要表现的是较差的生长环境下的随意性行为的产生机制。通过第五个案例我们能够发现，农业生产者的惯性行为也会导致其随意性行为的产生，有效规避惯性行为是实现农业安全生产、减少随意性行为的重要手段。

以上案例尽管产生机制不尽相同，却表现出一些共性。农业生产者对经济利益的诉求普遍较高，而其认知能力普遍较弱、个体素质普遍较低，致使农业生产过程中的随意性行为具有普遍性。由此，我们可以看出中国实现农产品安全生产任重而道远，具有长期性、艰巨性与复杂性。因此，构建良好的共同治理机制，动态掌握农业生产者的利益诉求，消除生产过程中的路径依赖，减少农业生产过程中的随意性行为，实现农产品安全生产具有紧迫性与必要性。

（六）农业生产者随意性行为产生的分析框架

综合前面关于生猪养殖者在农业生产过程中的行为选择、随意性行为的表现形式、随意性行为的产生缘由的探讨及相关案例的考察，本文尝试提出一个治理农业生产过程中随意性行为的理论分析架构（见图6）。这个架构主要涉及两个维度的因素：一是内部因素，包括农业生产者的认知程度、素质高低和对经济利益的追逐程度；二是外部因素，包括市场竞争、政府管理、消费者选择及社会组织的参与和监督。内部因素和外部因素共同决定农业生产者的行为选择。拥有较高认知程度和素质、对经济利益不过分追逐、更加注重社会效益的农业生产者更倾向于采取规范性生产行为，相反则会采取随意性行为。相对对称的市场信息、消费者更理性的消费行为、政府良好的监管机制及社会组织充分的参与和监督又能有效促进农业生产者采取规范性行为，起到良好的辅助作用，反之，则会间接"纵容"农业生产者的随意性行为。因此，单独讨论内部因素、外部因素都可能顾此失彼，只有综合考虑内部因素和外部因素，共同发挥两者的作用，才能更加全面、有效地治理当前中国农产品安全生产的困境，减少农业生产过程中的随意性行为，但需要强调的是，在我国要消除农业生产者的随意性行为、实现农产品安全生产具有长期性、艰巨性和复杂性。

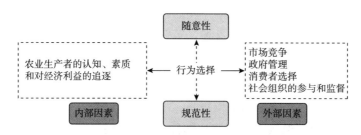

图6 农业生产者随意性行为产生的分析架构

五 研究结论与政策含义

（一）研究结论

当前，因农业生产者的随意性行为而导致的农产品（猪肉）安全风险频频发生，已成为一个严重的社会性问题。保障农产品（猪肉）安全，要靠全社会的共同努力。生猪养殖户要以安全为出发点，规范饲养过程中的惯性行为，增强对生猪安全养殖的认知，自觉减少随意性行为；政府部门要优化自身结构，出台有效政策和措施，强化社会监管和公共服务；第三方要做好政府、生猪养殖户和消费者之间的纽带，有效监督生猪养殖户的随意性行为和政府的社会管理行为，培养消费者的安全意识，促进消费者理性消费；消费者自身也是重要责任主体，要团结起来使管理随意的养殖场（户）失去市场，没有立足余地。此外，这几个责任主体也要相互配合，共同治理生猪养殖过程中的随意性行为，推进生猪安全养殖进程。

（二）政策含义

中国是世界上最大的猪肉生产国和猪肉消费国，实施生猪安全养殖，减少养殖过程中的随意性行为，从源头上控制生猪质量，提高中国猪肉的质量安全水平具有重要意义。基于上述研究分析，本文认为，只有生猪养殖者、政府、消费者以及第三方（社会组织）共同关注、共同治理才是减少养殖户的随意性行为，推进生猪健康、安全养殖的有效途径。

首先，生猪养殖者要积极学习生猪养殖的先进技术，提高生猪安全养殖技能，增强对安全养殖的理解与认知，自觉减少饲养过程中的随意性行为，如科学配比饲料、积极做好疫情防控、及时做好环境消毒、科学使用疫苗、合理存储疫苗和兽药以及规范使用兽药等。

其次，对政府来说：第一，要加强生猪安全养殖的宣传和推介，对生猪养殖户进行相关的专业知识培训，提高养猪场（户）对安全养殖的认知，增强养猪场（户）对减少饲养过程中随意性行为的必要性与紧迫性的认识和理解；第二，加大对养猪业的扶持力度，鼓励有条件的生猪散养户向养猪专业户转变，提高生猪养殖的规模化和专业化程度，这样养殖户为降低生产风险自然会自觉减少其随意性行为；第三，加大对饲料、疫苗、兽药添加剂的生产和使用的管理力度，督促生猪养殖户规范使用饲料、疫苗及药物添加剂，从源头上减少由随意性行为而导致的生猪质量安全问题；第四，建立健全相关法律法规，增强生猪养殖户的法律意识，从法律上有效监督生猪养殖户的随意性行为。

再次，对猪肉流通领域最后环节的消费者来说：第一，要学习有关猪肉质量安全的知识，提高对猪肉品质的辨识度，不能简单地一味追求瘦肉率高的猪肉，提高自我保护的能力和意识，做有知识、有意识的理性消费者；第二，要自觉培养维权意识，当买到可能有问题的猪肉时，应及时向卖方或消费者协会反映问题，加强对问题猪肉的监督和防范。

最后，对作为第三方的社会组织来说，要充分发挥其作为"看不见的手"在生猪安全养殖治理上的作用，加强对生猪养殖过程中随意性行为的监督与管理，比如与政府联合、协作共同推进相关法律法规的建设，制定更高的生猪养殖过程中的行为标准以减少随意性行为。同时，要携手高校、科研院所成立第三方检测机构，主动检测猪肉品质并及时在网络上公示检测结果，形成良好的舆论监督环境，有效抑制生猪养殖户的随意性行为。

参考文献

[1] Van Asselt E. D., Meuwissen M. P. M., "Selection of critical factors for identifying emerging food safety risks in dynamic food production chains," *Food Control*, （21）: 919 – 926, 2010.

[2] 杨志武：《外部性对农户种植业决策的影响研究》，南京农业大学博士学位论文，2010。

[3] Dasgupta, S., Laplante, B., Meisner, C. and Yan, J., "The impact of Sea Level Rise on Developing Countries: A Comparative Study," *Climatic Change*, 93 （3 – 4）: 379 – 388.

[4] 周洁红、胡剑锋：《蔬菜加工企业质量安全管理行为及其影响因素分析——以浙江为例》，《中国农业经济》2009 年第 3 期，第 45 ~ 56 页。

[5] 吴林海、侯博、高申荣：《基于结构方程模型的分散农户农药残留认知与主要影响因素分析》，《中国农村经济》2011 年第 3 期，第 35 ~ 48 页。

[6] 王毅：《基于价格波动背景的猪肉生产者消费者决策行为分析》，西北农林科技大学硕士学位论文，2013。

[7] 苏小齐、周波：《简析猪用疫苗行业现状》，《猪业经济》2014 年第 2 期，第 33 ~ 35 页。

[8] 陈帅：《吉林省农户生猪安全生产行为研究》，吉林农业大学硕士学位论文，2013。

[9] 陈迪钦：《农户生猪生产行为影响因素研究——基于湖南省益阳市 198 户农户调查》，四川农业大学硕士学位论文，2013。

[10] 吴健：《生猪养殖户安全生产行为的影响因素研究——以江西为例》，江西农业大学硕士学位论文，2013。

[11] 李建彬、刘金华：《养猪场病死猪的无害化处理情况及建议》，《中国畜牧兽医文摘》2013 年第 2 期，第 34 ~ 40 页。

［12］吴学兵、乔娟：《养殖场（户）生猪质量安全控制行为分析》，《华南农业大学学报》（社会科学版）2014年第1期，第20～27页。

［13］刘军弟：《基于产业链视角的猪肉质量安全管理研究》，南京农业大学硕士学位论文，2009。

［14］刘万利、齐永家、吴秀敏：《养猪农户采用安全兽药行为的意愿分析——以四川为例》，《农业技术经济》2007年第1期，第80～87页。

［15］张跃华、邬小撑：《食品安全及其管制与养猪户微观行为——基于养猪户出售病死猪及疫情报告的问卷调查》，《中国农村经济》2012年第7期，第72～83页。

［16］崔新蕾、蔡银莺、张安录：《农户参与保护农田生态环境意愿的影响因素实证分析》，《水土保持通报》2011年第5期，第125～130页。

［17］吴秀敏：《养猪户采用安全兽药的意愿及其影响因素——基于四川省养猪户的实证分析》，《中国农村经济》2007年第9期，第17～24页。

［18］王瑜：《垂直协作与农户质量控制行为研究——基于江苏省生猪行业的实证分析》，南京农业大学硕士学位论文，2008。

［19］胡浩、张晖、岳丹萍：《规模养猪户采纳沼气技术的影响因素分析——基于对江苏121个规模养猪户的实证研究》，《中国沼气》2008年第5期，第21～25页。

［20］陈炳钿、郑庆昌：《国内外安全食品供给动机影响因素研究现状及实证分析》，《世界农业》2011年第2期，第21～25页。

［21］彭玉珊、孙世民、陈会英：《养猪场（户）健康养殖实施意愿的影响因素分析——基于山东省等9省（区、市）的调查》，《中国农村观察》2011年第2期，第16～25页。

［22］王海涛、王凯：《养猪户安全生产决策行为影响因素分析——基于多群组结构方程模型的实证研究》，《中国农村经济》2011年第11期，第21～30页。

［23］应瑞瑶、王瑜：《交易成本对养猪户垂直协作方式选择的影响——基于江苏省542户农户的调查数据》，《中国农村观察》2009年第2期，第46～56页。

［24］孙世民、李娟、张健如：《优质猪肉供应链中养猪场户的质量安全认知与行为分析——基于9省份653家养猪场户的问卷调查》，《农业经济问题》2011年第3期，第76～81页。

［25］邬小撑、毛杨仓、占松华、余欣波、张跃华：《养猪户使用兽药及抗生素行为研究——基于964个生猪养殖户微观生产行为的问卷调查》，《产业透视》2013年第14期，第19～23页。

［26］喻波：《生猪养殖户安全生产行为研究——以湖南省宁乡县为例》，湖南农业大学硕士学位论文，2012。

［27］禾素萍：《农户生猪养殖行为影响因素的探讨》，《畜牧兽医》2013 年第 11 期，第 228 页。

［28］亚当·斯密：《国富论》，堂日松等译，华夏出版社，2006，第 35 页。

［29］程恩富：《现代马克思主义政治经济学的四大理论假设》，《中国社会科学》2007 年第 1 期，第 16～29 页。

生猪养殖户基本特征与病死猪处理行为间的相关性研究：仿真实验的方法*

许国艳　张景祥**

摘　要： 近年来，在我国病死猪乱扔乱抛或流入猪肉市场的事件屡禁不止，日益危及环境保护和人体健康，从源头上治理这个问题显得十分紧迫。本文以生猪养殖户的病死猪处理行为为研究对象，沿着生猪养殖户基于"成本—收益"处理病死猪的逻辑思维，在综合已有研究文献的基础上，假设养殖年限、养殖规模、政府政策、对相关法律法规的认知以及对生猪疫情及防疫的认知等因素影响养殖户对病死猪的处理行为，构建行为概率模型，采用计算仿真实验方法，研究生猪养殖户的基本特征与病死猪处理行为选择间的关系，并模拟行为选择的变化过程。研究结果显示，养殖年限和养殖规模对养殖户病死猪处理行为选择的影响并非简单的线性关系，但政府政策、对相关法律法规的认知以及对生猪疫情及防疫的认知与养殖户的行为选择呈正相关关系，同时与政府无害化处理补贴政策相比较，政府的监管与处罚对规范养殖户的病死猪处理行为更加有效。本文的研究意义就在于锁定具有病死猪负面处理行为的养殖户集合体的基本特征，为政府从源头上治理病死猪乱扔乱抛与流入猪肉市场等乱象提供了决策参考。

关键词： 病死猪处理行为　期望收益　行为概率模型　计算机仿真实验

---

*　国家自然科学基金项目（编号：71273117）；江苏省高校哲学社会科学优秀创新团队项目（编号：2013 – 011）。

**　许国艳，女，江苏丹阳人，江南大学商学院硕士研究生，研究方向为食品安全管理；张景祥，江南大学理学院。

2012 年中国人均猪肉消费量为 38.7kg，占全球猪肉消费总量的
50.2%[1]。猪肉在中国既是最普通的食品，也是城乡居民在牛肉、羊肉、
禽类与水产品等动物制品中最偏爱的食品。但猪肉具有经验品、信用品的
基本特征，消费者无法判断所购买的生鲜猪肉或猪肉制品是否安全，购买
行为主要由价格主导[2]。由于非常复杂的原因，近年来死猪肉在猪肉市场
上频繁出现，达到了令人发指的程度[3]。虽然病死猪在生猪养殖过程中不
可避免[4]，且猪肉市场上出现病死猪并不一定是生猪养殖户所为，但作为
产生的源头，生猪养殖户的病死猪处理行为与市场上出现病死猪显然具有
一定的相关性。研究曾被誉为是正直的、善良的生猪养殖户[5]的病死猪处
理行为及其影响因素，对加大监管力度，治理猪肉市场中频现的病死猪现
象，维护猪肉市场的秩序，保障猪肉市场的安全具有重要意义。

一　案例分析

2013 年 3 月初上海市民发现，黄浦江上不断漂来死猪。黄浦江上游横潦
泾段，这个一级水源保护地，正在被越来越多的猪的浮尸占据，这就是所谓
的"黄浦江死猪事件"。截至 2013 年 3 月 20 日，上海相关水域内打捞的漂浮
死猪累计已达 10395 头。政府相关部门在随后的检验检疫中发现在死猪内脏
中存在猪圆环病毒，可怕的是该病毒为已知的最小的动物病毒之一，各个年
龄段的猪对其均有较强的易感性，感染病毒后的猪病死率很高，而且到目前
为止猪圆环病毒病尚无有效的治疗方法。"黄浦江死猪事件"不仅引发了上
海市民对水质安全的心理恐慌[6]，而且引发了全社会的关注。据初步统计，
2013 年 3 月 11 日，当天的相关网络新闻超过 2000 篇，相关微博也猛增到 8
万余条，相关的传统媒体报道也超过 350 篇，网络舆情至此呈爆发态势[7]。
与此同时，该事件造成了极其严重的后果，在国际上被戏称为"免费的排骨
汤"，引发国际人士对中国食品安全的犀利嘲讽[8]。2013 年 3 月 27 日在河南
信阳河道再现死猪，初步分析认为可能是当地养殖散户无害化处理意识不强
而随意抛弃所致[3]。事实上，近年来，生猪养殖户乱扔乱抛病死猪或病死
猪流入市场所诱发的猪肉安全事件屡禁不止。表 1 是中国近年来爆发的病
死猪乱扔乱抛或流入猪肉市场的相关典型案例。

表 1   中国近年来的"病死猪"系列案例

发生时间	发生地点	事件描述
2009 年 7 月	四川省绵竹市孝德镇高兴村	屠宰经营 600 余公斤病死猪肉及相关制品
2010 年 6 月	广西贵港市平南县浔江河段（珠江上游）	死猪漂浮事件
2010 年 1～10 月	浙江钱塘江中游河段富春江流域	富春江流域累计打捞病死猪 2000 余头
2010 年 11 月	云南昆明	利用 9625 公斤病死猪和未经检验检疫的猪肉加工半成品，且将部分病死猪肉出售给昆明理工大学的食堂
2012 年 5 月	山东省临沂市莒南县筵宾镇大文家山后村	小河以及草丛中丢弃着 30 多头病死猪
2012 年 8 月	福建省龙岩市上杭县古田镇	病死猪肉被加工成 14000 多公斤的猪肥肉、猪瘦肉、猪排骨等
2013 年 3 月	上海黄浦江	截至 2013 年 3 月 20 日上海相关水域内打捞的漂浮死猪累计已达 10395 头
2013 年 9 月	广东深圳平湖海吉星农贸批发市场	销售广东茂名"黑工厂"加工的病死猪肉
2013 年 11 月	长江宜昌段流域	8 个月出现 3 次"猪漂流"现象
2013 年 12 月	江西瑞金市	低价收购病死猪肉，用来制作香肠
2014 年 1 月	江西南昌青山湖区罗家镇枫下村	现场查获 2 吨病死猪肉
2014 年 1 月	广西南宁良凤江高岭村	江面上漂着十几个装有死猪的麻袋
2014 年 1 月	湖南长沙县	2 万吨病死猪被货运客车运入市场

病死猪是生猪养殖过程中一个主要的废物流，必须基于环境保护、公共卫生安全并充分估计潜在的微生物威胁，科学处置病死动物尸体[9~10]，任何处理方法均不应该导致疾病的传播以及环境的污染[11~12]。为了科学处置生猪养殖环节的病死猪，我国农业部颁布了一系列规定，诸如《畜禽病害肉尸及其产品无害化处理规程（GB—16548）》《病死及死因不明动物处置办法（试行）》等，要求生猪养殖户对病死猪采取无害化的处理技术。养殖户的病死猪处理行为属于农户行为选择的范畴。一个客观事实是，农户的行为受社会经济和制度环境的影响，确保所有的农户采纳新技术是十

分困难的[13]，因为农户容易产生不道德的态度和行为[14]。因此，锁定不当处理病死猪的养殖户集合，探讨政府监管的现实路径，寻找逐步解决的方案，是促进生猪产业健康发展、确保猪肉市场安全与保护生态环境所面临的重大现实问题，也是本文研究的主要意义之所在。

二 文献回顾

国内外学者采用定量与定性的方法对养殖户的病死猪处理行为及其影响因素展开了大量的研究。Morrow 和 Ferket[15]分析比较了各种病死猪处理方法的优缺点，张跃华和邬小撑[16]运用 Probit 模型和 Ordered Probit 模型对生猪养殖户出售病死猪的微观影响因素进行了分析，沈玉君等[17]研究了在病死畜禽无害化处理过程中存在的问题等。尽管如此，现有的研究文献并没有研究病死猪处理负面行为与生猪养殖户基本特征之间的关系。本文基于认知偏差和路径状态会造成成本差异的逻辑[18]，对现有研究生猪养殖户的病死猪处理行为及其主要影响因素的文献展开梳理，在此基础上构建生猪养殖户病死猪处理的行为概率模型，采用计算实验仿真的方法研究病死猪处理负面行为与生猪养殖户基本特征间的关系。

养殖年限、养殖规模与养殖户的行为选择。国内外学者一致的观点是农户是理性人，追求利益最大化是其行为目标[19~20]；改变农户的常规行为具有非常大的挑战性[21~22]，因为农户行为选择的结果取决于其自身的行为态度与目标[23~24]；如果机会主义行为能够增加利润，生产者实施不法行为的概率将不断增加[25]。Ithika 等[26]对印度畜禽养殖户饲养技术选择行为的研究发现，养殖规模是其饲养技术行为选择的关键影响因素，养殖规模越大的农户越倾向于选择高水平的饲养技术。规模大的生猪养殖场为维护声誉，实施机会主义行为的可能性较小，而小规模的生猪养殖场受资本和技术的限制，无法达到规模经济，其行为违规的概率更大[27]。张跃华和邬小撑[16]的研究发现，养殖年限与养殖户的病死猪出售行为呈正相关关系，养殖年限越长的养殖户越倾向于出售病死猪。虞祎等[28]的研究发现，养殖年限越长的生猪养殖户由于无法衡量收益，影响了其环境保护行为的选择。也有学者研究认为，养殖规模和养殖年限与生猪养殖户的病死猪无害化处理行为呈正相关关系[29]。

生猪疫情防疫认知与养殖户的行为选择。认知对人们的行为选择起决定性作用[30~32]。Vignola 等[33]将认知因素与社会经济因素相结合，分析了认知对哥斯达黎加农户的土壤保护行为的影响，结果显示，农户对其负面行为的危害性的认知程度越深，对土壤保护的力度就越大。Joshi 和 Pandey[34]分析了农户认知与其愿意选择新水稻品种两者之间的关系，研究发现，农户的认知是解释农户采纳新品种行为最关键的因素之一。是否对动物尸体进行清洁处理在一定程度上取决于动物饲养者对自然畜牧死亡性质的认知以及对其所选择的清洁方法的认知[35]。张贵新和张淑霞[36]应用无序多分类 Logistic 模型探讨了养殖户选择疫情防控行为的影响因素，结果显示，养殖户的防疫认知对其防控行为选择存在显著的正向影响。

政府政策、法律法规认知与养殖户的行为选择。农户的选择行为与政策环境具有显著的相关性，政府的政策将影响农户行为的选择[37]。已有研究表明，政府的补贴因素、监管及处罚力度均显著影响生产者的行为选择[38~42]。由于政府政策对养殖规模设置了不同的门槛，专业户或大规模的生产者很容易获得政策支持，而中小规模的农户却苦苦挣扎，这可能迫使农户实施某些不当的行为，以弥补自身的损失，从而继续在行业内生存[5,43]。我国生猪养殖户的法律意识淡薄，追求当前利益是其出售病死猪的主要因素之一[44]。

三 研究的基本假定与期望收益

无害化处理是处理病死猪最科学的方法，也是我国农业部门对生猪养殖户规范处理病死猪的基本要求，其他处理方式均可视作负面行为。为简化起见，本文将生猪养殖户的诸多病死猪处理行为划分为无害化处理行为与负面行为两大类，并提出如下基本假设。

（1）所假设的生猪养殖户对病死猪的无害化处理行为（a_1）和负面处理行为（a_2）不存在时间的先后问题，生猪养殖户对病死猪的处理在同一时空点上只能选择其中一种行为。

（2）基于农户作为关注自身利益的理性人，其行为大多是理性选择的外显结果的研究结论[45~46]，假设生猪养殖户按照"成本—收益"的逻辑处理病死猪。

（3）与乱抛乱埋病死猪相比，出售病死猪的收益显然更高。根据机会成本的概念，假设生猪养殖户处理病死猪的负面行为主要指非法出售病死猪。

（4）基于目前的现实，可以假设生猪养殖户出售病死猪的负面行为在政府监管的时候是可以发现的，并不非常具有隐蔽性。

病死猪处理的某种行为的预期收益是生猪养殖户基于自身判断而得出的，并不是所有养殖户判断的均值。虽然模型假定生猪养殖户是理性行为人，但并不是所有的生猪养殖户均能清晰地权衡期望收益与其行为之间的关系[47]。因此，对病死猪处理的同一行为的期望收益，不同养殖户的估算结果不同并影响其行为选择。与此同时，生猪养殖户的行为选择不仅受内部经济压力的影响[48]，也受道德和社会因素的影响[49~50]。在外部环境中，政府监管力度是影响生产者行为的关键因素之一[41]。在本文的研究中采用对生猪养殖户的抽查比率来反映政府的监管力度，当发现生猪养殖户对病死猪处理实施负面行为时，将予以一定的处罚。两种行为的预期收益公式分别为：

$$u(a_1) = I_1 + P - C_w \tag{1}$$

$$u(a_2) = (1 - b)I_2 + b \times (I_2 - C_g - C_s) \tag{2}$$

在式（1）、式（2）中，$u(a_1)$、$u(a_2)$分别表示生猪养殖户对病死猪无害化处理行为和出售病死猪的负面行为的期望收益；I_1、I_2分别表示无害化处理病死猪后所获得的政府补贴和出售病死猪所得到的收益与所节约的处理成本；P表示生猪养殖户做出无害化处理行为时受到社会的赞扬与自己道德、良心方面的精神收益；C_w、C_g、C_s分别表示生猪养殖户无害化处理病死猪的成本、病死猪负面处理行为被发现后的处罚与付出的社会成本（名誉的损失、社会舆论的压力以及良心的谴责）；b为政府抽查的比例。

四　变量设置与行为概率模型的构建

生猪养殖户作为病死猪处理行为的主体，具有某些共同的本质属性。根据对已有文献的梳理，结合行为概率的定义，本文认为，养殖年限、养殖规模、对相关法律法规和政府政策的认知与政府监管、对生猪疫情与防疫的认知等因素影响生猪养殖户的病死猪处理行为。

（1）养殖年限实际上反映的是生猪养殖户的从业经验。由于易操作、成本低的特性，深埋已成为我国病死猪无害化处理普遍采用的方式。参考 Fernandez - Cornejo 等[51]的文献，养殖年限较长的生猪养殖户在无害化处理行为上已积累较丰富的经验，所需人力资本较少，这将直接影响 C_w，从而间接影响生猪养殖户的期望收益 $u(a_1)$。因此，在行为概率模型中引入变量 β_{i1} 来表示生猪养殖户对病死猪进行无害化处理的熟练程度。

（2）养殖规模。生猪养殖户的病死猪处理行为属于农户生产行为的范畴，存在规模报酬，诸如采用相同的 HACCP（Hazard Analysis Critical Control Point）管理措施，小规模的养殖户进行无害化处理的成本显然高于规模大的养殖户[52]，进而影响预期收益 $u(a_1)$。因此，在行为概率模型中引入变量 β_{i2} 来表示生猪养殖户养殖规模的大小。

（3）对相关法律法规和政府政策的认知与政府监管。迄今为止，我国相关部门针对病死猪处理颁布了一系列法律法规，并实施无害化处理的补贴政策，但是前期调查发现，生猪养殖户对这些法律法规与政策普遍缺乏认知。在此现实情景下，农户认为其负面行为完全符合自身利益[53]。此外，当养殖户感到政府将加大监管力度和处罚力度时，就会自动降低对负面行为期望收益的评估，即认知偏差影响生猪养殖户对其选择行为的预期收益的判断。因此，在行为概率模型中引入变量 β_{i3} 来表示生猪养殖户对相关法律法规的认知程度，C_g 和 b 分别表示政府政策与政府监管。

（4）对生猪疫情与防疫的认知。在养殖环节中，养殖户最担忧的是生猪疫情暴发所导致的巨大损失。然而养殖户本身并不积极主动地采取防疫措施，甚至在疫情暴发的初期隐瞒实情，并将疫情的爆发归责于他人。这是在利益感知和行为选择之间，生猪养殖户出于本能的反应，选择与长远利益相悖的行为的表现[54]。因此，在行为概率模型中引入变量 β_{i4} 来表示养殖户对生猪疫情与防疫认知的程度。

元胞自动化（Celluar Automata，CA）、多主体仿真（Multi - agents Based Simulation）和定性模拟算法（Qualitative Simulation Method，QSIM）等是研究群体行为模拟的重要方法，这些方法主要是基于个体 - 群体的基本思路，在设置初始条件的情况下，运用某种程序模拟群体行为的变化过程。由于影响生猪养殖户的病死猪处理行为的因素复杂多样，而且不同养殖户的属性各不相同，因此仅采用上述某种方法模拟群体的行为选择值得商榷[18,55]。为了克服现有方法的缺陷，本文将期望收益作为生猪养殖户的病死猪处理行为的约束条件，将所有直接或间接影响因素均设定为生猪养殖户对两种行为期望收益的回归系数，则影响生猪养殖户行为选择的唯一因素就在于生猪养殖户对某种行为的期望收益的判断。

关于期望收益和行为概率之间的关系，学者们进行了先驱性的研究[18,56~57]。基于前人对期望收益与行为概率的研究，并根据前文的基本假设及变量设置，本文构建如下行为概率模型。

$$
\begin{cases}
p_i(a_1) = \dfrac{e^{[\beta_{i0} + (\beta_{i1} + \beta_{i2} + \beta_{i3} + \beta_{i4})u_i(a_1) - (\beta_{i5} + \beta_{i6} + \beta_{i7} + \beta_{i8})u_i(a_2)]}}{1 + e^{[\beta_{i0} + (\beta_{i1} + \beta_{i2} + \beta_{i3} + \beta_{i4})u_i(a_1) - (\beta_{i5} + \beta_{i6} + \beta_{i7} + \beta_{i8})u_i(a_2)]}} \\[4mm]
p_i(a_2) = 1 - p_i(a_1) = 1 - \dfrac{e^{[\beta_{i0} + (\beta_{i1} + \beta_{i2} + \beta_{i3} + \beta_{i4})u_i(a_1) - (\beta_{i5} + \beta_{i6} + \beta_{i7} + \beta_{i8})u_i(a_2)]}}{1 + e^{[\beta_{i0} + (\beta_{i1} + \beta_{i2} + \beta_{i3} + \beta_{i4})u_i(a_1) - (\beta_{i5} + \beta_{i6} + \beta_{i7} + \beta_{i8})u_i(a_2)]}} \\[4mm]
\quad = \dfrac{1}{1 + e^{[\beta_{i0} + (\beta_{i1} + \beta_{i2} + \beta_{i3} + \beta_{i4})u_i(a_1) - (\beta_{i5} + \beta_{i6} + \beta_{i7} + \beta_{i8})u_i(a_2)]}}
\end{cases} \tag{3}
$$

在式（3）的行为概率模型中，β_{ij} 是回归系数。由于生猪养殖户对病死猪只存在无害化处理与负面处理两种行为 $\{a_1, a_2\}$，且设置了 4 个变量，因此，$i \in [1, 2, \cdots, N]$，N 为样本总量，$j \in [1, 2, \cdots, 8]$；$\beta_{i0} \in (-\infty, +\infty)$ 且 $\beta_{i1}, \beta_{i2}, \cdots, \beta_{ij}, \cdots, \beta_{i8}$ 均大于 0，故模型中 $u_i(a_2)$ 前面的符号为负，表示 $p_i(a_1)$ 随着 $u_i(a_2)$ 的增加而降低。这是因为资源是稀缺的，生猪养殖户选择任何一种病死猪处理行为均存在机会成本。换言之，生猪养殖户的两种病死猪处理行为之间存在资源约束，某种行为的概率只与该种行为的期望收益存在正相关关系，与另一种行为是负相关的。

β_{i0} 与两种行为的期望收益均无关，它的意义在于当生猪养殖户对无害化处理与负面处理行为的期望收益的估算均为 0 时，即当 $u_i(a_1) = u_i(a_2) = 0$ 时，生猪养殖户选择某种行为的概率。这时养殖户的行为选择没有任何利益的驱动，是完全自发产生的。

五　计算仿真实验与结果分析

行为概率模型最基本的研究方法是基于实际的历史统计数据，利用

SPSS 软件计算回归系数。但本研究存在一定的特殊性：一是我国相关管理部门并没有每日公布生猪养殖户的病死猪处理情况，故无法获得可靠的历史统计数据；二是由于存在利益诉求，即使采用实地调研获得某地区病死猪处理的相关数据，其准确性及客观性也有待考证；三是本文的研究目的是分析 β_{i1}、β_{i2}、β_{i3}、β_{i4} 如何具体影响生猪养殖户的行为选择，考察这些变量与养殖户的病死猪处理行为之间是否仅为线性关系，而这难以通过定量分析方法来解决。基于上述情况，本文采用计算机仿真的实验方法，模拟生猪养殖户的行为选择过程，探求模拟结果显示的规律。

本文研究运用 MATLAB（R2010b）软件，通过设置环境参数（见表 2）与相关规则，模拟养殖户的病死猪处理行为。

（1）假定资源分布在一个 20×20 的正方形区域内，且区域内已事先存在一些环境参数，这些环境参数在之后的软件运行中始终保持不变。

表 2　环境参数

模型参数	参数值
模拟界面范围	20×20
生猪养殖户的样本总量	100
无害化处理的生猪养殖户	1
负面行为处理的生猪养殖户	-1
没有生猪养殖户存在	0

（2）计算仿真实验开始前，生猪养殖户的位置随机分布在界面之中。

（3）生猪养殖户的"视力"值。已有研究显示，农户的行为决策受到周围群体的影响[58~59]。因此，在计算机仿真中需要考虑其与环境的交互作用。"视力"是生猪养殖户获取周围资源信息的能力。仿真开始时设定所有生猪养殖户的"视力"值均为 2，即表示每个养殖户均拥有获取前后左右 2×4 个方格内的"邻居"状态的能力。根据其"视力"范围内"邻居"的状态而不断调整自身的行为。如果养殖户本身选择负面处理病死猪行为，当其"视力"范围内实施负面行为的养殖户数量大于或等于无害化处理病死猪的养殖户数量时，则保持自身原来的选择（如果自身本来选择的是无害化处理行为，则相应改变选择）；当其"视力"范围内实施负面行为的养殖户数量小于无害化处理病死猪的养殖户数量时，则改变自身行为（如果自身本来选择的是无害化处理行为，则保持自身原来的选择）。

（4）生猪养殖户的期望收益。根据式（1）、式（2）中的生猪养殖户对两种行为的期望收益，本文可以获得生猪养殖户在某一时刻任意一种行为的期望收益。我国无害化处理的补贴金额为 80 元，即 I_1 取 0.8（单位为百元），现阶段生猪无害化处理所需的实际成本约为 120 元[60]，由于养殖年限与养殖规模对处理成本均有直接影响，所以 C_w 取值为 1.2/（$3 \times \beta_{i1} + \beta_{i2}$）（单位为百元）。参考我国目前市场上病死猪的收购价格，一头病死猪收购的平均成本为 300~500 元[61]，加上无须深埋节约的成本，所以 I_2 在 4.5 与 6.5 之间均匀分布（单位为百元）；P 为生猪养殖户做出无害化处理行为时受到社会的赞扬与自己道德、良心方面的精神收益，为了计算方便，P 取值为 $\alpha \times I_1$；由于养殖规模大的生猪养殖户更加注重声誉，所以 α 的取值与 β_{i2} 有关。为了确保 α 取值为整，令 $\alpha = \beta_{i2}$；C_g 的初始值取 13（单位为百元）；C_s 为社会成本，与 P 相对，取值为 $\alpha \times I_1$；根据本文的前期调查，政府对生猪养猪户抽查的力度大约为一年 2 次，即 b 的初始值取 0.2。

（5）生猪养殖户的基本特征。本文选取了影响生猪养殖户病死猪处理行为的最主要的四个因素，即养殖年限（β_{i1}）、养殖规模（β_{i2}）、对相关法律法规的认知（β_{i3}）、对生猪疫情及防疫的认知（β_{i4}）。为了探求养殖户的基本特征与病死猪处理行为之间的相关性，本文的研究用数值变动来代表因素的变化。β_{i1}、β_{i2}、β_{i3}、β_{i4} 的取值区间为 [1，6]，且皆为整数，1~6 分别表示养殖年限的长短，即"1"代表"养殖年限非常短"，"6"代表"养殖年限非常长"。同理，养殖规模的大小、对相关法律法规与政府政策的认知程度以及对生猪疫情与防疫的认知程度的深浅也用 1~6 的整数来表示。由于无害化处理和负面行为处理是两种独立且不相容的行为，故 β_{i5}、β_{i6}、β_{i7}、β_{i8} 与 β_{i1}、β_{i2}、β_{i3}、β_{i4} 之间存在如下关系：

$$\begin{cases} \beta_{i1} + \beta_{i5} = 6 \\ \beta_{i2} + \beta_{i6} = 6 \\ \beta_{i3} + \beta_{i7} = 6 \\ \beta_{i4} + \beta_{i8} = 6 \end{cases} \tag{4}$$

（6）在计算仿真实验正式开始前，本文经过反复多次尝试，设置 β_{i0}、β_{i1}、β_{i2}、β_{i3}、β_{i4} 的最优初始值分别为 10、2、2、2、1。

本文首先按上文设置的环境参数和运行规则以及式（1）、式（2）和式（3）来编写计算仿真程序；其次将 $u_i(a_1)$、$u_i(a_2)$、I_1、I_2、P、C_w、C_g、C_s、α 等初始值输入程序中，然后运行程序进行模拟实验，经过反复多次试验得出 β_{i0}、β_{i1}、β_{i2}、β_{i3}、β_{i4} 的最优初始值；最后将 β_{i0}、β_{i1}、β_{i2}、β_{i3}、β_{i4} 的最优初始值输入程序，仿真正式开始。随着时间的推进，生猪养殖户的基本特征和周围环境不断发生变化，其病死猪处理的行为选择也不断改变。基于上文的基本假设，养殖户对病死猪的处理只存在无害化处理行为和负面处理行为。此外，负面行为主要指养殖户出售病死猪，故仿真结果的输出表现为两条曲线的起伏，且两条曲线分别表示选择无害化处理的养殖户数量和出售病死猪的养殖户数量占样本总量的比例的变化过程。同时，由于本文选取的样本量为 100，所以输出结果的行为概率乘以 100 就是选择某种行为的养殖户数量。

研究主要从以下六方面进行。

（1）养殖年限对养殖户病死猪处理行为的影响。由于本文假设在计算仿真实验开始前，生猪养殖户在二维空间中的位置为随机，故每次运行的结果均不相同。当养殖年限 β_{i1} 分别取值为 2、4、5、6 时，输出的行为模拟曲线比较稳定，对比度也比较明显。图 1 反映了养殖户在不同养殖年限下，其病死猪处理行为的变化过程。在图 1 中，黑色的线条表示选择出售病死猪的养殖户数量占样本总量的比例，浅灰色的线条表示选择无害化处理病死猪的养殖户数量占样本总量的。对比图 1 中的（a）、（b）、（c）三个输出曲线图可以发现，养殖年限对养殖户选择无害化处理病死猪具有显著的正向影响，即养殖年限越长的养殖户越倾向于选择无害化处理病死猪。这一结果与张跃华和邬小撑得出的研究结论相反，可能的原因是本研究假设所有生猪养殖户都是理性行为人，而张跃华、邬小撑的研究假设是养殖户是否理性与其年龄、受教育年限有关[16]；但也有相关文献支持本文的这一结论，比如张雅燕[29]认为，养殖年限与生猪养殖户选择病死猪无害化处理行为呈正相关关系。但对图 1 中的（c）和（d）进行比较可清楚地发现，当养殖年限 β_{i1} 从 5 提高到 6 时，选择无害化处理行为的生猪养

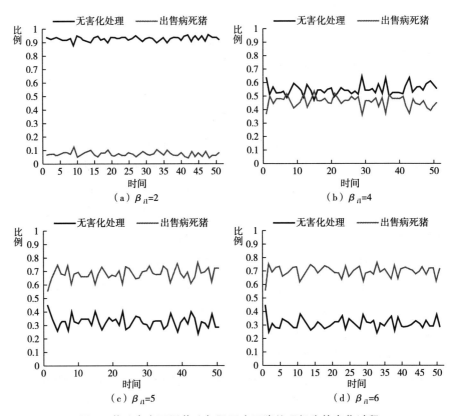

图1 养殖户在不同养殖年限下病死猪处理行为的变化过程

殖户数量不再发生显著变化。因此上述研究得出的养殖年限与养殖户选择无害化处理病死猪行为之间不仅具有正向影响关系，而且具有临界线性相关性。可能的原因是养殖户的经验达到一定程度后，病死猪无害化处理的成本将不再发生变化，养殖户对 u_1 的判断趋于稳定，其行为选择也趋于稳定。此外，也可能是在行为概率模型中，养殖户的病死猪处理行为并不仅仅受养殖年限这个单一因素的影响。显然，本文关于养殖年限对养殖户的病死猪处理行为的影响的研究结论较张雅燕等相关文献的研究更合理，也更符合客观实际[29]。

（2）无害化处理的补贴政策对养殖户的病死猪处理行为的影响。我国农业部为鼓励养殖户无害化处理而制定了相关补贴政策，规定养殖规模在50头以上的养殖户在实施无害化处理后可获得当地政府每头80元的补贴。但比较图2中的（a）与（b）可以发现，政府没有发放补贴固然是养殖户

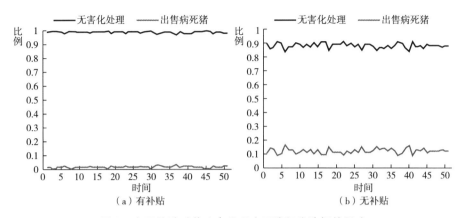

图 2　有无补贴对养殖户处理病死猪行为选择的影响

不当处理病死猪的原因，但并不是关键因素，因为有无补贴对养殖户无害化处理病死猪的行为选择影响不显著。基于此，对养殖户选择负面行为处理病死猪的研究不能从单个因素来分析，需要综合全面地考虑。故在 2013 年"黄浦江死猪"事件爆发时，媒体与相关学者将深层原因归结为政府未发放无害化处理补贴，并不完全准确。

（3）养殖规模对养殖户病死猪处理行为的影响。图 3 中的（a）和（b）显示了当养殖规模 β_{i2} 的取值从 2 提高到 3 时，养殖户的病死猪处理行为的变化情况。对比（a）与（b）的输出结果发现，由中小规模发展到中大规模时，养殖户选择无害化处理病死猪的行为显著增加。对（a）、（b）和（c）的输出结果进行横向比较可知，养殖规模与养殖户选择无害化处理行为具有正向关系，且养殖规模 β_{i2} 从 3 上升至 5 时，即从中大规模扩张至大规模时，选择无害化处理行为的养殖户人数的增加幅度与养殖规模从中小规模发展至中大规模时的增加幅度几乎一致。对比图 3 中的（c）和（d）可发现如下规律：扩大养殖规模并不总是能增加选择无害化病死猪处理行为的养殖户数量，当养殖规模发展至一定程度（ β_{i2} =5）时，养殖户均将选择无害化的行为方式处理病死猪；如果再继续扩大养殖规模（ β_{i2} =6），养殖户选择无害化处理行为的比例不再发生变化；与小规模养殖户相比，大规模的养殖户更加愿意选择无害化处理行为。这一规律与孙世民等的结论基本一致[62]。

（4）对相关法律法规的认知对养殖户病死猪处理行为的影响。图 4

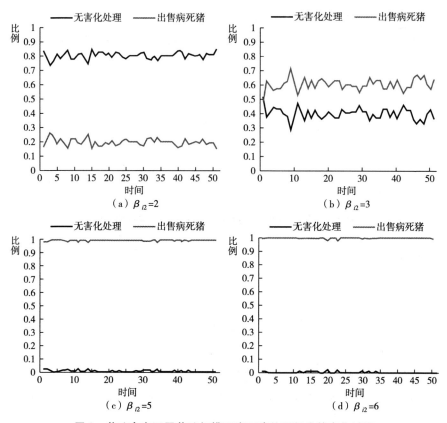

图 3　养殖户在不同养殖规模下病死猪处理行为的变化过程

反映了随着养殖户对相关法律法规认知程度的提高，其病死猪处理行为的变化情况。比较图 4 中的（a）、（b）和（c）可以发现，对相关法律法规的认知与养殖户选择无害化处理行为呈正相关关系，即养殖户对相关法律法规的认知程度越高，其越倾向于采用无害化的方式处理病死猪。这与王瑜、应瑞瑶和黄琴等得出的结论较为相似[63～64]。

对图 4 进行分析可以发现，当养殖户对相关法律法规的认知程度一般（$\beta_{i3} = 3$）时，选择出售病死猪的养殖户数量与选择无害化处理病死猪的养殖户数量的比约为 3∶2；当认知程度 β_{i3} 的取值由 3 变为 5 时，选择上述两种处理行为的养殖户数量的比接近 1∶；当养殖户非常了解法律法规（$\beta_{i3} = 6$）时，养殖户均选择无害化处理病死猪。因此，对相关法律法规的认知与养殖户的病死猪处理行为之间的关系可能是，当养殖户对相

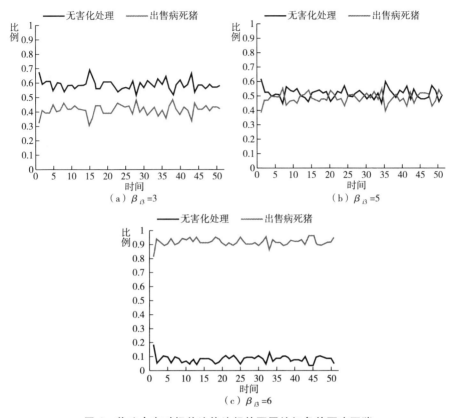

**图4 养殖户在对相关法律法规的不同认知条件下病死猪
处理行为的变化过程**

关法律法规的认知程度低于 β_{i3} = 5 时，它们之间是一条斜率较小的回归直线；当 β_{i3} 的取值为 5 以上时，它们之间是一条斜率较大的回归直线。出现这一结果的可能原因是，当对相关法律法规的认知程度非常深时，道德和社会因素对养殖户群体将产生更大的作用，此时养殖户将认为实施负面行为并不符合自身的最大利益。

（5）对生猪疫情与防疫的认知对养殖户病死猪处理行为的影响。图5 显示了随着养殖户对生猪疫情及防疫的认知程度的提高，其病死猪处理行为的变化情况。与前述对相关法律法规的认知对养殖户病死猪处理行为的影响相似，养殖户对生猪疫情及防疫的认识越多，其越愿意采纳无害化处理的方式。这一结果与闫振宇等对相关研究主题得出的结论较为一致[65]。

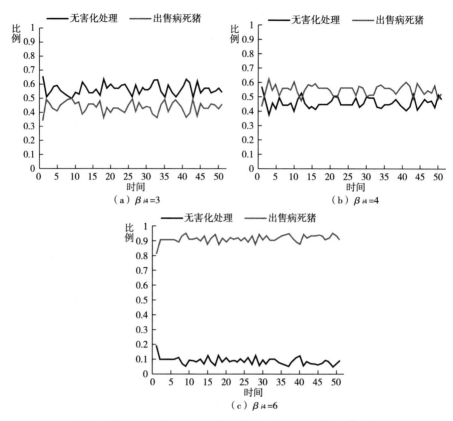

图5　养殖户在对生猪疫情及防疫的不同认知条件下病死猪
处理行为的变化过程

图4与图5唯一的区别在于：随着对生猪疫情及防疫的认知程度的提高，选择无害化处理行为的养殖户数量的比例变化较为平缓。可能的解释是：当养殖户对生猪疫情的危害及防疫的重要性有些认知时，养殖户将不再顾忌眼前的利益，而选择与自身长远利益相符的行为。

（6）政府的监管和处罚力度对养殖户病死猪处理行为的影响。基于上文的基本假设，养殖户均具有"成本－收益"的分析思维，故政府的监管力度（b）和处罚力度（C_g）的变化均影响养殖户对实施负面行业所带来的期望收益［$u(a_2)$］的判断，从而导致养殖户对病死猪处理行为的选择发生改变。图6中的（a）和（b）的输出结果显示，在对负面行为处罚力度相同的条件下，政府监管力度b从0.2增强至0.3时，选择出售病死猪的养殖户数量显著减少。这是因为养殖户的病死猪处理行为并不非常

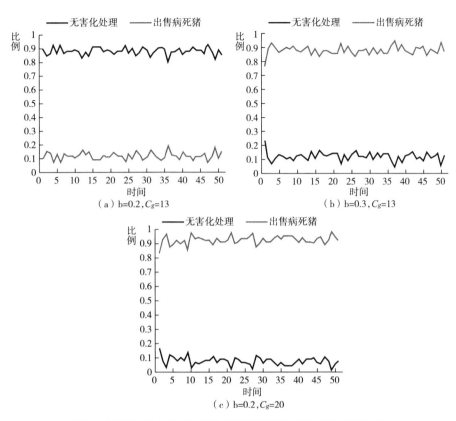

图6 不同监管力度与处罚力度下养殖户行为选择的变化过程

具有隐蔽性，一旦政府强化监管就较容易发现负面行为。纵向比较图6
中的（a）和（c）可发现，在政府监管力度相同的条件下，处罚力度
（C_g）从13增加至20时，选择出售病死猪的养殖户数量明显减少。这
一结果与现实情况相符，政府对养殖户的监管力度越大，则养殖户负面
行为被发现的概率越大；处罚力度越大，则对养殖户的震慑力度就越大，
养殖户为负面行为付出的成本就越大，因此其越来越趋向于采用无害化
的处理方式。

六　主要结论与政策建议

本文假设养殖年限、养殖规模、政府政策、对相关法律法规的认知与
对生猪疫情及防疫的认知等因素影响养殖户的病死猪处理行为，运用行为

概率模型研究了生猪养殖户的基本特征与病死猪处理行为间的相互关系，并运用计算仿真方法模拟了行为的变化过程。研究的主要结论是，当生猪养殖户的养殖年限为 1~10 年时，养殖年限越长，生猪养殖户越倾向于选择无害化处理行为，但当养殖年限在 10 年及以上时，养殖年限对养殖户病死猪处理行为的影响有限或不再产生影响；养殖规模越大，养殖户选择无害化处理行为的概率越大，并且大规模和超大规模的养殖户几乎均选择无害化的处理行为；养殖户选择无害化处理行为的概率分别随着其对政府政策、相关法律法规与生猪疫情及防疫的认知程度的提高而增加；政府对病死猪无害化处理的补贴政策与监管和处罚力度对养殖户的处理行为均有影响，但政府的监管与处罚更奏效。

由此可见，本文的研究结论具有较强的政策含义，归纳起来主要是，各地区尤其是生猪养殖户密集的地区应从实际出发，对生猪养殖行业设置必要的准入门槛，推行并逐步实施养殖户资格认证机制，确保养殖户具有一定的从业经验；政府应重点监管生猪养殖的散户和中小规模的养殖户，创造条件集中管理分散的养殖户，并发挥社会舆论和道德教育的作用，利用村规民约的治理机制，加大中小规模养殖户病死猪负面处理行为的社会成本，遏制病死猪负面处理行为的"破窗效应"（Break Pane Law）[①]；加强相关法律法规、生猪疫情危害与防疫措施方面的宣传教育，提升生猪养殖户的科学素养；实施村委会自治监管与村民自律参与监管的治理方式，政府部门设置奖励举报的机制，将养殖户处理病死猪的行为公开化和透明化，加大对出售病死猪等负面行为的经济处罚力度。

参考文献

[1] 吴林海、王建华、朱淀：《中国食品安全发展报告（2013）》，北京大学出版社，

---

① 破窗效应最初由美国学者比德曼等于 1967 年提出，1982 年 3 月威尔逊和凯林在美国《大西洋月刊》上发表了一篇题为《"破窗"——警察与邻里安全》的文章，首次提出了"破窗效应"。"破窗效应"认为：如果有人打坏了一个建筑物的窗户玻璃，而这扇窗户又得不到及时的维修，别人就可能受到某些暗示性的纵容去打烂更多的窗户玻璃。久而久之，这些破窗户就会造成一种无序的感觉。结果在这种公众麻木不仁的氛围中，犯罪行为就会滋生、猖獗。

2013，第 29 页。

[2] Nelson P. , "Information and Consumer Behavior," The Journal of Political Economy, 1970, 78 (2):311 – 329.

[3] 吴林海、王淑娴、徐玲玲：《可追溯食品市场消费需求研究——以可追溯猪肉为例》，《公共管理学报》2013 年第 3 期，第 119 ~ 128 页。

[4] Gwyther, C. L. , Williams, A. P. , Golyshin, P. N. , et al. , "The Environmental and Biosecurity Characteristics of Livestock Carcass Disposal Methods: A Review," Waste Management, 2011, 31 (4):767 – 778.

[5] Struthers, C. B. , Bokemeier, J. L. , "Myths and Realities of Raising Children and Creating Family Life in a Rural County," Journal of Family Issues, 2000, 21 (1):17 – 46.

[6] 《黄浦江死猪漂流事件引发国人水安全担忧》，http：//www. apdnews. com/info/view – 4630 – 1. html, 2013 年 12 月 3 日。

[7] 王高岩、姜鹏飞：《微博意见领袖对舆论的影响——以黄浦江死猪事件为例》，《新闻前哨》2013 年第 7 期，第 103 ~ 105 页。

[8] 《美国 NBC 电视脱口秀犀利吐槽　嘲讽死猪事件》，http：//blog. sina. com. cn/s/blog_ 4b712d230102e2xb. html, 2014 年 1 月 3 日。

[9] Freedman, R. , Fleming, R. , "Water Quality Impacts of Burying Livestock Mortalities," Livestock Mortality Recycling Project Steering Committee, Ridgetown, Ontario, Canada, 2003.

[10] Berge, A. C. B. , Glanville, T. D. , MILLNER P D, et al. , "Methods and Microbial Risks Associated with Composting of Animal Carcasses in the United States," Journal of the American Veterinary Medical Association, 2009, 234 (1):47 – 56.

[11] Jones, R. , Kelly, L. , French, N. , et al. , "Quantitative Estimates of the Risk of New Outbreaks of Foot – and – Mouth Disease as a Result of Burning Pyres," The Veterinary Record, 2004, 154 (6):161 – 165.

[12] Stanford, K. , Sexton, B. , "On – farm Carcass Disposal Options for Dairies," Advances Dairy Technology, 2006, 18: 295 – 302.

[13] Mariano, M. J. , Villano, R. A. , Fleming, E. , "Factors Influencing Farmers' Adoption of Modern Rice Technologies and Good Management Practices in the Philippines," Agricultural Systems, 2012, 110 (C):41 – 53.

[14] Hendrickson, M. K. , James, H. S. , "The Ethics of Constrained Choice: How the Industrialization of Agriculture Impacts Farming and Farmer Behavior," Journal of Agricultural and Environmental Ethics, 2005, 18 (3):269 – 291.

[15] Morrow, W. M., Ferket, P. R., "The Disposal of Dead Pigs: A Review," *Swine Health and Production: the Official Journal of the American Association of Swine Practitioners* (*USA*), 1993, 1 (3):7 – 13.

[16] 张跃华、邬小撑：《食品安全及其管制与养猪户微观行为——基于养猪户出售病死猪及疫情报告的问卷调查》，《中国农村经济》2012 年第 7 期，第 72 ~ 83 页。

[17] 沈玉君、赵立欣、孟海波：《我国病死畜禽无害化处理现状与对策建议》，《中国农业科技导报》2013 年第 6 期，第 167 ~ 173 页。

[18] 孙绍荣、焦玥、刘春霞：《行为概率的数学模型》，《系统工程理论与实践》2007 年第 11 期，第 79 ~ 86 页。

[19] Gasson, R., Crow, G., Errington, A., et al., "The Farm as a Family Business: a Review," *Journal of Agricultural Economics*, 1988, 39 (1):1 – 41.

[20] 徐勇：《农民理性的扩张："中国奇迹"的创造主体分析——对既有理论的挑战及新的分析进路的提出》，《中国社会科学》2010 年第 1 期，第 103 ~ 118 页。

[21] Burton, R., Kuczera, C., Schwarz, G., "Exploring Farmers' Cultural Resistance to Voluntary Agri – Environmental Schemes," *Sociologia Ruralis*, 2008, 48 (1):16 – 37.

[22] Garforth, C., Motivating Farmers: Insights from Social Psychology [C]. Proc. Annual Meeting, NMC, Albuquerque, US. 2010: 60 – 67.

[23] Lynne, G. D., Rola, L. R., "Improving Attitude – Behavior Prediction Models with Economic Variables: Farmer Actions toward Soil Conservation," *The Journal of Social Psychology*, 1988, 128 (1):19 – 28.

[24] Bergevoet, R. H. M. et al., "lEntrepreneurial Behavior of Dutch Dairy Farmers under a Milk Quota System: Goals' Objectives and Attitudes," *Agricultural Systems*, 2004, 80 (1):1 – 21.

[25] Hirschauer, N., Musshoff, O., "A Game – Theoretic Approach to Behavioral Food Risks: The case of Grain Producers," *Food Policy*, 2007, 32 (2):246 – 265.

[26] Ithika, C. S., Singh, S. Ph, Gautam, G., "Adoption of Scientific Poultry Farming Practices by the Broiler Farmers in Haryana, India," *Iranian Journal of Applied Animal Science*, 2013, 3 (2):417 – 422.

[27] 陈炳钿、郑庆昌：《国内外安全食品供给动机影响因素研究现状及实证研究》，《世界农业》2010 年第 2 期，第 21 ~ 25 页。

[28] 虞袆、张晖、胡浩：《排污补贴视角下的养殖户环保投资影响因素研究——基于沪、苏、浙生猪养殖户的调查分析》，《中国人口·资源与环境》2012 年第 2 期，第 159 ~ 163 页。

［29］ 张雅燕：《养猪户病死猪无害化处理行为影响因素实证研究——基于江西养猪大县的调查》，《生态经济》（学术版）2013 年第 2 期，第 183 ~ 186 页。

［30］ Wilcock, A., Pun, M., Khanona, J., et al., "Consumer Attitudes, Knowledge and Behaviour：A Review of Food Safety Issues," *Trends in Food Science & Technology*, 2004, 15 (2):56 - 66.

［31］ O'Fallon, M. J., Butterfield, K. D., "A Review of the Empirical Ethical Decision - Making Literature：1996 - 2003," *Journal of Business Ethics*, 2005, 59 (4):375 - 413.

［32］ 邓正华、张俊飚、许志祥、杨新荣：《农村生活环境整治中农户认知与行为响应研究——以洞庭湖湿地保护区水稻主产区为例》，《农业技术经济》2013 年第 2 期，第 72 ~ 79 页。

［33］ Vignola, R., Koellner, T., Scholz, R. W., et al., "Decision - Making by Farmers Regarding Ecosystem Services：Factors Affecting Soil Conservation Efforts in Costa Rica," *Land Use Policy*, 2010, 27 (4):1132 - 1142.

［34］ Joshi, G. R., Pandey, S., "Farmers' Perceptions and Adoption of Modern Rice Varieties in Nepal," *Quarterly Journal of International Agriculture*, 2006, 45 (2):171 - 186.

［35］ Bobbe', S. L'agropastoralisme au Service de la Biodiversite'. Exemple d' un Mode d'e' Quarrissage e'cologique. Role des Rapaces ne'Crophages dans Lagestion de l'e'quarrissage. Rapport Final du Programme. *Action Publique*, Agriculture et Biodiversite' 2003 - 2006, 2006.

［36］ 张桂新、张淑霞：《动物疫情风险下养殖户防控行为影响因素分析》，《农村经济》2013 年第 2 期，第 105 ~ 108 页。

［37］ Kara, E., Ribaudo, M., JOhansson, R. C., "On How Environmental Stringency Influences Adoption of Best Management Qractices in Agriculture," *Journal of Environmental Management*, 2008, 88 (4):1530 - 1537.

［38］ Danso, G., Drechsel, P., Fialor, S., et al., "Estimating the Demand for Municipal Waste Compost via Farmers' Willingness - to - Pay in Ghana," *Waste Management*, 2006, 26 (12):1400 - 1409.

［39］ Mensah, L. D., Julien, D., "Implementation of Food Safety Management Systems in the UK," *Food Control*, 2011, 22 (8):1216 - 1225.

［40］ 代云云、徐翔：《农户蔬菜质量安全控制行为及其影响因素实证研究》，《南京农业大学学报》（社会科学版）2012 年第 3 期，第 48 ~ 53 页。

［41］ Wu, L., Zhang, Q., Shan, L., et al., "Identifying Critical Factors Influencing the Use of Additives by Food Enterprises in China," *Food Control*, 2013, 31 (2):425 - 432.

［42］ 徐翔、袁新华：《农户青虾新品种采纳行为分析——基于江苏省青虾主产区 466 户农户的调查》，《农业技术经济》2013 年第 5 期，第 86～94 页。

［43］ Schneider, M. L., "Feeding China's Pigs: Implications for the Environment, China's Smallholder Farmers and Food Security," Institute for Agriculture and Trade Policy, 2011, 3 - 28.

［44］ 陈晓贵、陈禄涛、朱辉鸿等：《一起经营病死猪肉案的查处与思考》，《上海畜牧兽医通讯》2010 年第 6 期，第 52～53 页。

［45］ Schultz, T. W., Transforming Traditional Agriculture. The University of Chicago Press, 1964.

［46］ 文宏：《从自发到工具——当前网络围观现象的行为逻辑分析》，《公共管理学报》2013 年第 3 期，第 51～62 页。

［47］ Mendola, M., "Farm Household Production Theories: A Review of 'Institutional' and 'Behavioral' Responses," *Asian Development Review*, 2007, 24 (1):49 - 68.

［48］ James, H. S., Hendrickson, M. K., "Perceived Economic Pressures and Farmer Ethics," *Agricultural Economics*, 2008, 38 (3):349 - 361.

［49］ Rigby, D., Young, T., Burton, M., "The Development of and Prospects for Organic Farming in the UK," *Food Policy*, 2001, 26 (6):599 - 613.

［50］ Carlsson. F., Nam, P. K., Linde - Rahr, M., et al., "Are Vietnamese Farmers Concerned with Their Relative Position in Society?" *The Journal of Development Studies*, 2007, 43 (7):1177 - 1188.

［51］ Fernandez - Cornejo, J., Mishra, A. K., Nehring, R. F., et al., "Off - Farm Income, Technology Adoption, and Farm Economic Performance," United States Department of Agriculture, Economic Research Service, 2007.

［52］ Goodwin, H. L., Shiptsova, R., "Changes in Market Equilibria Resulting from Food Safety Regulation in the Meat and Poultry Industries," *The International Food and Agribusiness Management Review*, 2002, 5 (1):61 - 74.

［53］ James, H. S., "The Ethical Challenges Farming: A Report on Conversations with Missouri Corn and Soybean Producers," *Journal of Agricultural Safety and Health*, 2005, 11 (2):239 - 248.

［54］ Loewenstein, G., "Out of Control: Visceral Influences on Behavior," *Organizational Behavior and Human Decision Processes*, 1996, 65 (3):272 - 292.

［55］ 宋亚凡、孙绍荣、宗利永：《基于行为概率数学模型的约束性制度改善研究》，《上海理工大学学报》2010 年第 2 期，第 163～166 页。

[56] Konerding, U. , "Theory and Methods for Analyzing Relations between Behavioral Intentions, Behavioral Expectations, and Behavioral Probabilities," *Methods of Psychological Research Online*, 2001, 6 (1) :21 – 66.

[57] 熊新正：《基于多主体的科研人员个体特征对其诚信行为的影响研究》，南京航空航天大学硕士学位论文，2013。

[58] Mzoughi, N. , "Farmers Adoption of Integrated Crop Protection and Organic Farming: Do Moral and Social Concerns Matter?" *Ecological Economics*, 2011, 70 (8): 1536 – 1545.

[59] 马彦丽、施轶坤：《农户加入农民专业合作社的意愿，行为及其转化》，《农业技术经济》2012 年第 6 期，第 101 ~ 108 页。

[60] 王长彬：《病死动物无害化处理》，《中国畜牧兽医文摘》2013 年第 3 期，第 97 ~ 98 页。

[61] 李海峰：《猪场病死猪处理之我见》，《畜禽业》2013 年第 9 期，第 74 ~ 75 页。

[62] 孙世民、张媛媛、张健如：《基于 Logit—ISM 模型的养猪场（户）良好质量安全行为实施意愿影响因素的实证分析》，《中国农村经济》2012 年第 10 期，第 24 ~ 36 页。

[63] 王瑜、应瑞瑶：《养猪户的药物添加剂使用行为及其影响因素分析——基于垂直协作方式的比较研究》，《南京农业大学学报》（社会科学版）2008 年第 2 期，第 48 ~ 54 页。

[64] 黄琴、徐剑敏：《"黄浦江上游水域漂浮死猪事件"引发的思考》，《中国动物检疫》2013 年第 7 期，第 13 ~ 14 页。

[65] 闫振宇、陶建平、徐家鹏：《养殖农户报告动物疫情行为意愿及影响因素分析——以湖北地区养殖农户为例》，《中国农业大学学报》2012 年第 3 期，第 185 ~ 191 页。

生猪养殖户兽药使用行为与主要
影响因素研究[*]

谢旭燕^{**}

摘　要：兽药在生猪养殖中具有不可替代的作用，但兽药的不当使用将导致生猪体内兽药残留，同时引起耐药细菌产生并在食物链体系中蔓延，对人体健康构成潜在危害。本文以江苏省阜宁县 654 个生猪养殖户为样本，基于收益预期的分析方法，运用 MVP 模型（Multivariate Probit Model）研究生猪养殖户的兽药使用行为与主要影响因素。实际调查与研究结果表明，养殖户在生猪养殖过程中超量使用兽药、不遵守休药期的行为较为普遍，其中不遵守休药期的养殖户约占样本比例的 70%；养殖户的性别、年龄、家庭人数、养殖收入占家庭收入的比重、养殖规模、养殖年限、对兽药残留的认知以及对政府违规处罚的了解程度等均不同程度地影响其兽药使用行为；政府监管仅对养殖户在生猪养殖过程中的人药兽用行为产生作用，对兽药的超量使用与不遵守休药期的行为并无显著影响。

关键词：生猪养殖户　兽药使用　不当行为　兽药残留　MVP 模型

＊　国家自然科学基金项目"基于消费者偏好的可追溯食品消费政策的多重模拟实验研究：猪肉的案例"（编号：71273117）；国家软科学项目"中国食品安全消费政策研究"（编号：2013GXQ4B158）；江苏省六大人才高峰资助项目"食品安全消费政策研究：可追溯猪肉的案例"（编号：2012 - JY - 002）；江苏省高校哲学社会科学优秀创新团队建设项目"中国食品安全风险防控研究"（编号：2013 - 011）。

＊＊　谢旭燕，女，江苏宜兴人，江南大学商学院硕士研究生，应用经济学专业，主要研究方向为食品安全管理。

一 引言

我国是猪肉生产与消费大国，生猪饲养量和猪肉消费量均占世界总量的一半左右。在生猪养殖过程中，兽药特别是抗生素类药物，作为饲料药物添加剂在治疗和预防生猪感染性疾病，控制寄生虫及非传染性疾病上具有不可替代的作用。同时兽药在预防和控制人畜共患病的产生、遏制生猪潜在的流行病传播、保护人类身体健康与保障公共卫生安全等方面均具有重要作用。因此，在生猪养殖过程中科学地使用兽药，对保障全社会充足的肉制品供应具有积极的意义。相关数据表明，除预防和治疗动物疾病外，用于提高饲料转化率、促进动物生长的抗生素类药物在全部抗生素使用总量中占有相当大的比重[1]。据世界卫生组织（World Health Organization，WHO）的估计，大约有一半的抗生素用于食品动物[2]。然而，抗生素类药物作为促生长剂会引起病原菌耐药性并可能残留在动物体内及其产品中[3]。大量证据显示，兽药残留作为影响畜禽产品质量安全的一个主要因素，是畜禽产品风险危害的主要来源[4~5]。一旦过量使用甚至滥用抗生素类药物，动物体内的兽药残留将对人体产生急慢性毒性作用，引起细菌耐药性的增加[6]，且未被动物吸收的抗生素以原型排出，经由土壤、水体等途径被植物吸收并累积[7]，导致耐药细菌在食物链体系中蔓延，从而对人体健康构成潜在威胁[8]。事实证明，当人类感染某些耐药性病原体后，死亡率大约提升50%。2011年在全世界的1200万起结核病病例中，63万例涉及耐药结核菌株，即便使用昂贵的药物治疗并接受最佳护理，此类患者中也仅有略多于50%的人能够痊愈[9]。

基于此，国际组织与诸多国家均规定了兽药最高残留量标准。丹麦在20世纪90年代末逐渐终止抗生素作为生长促进剂的使用，在禁令颁布实施后丹麦农场和肉类中的抗生素耐药性降低了，同时家畜家禽的实际产量也有所提高。同样我国也根据国情分别实施了《饲料药物添加剂使用规范》《动物药品法》《畜牧法》等法律法规，并逐步完善了兽医防疫检验、兽药及其添加剂在动物食品中的残留检测等方面的技术法规，但在畜禽养殖过程中兽药残留严重超标的问题仍时常发生[10]。

目前我国兽药行政执法部门的监管重心在市场环节的兽药经营，忽视了对兽药使用终端的养殖场（户）的监管。实际上，处于猪肉供应链源头的养殖户的理性是有限的，是以利润最大化为养殖的基本目的的。当养殖户的利益与猪肉质量安全的社会利益发生冲突时，理性的养殖户总是以满足自身利益为出发点。由于在生猪养殖的过程中，政府监管机构并不能也难以实现全过程监管，无法快速、便捷地检测生猪的兽药残留是否超标，消费者更无法辨别猪肉的潜在风险，更易诱发养殖户突破道德底线，不当甚至违规、违法地使用兽药①，因此直接影响了猪肉的质量安全水平。因此，研究生猪养殖户的兽药使用行为及其主要影响因素，在源头上探求猪肉安全风险的治理路径具有重要价值。考虑到兽药使用行为具有多样性与复杂性，本文的研究以养殖户是否超量使用兽药、是否人药兽用、是否遵守休药期为重点，对养殖过程中的生猪防疫行为和兽药使用记录档案等情况进行分析，为规范生猪养殖户的行为，保障猪肉质量安全提供相关政策建议。

二　文献综述

基于现有的文献与作者在调查过程中观察到的实际情况，生猪养殖户不当甚至违规、违法地使用兽药的行为主要表现在以下三个方面。

（1）超量使用抗生素类药物。祁诗月等[11]对生猪养殖场抗生素使用情况的调研发现，83.30%的养殖户超量使用抗生素，生猪粪便中检测到抗头孢氨苄的细菌比例高达49.12%，而且在生猪幼龄期为了防病及促生产而大剂量使用抗生素，导致幼龄期生猪的粪便中检测到的多重抗性基因比例明显高于成熟期的生猪。王云鹏等[3]对畜牧养殖业主使用抗生素的调查显示，饲养场滥用抗生素的现象相当严重。高旭东等[12]以羊肉、牛肉、鸡脯肉、三文鱼为样品，采用高效液相色谱法测定出鸡脯肉和牛肉中四环素

---

① 不当甚至违规、违法地使用兽药行为主要是指：滥用或过量使用兽药、使用过期或失效的兽药、非法使用违禁药品、用人用药代替兽药、使用兽药原料药、长期低剂量用药以及不遵守兽药休药期的使用规定等。在本文的研究中，将生猪养殖户不当甚至违规、违法地使用行为统称为不当行为或负面行为。

类抗生素残留量均超过国家标准限量。张玮、魏建忠等[13]对规模养猪业主饲养健康猪的调查发现，健康猪携带的沙门菌对抗生素的耐药性已相当严重。现有的科学研究显示，对生猪等长期使用或滥用抗生素所引发的耐药菌的生长和抗药基因的转移，将对人类健康构成严重威胁。

（2）非法使用违禁药品。为获得经济利益，养殖户将禁用药物违法添加到生猪饲料中以促进肌肉发育，并可能导致肉制品兽药残留超标。因在饲料中添加违禁药品所引发的恶性食品安全事件时有发生，如瘦肉精事件等。吴林海等[14]指出部分食品企业降低生产成本的重要方法是不规范使用甚至滥用食品添加剂，而在动物饲料中非法使用添加剂是导致食品污染的四大路径之一[15]。我国《兽药管理条例》第四十一条明确禁止将人用药品用于动物。然而调查显示，我国的生猪养殖户对使用违禁药品的后果缺乏足够的认识[16]，在生猪养殖过程中无意或有意地将人用药用于动物的违规行为并不罕见。陈敬雄等[17]对肉鸡养殖户的调查表明，土霉素的添加率达到100%，并且80%的饲养户在使用土霉素时同时使用多种人用药物如庆大霉素、环丙沙星、青霉素。在生猪养殖过程中使用人用药不仅浪费抗生素资源，而且其产生的抗药基因将通过猪肉食用重新进入人体并产生新的危害[7]。

（3）不遵守休药期规定。大量研究已证实，提前出栏造成兽药在生猪体内不能被完全分解而大量蓄积，导致生猪体内残留药物超标或出现不应有的残留药物，从而降低猪肉的食用品质[18]，影响猪肉质量[19~20]，对人体造成潜在危害[21~22]。因此，严格执行休药期的规定是减少兽药残留的关键措施之一[23]。然而，虽然药品标签包含明确的休药期规定，但生猪若发生疾病，养猪户往往会加大剂量以保证出栏量[24]。Cooper等[25]的研究认为，不严格遵守休药期可能是病死牛肉中所含有的驱虫药物残留量高于健康牛肉的主要原因。Nonga等[26]的调查发现，在对抗生素的休药期有一定认知的养殖户中仍有80%的养殖户在休药期之前售卖鸡蛋。黄福标等[27]对生猪进行随机采样，研究发现，由于在生猪饲养过程中大量使用抗生素且未能有效遵守休药期的规定，因此生猪肠道中存在一定程度的沙门氏菌污染，并且分离菌株存在较严重的耐药现象以及具有较强的致病性。

学者们从不同的角度对生猪养殖户的兽药使用行为及其影响因素展开

了大量的先驱性研究，主要观点如下所述。

（1）养猪户的自身特征影响行为。吴秀敏等[19]、刘万利等[4]的研究均显示，相比于男性饲养者，女性饲养者对安全兽药的采用更趋向保守的态度。钟杨等[28]的调查显示，生猪散养户中男性相较于女性更倾向于采用绿色饲料添加剂。Young等[29]的研究发现，随着年龄的增长，养殖户对布鲁氏菌可以通过牛肉或者牛奶传给人类的认识越来越清晰。而吴秀敏[19]的调查发现，养殖者的年龄与兽药的安全使用意愿有很强的相关性，而且年龄越大的养殖者越不愿意采用安全兽药。陈帅[30]的研究认为，相比于较年长的养殖户，年轻养殖户的兽药安全使用的意愿比较高。汤国辉等[31]的研究发现，文化程度高的养猪户更了解使用新技术的成本收益，对新技术的学习和接受能力更强，因此更倾向于采用养殖新技术。孙世民等[32]的研究表明，养猪户的文化程度是其良好质量安全行为实施意愿的根源因素之一，受教育水平与农户生猪养殖的生产决策行为呈正相关关系。

（2）养猪户的家庭人口与养殖收入占家庭收入的比重影响行为。我国农户分散的小规模经营方式，使其对生产损益的判断受到家庭特征的影响。杨子刚等[33]的研究发现，家庭人口与养猪意愿呈正相关关系。刘清娟[34]指出，普通农户由于条件约束不能雇工从事农业生产，家庭农业生产中劳动力的缺失影响普通农户的生产行为。王瑜等[35]的研究发现，小规模养猪户的非农就业人数越多，则越倾向于使用更多添加剂，以弥补劳动力的不足。孙致陆等[36]的研究表明，生猪养殖收入占家庭总收入的比重越高，养殖户记录生猪兽药使用档案的可能性越大。李红等[37]的调查发现，随着养殖收入占家庭总收入比重的提高，养殖户会显著地选择定期消毒行为以保证质量安全。由此可见，养殖收入在家庭总收入中所占的比重越大，表明其专业程度越高，其承担的风险越大，兽药使用等行为也就越规范。

（3）养殖年限、养殖规模与兽药使用认知影响行为。吴秀敏[19]的调查发现，养殖年限较低的养猪户更愿意采用安全兽药。而王海涛[38]的研究表明，养猪户的养殖年数越长，其生产决策行为越接近于安全。刘玉满等[39]的调查发现，规模化养猪户大多使用工业饲料，而散养户则大多沿袭传统饲养方式。白桂英[40]、张跃华等[41]的研究均表明，规模越大的养猪场越倾向于使用更为严格的生物安全措施，规模较小的养猪场不仅本身具有较高的生物安全风险，且对其他养猪场也会造成潜在的威胁。刘万利等[4]的研究发现，当前养猪户对兽药的效果、兽药残留对人体健康的危害和安全兽药效果的认知程度都很低，由此影响了生猪的质量安全水平。Garforth等[42]的研究表明，养殖户的态度及对疾病风险的感知是影响其疾病控制行为的主要因素。Hollier等[43]的研究认为，正是由于农户缺乏农业知识和经验，才造成了潜在的生物安全风险。

（4）违规处罚的认知与政府管制力度影响行为。郑建明等[44]实证分析了水产养殖质量安全方面的政府管制对养殖户经济效益的影响，发现养殖户对违规处罚的认知显著影响其经济效益。尹春阳[45]的研究表明，对质量安全相关法律法规的认知越深，养殖户越倾向使用安全兽药。Norbert[46]基于委托－代理理论，设计了政府－农户二元随机道德风险模型，分析了农户在政府管制下的机会主义行为，结果表明农户道德风险发生的概率随政府管制力度的加大而变小。王海涛[38]从违禁药物的检查次数、防疫水平、检疫力度、违规处罚力度四个方面衡量政府管制水平，研究表明政府管制水平越高或约束力越大，养猪户的生产决策行为就越趋于理性。

三　调查基本情况与样本的统计性分析

（一）问卷设计与调查组织

为了研究生猪养殖户的兽药使用行为及其主要影响因素，本研究以江苏省阜宁县为案例展开调查。调查问卷主要基于现有的文献来设计，并采用封闭式题型设置具体问题。之所以以阜宁县为案例，主要是因为阜宁是全国闻名的生猪养殖大县，连续15年卫冕江苏省"生猪第一县"，号称"全国苗猪之乡"。2011年和2012年的生猪出栏量分别为157.66万头和166.16万头，当地众多农户以养猪作为谋生的主要职业，是农户家庭经济收入的重要来源。

对江苏省阜宁县的调查于 2014 年 1 月展开，调查之前对该县下辖的龙窝村、双联村、新联村、王集村等村的不同规模的生猪养殖户展开了预调查，通过预调查发现问题并修改后最终确定调查问卷。调查面向阜宁县辖区内所有的 13 个乡镇，在每个乡镇选择一个农户收入处于中等水平的村，在每个村由当地村民委员会随机安排一个村民小组。在 13 个乡镇共调查 13 个村民小组（每个村民小组的村民家庭数量不等，以 40 ~ 60 户为主），共调查了 690 户生猪养殖户，获得有效样本 654 户，有效比例为 94.78%。在有效调查的 654 户养殖户中，生猪的养殖规模为 1 ~ 1000 头，规模不等，涵盖面较广。在实际调查中，考虑到面对面的调查方式能有效避免受访者对所调查问题可能存在的认识上的偏误且问卷反馈率较高[47~48]，本调查安排经过训练的调查员对生猪养殖户进行面对面的访谈式调查。

（二）养殖户基本特征及相关认知的描述分析

（1）养殖户的基本特征。表 1 显示，在 654 位受访的养殖户中，男性养殖户占 59.17%，高于女性；平均年龄为 56.15 岁，受教育程度以小学及以下、初中为主体，分别占样本总数的 58.71%、28.90%；家庭人口为 5 人及以上、养猪收入占家庭总收入 30% 及以下者居多，分别占样本总数的 51.38%、70.64%。受访养殖户的调查显示，2013 年生猪出售价格为 600 ~ 700 元/百斤的占 66.97%，价格在 700 元以上的仅占 19.27%。对价格很不满意、不满意的受访养殖户分别占样本的 36.24%、52.29%，47.71% 的养殖户表示生猪养殖有盈利。

表 1　养殖户的基本统计特征

统计特征	分类指标	样本数（人）	比例（%）
性别	男	387	59.17
	女	267	40.83
学历	小学及以下	384	58.71
	初中	189	28.90
	高中（包括中等职业）	72	11.01
	大专	9	1.38

续表

统计特征	分类指标	样本数（人）	比例（%）
家庭人数	1 人	12	1.83
	2 人	57	8.72
	3 人	93	14.22
	4 人	156	23.85
	5 人及以上	336	51.38
养猪收入占总收入的比重	30% 及以下	452	70.64
	30% 以上，50% 及以下	78	11.93
	50% 以上，80% 及以下	54	8.26
	80% 以上，90% 及以下	33	5.04
	90% 以上	27	4.13
生猪出售价格满意度	很不满意	237	36.24
	不满意	342	52.29
	一般	45	6.88
	满意	30	4.59
出栏量	1 头以上，30 头及以下	417	63.76
	30 头以上，100 头及以下	135	20.64
	100 头以上	102	15.60
养猪年限	1 年以上，3 年及以下	45	6.88
	3 年以上，6 年及以下	42	6.42
	6 年以上，10 年及以下	51	7.80
	10 年以上	516	78.90

49.08% 的受访养殖户是自繁自养，28.44% 为专业育肥猪养殖，18.81% 为专业母猪养殖。77.06% 的养猪户是兼业养殖，专业养猪户占 22.94%。养猪经验在 10 年以上的养猪户居多，占样本比例的 78.90%。

（2）疫苗与兽药的认知与使用。兽用生物制品是用于预防、治疗、诊断生猪疫病或改变动物生产性能的一种兽药，俗称疫苗，是生猪养殖户普遍使用的兽药。在 654 个受访养殖户中有 642 个养殖户使用了疫苗，并且其中有 144 个养殖户使用自己购买的疫苗。表 2 显示了 498 个受访养殖户使用政府免费发放的疫苗的效果情况。分别有 84.34%、

49.40%的受访养殖户认为政府疫苗发放得比较及时、疫苗效果比较好，而超过50%的受访养殖户认为政府发放的疫苗效果不好或效果一般，主要原因是疫苗的存贮要求比较高，在运输途中因保管不善而失效。

表 2　政府发放疫苗的使用情况

统计特征	分类指标	样本数（人）	比例（%）
是否及时	是	420	84.34
	否	78	15.66
疫苗使用	防疫员告知后使用	330	66.27
	告知，但凭自己经验	63	12.65
	不问不会告知	105	21.08
疫苗效果	没效果	42	8.43
	效果一般	210	42.17
	效果比较好	246	49.40

表3是生猪养殖户对兽药的认知与使用行为的统计情况。由表3可知，仅有9.17%的受访养猪户对生猪用药等保存了记录档案，90.83%的受访养殖户并不记录兽药使用情况，认为没有必要或不知道怎么记录。生猪生病时，不请兽医自己注射药物的受访养殖户比例为25.69%，也有少数养猪户选择直接屠宰投入市场。

表 3　兽药的认知与使用行为

统计特征	分类指标	样本数（人）	比例（%）
档案记录	有，因为收购商要求	36	5.50
	有，但很麻烦	24	3.67
	没有，没必要	315	48.17
	没有，不知道怎么记录	279	42.66
猪生病处理方法	找兽医	468	71.56
	自己注射药物	168	25.69
	和同行商量	12	1.83
	直接投入市场	6	0.92

续表

统计特征	分类指标	样本数（人）	比例（%）
兽药残留了解度	完全不了解	315	48.17
	有些了解	189	28.90
	一般了解	51	7.80
	比较了解	84	12.84
	非常了解	15	2.29
休药期	遵守	207	31.65
	不遵守	447	68.35

　　调查发现，占样本比例 66.05% 的受访养猪户对禁用兽药完全不了解，且有 48.17% 的受访养殖户完全不了解兽药残留的危害，比较了解、非常了解的受访养殖户仅占样本比例的 15.13%，并且在实际饲养过程中占样本比例 68.35% 的受访养猪户不遵守休药期的有关规范。在 654 个受访养殖户中，有 201 个养殖户在兽药使用效果不佳时主要靠换药来解决问题或等猪自然恢复或死亡。如果兽药效果不佳，有 363 个受访养殖户将选择调整配比浓度超量用药，有 132 个受访养殖户表示会提前卖掉，有 159 个受访养殖户将用人用药替代兽药。由图 1 可知，有 54 个受访养殖户既超量用药、将人用药替代兽药，也不遵守休药期。

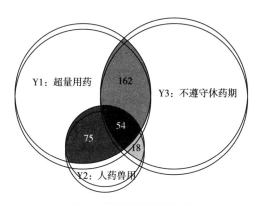

图 1　兽药使用不当行为

四 养殖户兽药使用行为及影响因素分析

（一）理论框架

养殖户在生猪养殖过程中的兽药使用行为在很大程度上取决于其对净收益的预期，而这在现实情境下难以直接有效地观察。假设养殖户生猪养殖的预期收益与其愿意承担风险的额外收益有关，则第 i 个养殖户选择第 j 个兽药使用不当行为相对于正当行为所增加的额外收益为[49]：

$$\Delta U_{ij} = E\Delta TR_{ij} + \theta V_{ij} - \Delta TC_{ij} \tag{1}$$

其中，$E\Delta TR_{ij}$ 为生猪养殖户选择不当兽药使用行为相对于正当行为所增加的平均收益；V_{ij} 为养殖户选择兽药使用不当行为特有的收益标准差，主要指被处罚带来的负收益，θ 表示被监管部门抽查的概率；ΔTC_{ij} 指养殖户不当使用兽药所增加的额外成本。如果 $\Delta U_{ij} \geq 0$，则养殖户 i 愿意选择第 j 个兽药使用不当行为，反之亦然。据此构建如下二元离散选择模型[50]：

$$Y_{ij} = \begin{cases} 1 & \Delta U_{ij} \geq 0 \\ 0 & \Delta U_{ij} < 0 \end{cases} \tag{2}$$

基于前文的文献研究，养殖户对兽药使用行为的选择受其个体与家庭特征、养殖特征等多种因素的综合影响，式（1）可进一步表示为 $\Delta U_i = X_i\beta + \varepsilon_i$。

其中，ΔU_i 为 j 维列向量，X_i 为 $j \times m$ 维准对角矩阵，X_{ijk} 表示第 j 次选择中，第 i 个养殖户第 k 个自变量，$\beta = (\beta_{11}, \beta_{12}, \cdots, \beta_{1m}, \beta_{21}, \beta_{22}, \cdots, \beta_{2m}, \cdots, \beta_{j1}, \beta_{j2}, \cdots, \beta_{jm})'$ 为待估参数向量，$\varepsilon_i = (\varepsilon_{i1}, \varepsilon_{i2}, \cdots, \varepsilon_{ij})'$ 为残差项。

因此，养殖户 i 愿意选择不当使用行为的概率可表示为：

$$\text{Prob}(Y_i = 1) = \text{Prob}(\Delta U_i \geq 0) = F(\varepsilon_i \geq -X_i\beta) = 1 - F(-X_i\beta) \tag{3}$$

如果 ε_i 满足正态分布，即满足 MVP 模型的假设，则：

$$\text{Prob}(Y_i = 1) = 1 - \Phi(-X_i\beta) = \Phi(X_i\beta) \tag{4}$$

（二）变量定义与赋值

相关变量的赋值与定义如表 4 所示。

表 4　变量定义与赋值

变　量	定　义	均值
超量用药 Y1	是 =1，否 =0	0.5550
人药兽用 Y2	是 =1，否 =0	0.2431
不遵守休药期 Y3	是 =1，否 =0	0.6835
性别（GE）	男 =1，女 =0	0.5917
年龄：45 岁及以上，55 岁以下（LAG）	是 =1，否 =0	0.2798
年龄：55 岁及以上，65 岁以下（MAG）	是 =1，否 =0	0.4220
年龄：65 岁及以上（HAG）	是 =1，否 =0	0.1927
学历：小学及以下（ED）	是 =1，否 =0	0.5872
家庭人数：3~4 人（MEM）	是 =1，否 =0	0.3807
家庭人数：5 人（LMEM）	是 =1，否 =0	0.5138
收入比重：30% 及以下（LPCT）	是 =1，否 =0	0.7064
收入比重：30% 以上，50% 及以下（MPCT）	是 =1，否 =0	0.1193
收入比重：50% 以上，80% 及以下（HPCT）	是 =1，否 =0	0.0826
养殖规模：30~100（MSA）	是 =1，否 =0	0.2064
养殖规模：100 及以上（LSA）	是 =1，否 =0	0.1560
养殖年限（EXP）	10 年以下 =0，10 年及以上 =1	0.7890
兽药残留了解度（RES）	完全不了解 =1，有些了解 =2，一般了解 =3，比较了解 =4，非常了解 =5	1.9220
处罚了解度（PUN）	完全不了解 =1，有些了解 =2，一般了解 =3，比较了解 =4，非常了解 =5	1.5963
政府监管（SUP）	有 =1，没有 =0	0.3991

（三）MVP 模型建立及估计

基于本文的变量定义，生猪养殖户需要在三种兽药使用行为中做出选择，并且由于 MVP 模型假设残差项服从联合正态分布，因此 $\varepsilon_i \sim N(0,$ $\sum)$，则 $Y_i \sim N(X_i\beta, \sum)$，其中 $\sum = \begin{bmatrix} 1 & \sigma_{12} & \sigma_{13} \\ \sigma_{12} & 1 & \sigma_{23} \\ \sigma_{13} & \sigma_{23} & 1 \end{bmatrix}$ 为对称的相关系数矩阵[①]。

基于 Chib 和 Greenberg（1998）的模型基础，本文的 MVP 模型对数似然函数可表示为：

$$\ln[L(\theta)] = \ln\Big[\prod_{i=1}^{654}\varphi(Y_i, \Delta Y_i^* \mid \beta, \sum)\Big] = \sum_{i=1}^{654}\ln[\varphi(Y_i, \Delta Y_i^* \mid \theta)] \qquad (5)$$

其中 $\varphi(Y_i, Y_i^*) = \dfrac{1}{(2\pi)^{\frac{3}{2}}|\sum|^{\frac{1}{2}}}e^{-\frac{1}{2}(Y_i^*-X\beta)'\sum^{-1}(Y_i^*-X\beta)}$ 为联合概率密度函数，B_{ij} 为积分区间，与 Y_{ij} 的对应关系为：$B_{ij} = \begin{cases}(0, +\infty) & Y_{ij}=1 \\ (-\infty,0) & Y_{ij}=0\end{cases}$，$\theta = (\beta, \sum)$ 为参数空间。

由于对数似然函数 $\ln[L(\theta)]$ 的形式极为复杂，本文采用 MCEM 算法[50]（Monte Carlo Expectation Maximization Algorithm），并借助 MATLAB 分析工具进行模型拟合，最终结果如表 5 所示。表 5 显示了相关参数的估计结果，模型总体拟合效果良好。其中，$\sigma_{12} = 0.8801$，$\sigma_{13} = 0.8002$，$\sigma_{23} = 0.7803$。

表 5　MVP 模型估计结果

自变量	估计系数	标准差	T 统计量	P 值
GE1	0.4255***	0.1586	2.6828	0.0050

① ∑实为协方差矩阵，然而 Chib 和 Greenberg（1998）认为通过相关变换，∑可视为相关系数矩阵，这样更容易观察因变量间的相关性。

自变量	估计函数	标准差	T 统计量	P 值
LAG1	− 0.0510	0.2310	− 0.2208	0.4131
MAG1	− 0.0077	0.2324	− 0.0331	0.4869
HAG1	− 0.0572	0.2592	− 0.2207	0.4131
ED1	0.1806	0.1492	1.2105	0.1160
MEM1	− 0.0997	0.2161	− 0.4614	0.3233
LMEM1	0.0395	0.2089	0.1891	0.4254
LPCT1	− 0.2656	0.2354	− 1.1283	0.1324
MPCT1	− 0.6944 * *	0.2887	− 2.4053	0.0100
HPCT1	− 0.4676 *	0.3322	− 1.4076	0.0828
MSA1	0.4916 * * *	0.1824	2.6952	0.0048
LSA1	1.2467 * * *	0.2508	4.9709	0.0000
EXP1	0.0912	0.1789	0.5098	0.3063
RES1	− 0.0577	0.0677	− 0.8523	0.1991
PUN1	− 0.1328 *	0.0799	− 1.6621	0.0515
SUP1	− 0.1830	0.1505	− 1.2159	0.1150
GE2	0.0167	0.1624	− 0.1028	0.4593
LAG2	− 0.3039	0.2862	− 1.0618	0.1468
MAG2	− 0.3781	0.2983	− 1.2675	0.1055
HAG2	− 1.2883 * * *	0.1990	− 6.4739	0.0000
ED2	0.1478	0.1492	0.9906	0.1634
MEM2	− 0.3276 *	0.2145	− 1.5273	0.0666
LMEM2	− 0.6098 * * *	0.2061	− 2.9588	0.0023
LPCT2	− 0.0706	0.2753	− 0.2564	0.3993
MPCT2	− 0.2256	0.2936	− 0.7684	0.2230
HPCT2	− 0.1239	0.3217	− 0.3851	0.3509
MSA2	0.7939 * * *	0.1813	4.3789	0.0000
LSA2	2.0536 * * *	0.2311	8.8862	0.0000
EXP2	0.1419	0.2194	0.6468	0.2604
RES2	− 0.1017 *	0.0629	− 1.6169	0.0562
PUN2	− 0.1908 * *	0.0799	− 2.3880	0.0105
SUP2	− 0.2754 * *	0.1499	− 1.8372	0.0362

自变量	估计函数	标准差	T 统计量	P 值
GE3	−0.0467	0.1586	−0.2945	0.3848
LAG3	−0.2247	0.2573	−0.8733	0.1934
MAG3	−0.2724	0.2684	−1.0149	0.1576
HAG3	−0.3783 *	0.2376	−1.5922	0.0590
ED3	0.0954	0.2135	0.4468	0.3285
MEM3	0.4505 * *	0.2234	2.0166	0.0248
LMEM3	0.2251	0.2195	1.0255	0.1551
LPCT3	0.2784	0.1879	1.4816	0.0725
MPCT3	0.4520 *	0.2887	1.5656	0.0620
HPCT3	0.1721	0.3322	0.5181	0.3034
MSA3	−0.1348	0.1824	−0.7390	0.2317
LSA3	−0.2960	0.2508	−1.1802	0.1219
EXP3	0.4448 * * *	0.1789	2.4863	0.0082
RES3	−0.0059	0.0677	−0.0871	0.4655
PUN3	−0.1105 *	0.0734	−1.5054	0.0694
SUP3	−0.1003	0.1505	−0.6664	0.2542

注：* * *、* *、* 分别表示在 1%、5%、10% 的水平上显著。−2LL = 317.6635，P < 0.0001；Cox & Snell R^2 为 0.7933；Nagelkerke R^2 为 0.8269。

分析模型结果，可以得到如下结论。

（1）性别、年龄对养殖户的兽药使用行为有显著影响。表 5 显示，男性较女性更可能在使用兽药时提高配比浓度而超量用药，但在人药兽用、不遵守休药期的行为中性别未显示出显著差异。表 5 显示，HAG2、HAG3 的估计系数为负，表明年龄在 65 岁及以上的养殖户发生人药兽用、不遵守休药期的概率显著低于年龄在 45 岁以下的养殖户。这与吴秀敏的结论有差异。吴秀敏的研究发现，年龄越小的养猪户越倾向于采用安全兽药。产生差异性的原因可能是，养殖户安全兽药的使用意愿与其实际使用行为并不是一回事，使用意愿能否转化为实际使用行为取决于其对利益的判断，而年轻养殖户更善于成本－利益分析，在对兽药残留的危害及法律法规不熟悉的情况下，更可能发生不当行为。可见年龄对养殖户的兽药使用行为也有显著影响。

（2）家庭人数、养殖收入显著影响兽药使用行为。表 5 显示，家庭人数在 3 人及以上的养殖户使用人用药替代兽药的概率显著低于家庭人数为 3 人以下的养殖户。可能的原因是，当劳动要素不足时养猪户会选择较便宜的人用药以减少资本要素的投入。表 5 显示，$MPCT1$、$HPCT1$ 的估计系数显著为负，表明养殖收入占家庭总收入的比重为 30% 以上，80% 及以下的养殖户超量使用兽药的可能性显著低于养殖收入比重占 80% 以上的养殖户。因此，养殖收入占家庭总收入的比重也影响养殖户的兽药使用行为。

（3）养殖规模显著影响养殖户的兽药使用行为。由表 5 可知，$MSA1$、$LSA1$、$MSA2$、$LSA2$ 均为正，且在 1% 的水平上显著，即规模大的养殖户超量使用兽药、用人用药替代兽药的概率显著高于规模小的养殖户，但养殖规模对养殖户是否遵守休药期的影响并不显著。事实上，在对阜宁县生猪养殖户的调查中笔者感知到，无论规模大小，大多数养殖户并没有休药期的概念，生猪能否出栏大多看卖相。表 5 显示，$EXP3$ 的估计系数为 0.4448，即养殖年限在 10 年及以上的养殖户不遵守休药期的可能性显著高于 10 年以下的养殖户。养殖年限是影响养殖户是否遵守休药期的关键因素。可能的原因是，养殖经验丰富的养殖户有更多的销售渠道，当市场行情较好时其会提前售卖。

（4）对兽药残留的危害与政府处罚规定的了解度显著影响养殖户的人药兽用行为。表 5 显示，$RES2$ 的估计系数为负，表明对兽药残留的危害认识清晰的养殖户使用人用药替代兽药的可能性低于对此认识不清的养殖户；对政府处罚规定的了解度对养殖户的兽药使用行为有显著负影响。表 5 中的 $PUN1$、$PUN2$、$PUN3$ 分别在 10%、5%、10% 的水平上显著，即养殖户对政府的处罚措施越不了解，其兽药使用不当行为越明显。

（5）政府监管对养殖户是否超量使用兽药与是否遵守休药期并无显著影响，但对人药兽用行为产生影响。表 5 显示，在政府实施监管的情况下，养殖户使用人用药替代兽药的概率显著低于无政府监管的情况。事实上，现阶段政府对农产品质量安全的监管还较为薄弱[51]，就生猪养殖环节而言，政府监管部门无法快速、便捷地检测养殖户是否有超量使用兽药或不遵守休药期的行为。

五　主要结论与政策含义

本文以阜宁县 654 个生猪养殖户为调查对象，基于收益预期的分析方法，运用 MVP 模型分析生猪养殖户的兽药使用行为及其主要影响因素。主要研究结论是：养殖户的个体特征对其兽药使用行为具有显著影响，男性比女性更可能发生超量用药行为，年龄在 65 岁及以上的高龄生猪养殖户人药兽用、不遵守休药期的概率显著低于 45 岁以下的年轻养殖户；养殖收入占家庭总收入的 80% 以上、养殖规模较大的养殖户更易发生超量用药以及人药兽用行为；养殖收入占家庭收入比重高、规模大的养猪户为节省成本、缩短存栏时间，往往会选择兽药不当使用行为。与此同时，对兽药残留的危害及对政府处罚规定的了解度对养殖户的兽药使用行为有显著的影响，即随着生猪养殖户认知水平的提高，其发生兽药使用不当行为的可能性逐渐降低；虽然政府监管对养殖户是否超量使用兽药与是否遵守休药期并无显著影响，但是对遏制人药兽用行为具有重要作用。

本文实证分析的结果具有一定的政策含义。主要是：务必提高农村兽医师的素质，提高其专业水平；加强对养殖户兽药使用的宣传培训，普及兽药使用的基本规范，改变养殖户对兽药残留的危害认识不到位的现状，引导建立用药档案，促使其严格按照规定使用兽药；完善兽药残留检测体系，制定养殖环节中使用违禁药品、超量用药的速测方法标准，加强出售前的兽药残留检测，保障猪肉质量安全；切实加大对农户生猪养殖的监管力度，加大对农户违法、违规行为的处罚力度，强化其守法养殖观念，杜绝违法、违规行为。

参考文献

［1］ Barton，M. D.，"Antibiotic Use in Animal Feed and its Impact on Human Health," *Nutrition Research Reviews*，2000，13（2）:279 - 300.

［2］ Martinez，J. L.，"Environmental Pollution by Antibiotics and by Antibiotic Resistance Determinants," *Environmental Pollution*，2009，157（11）:2893 - 2902.

［3］王云鹏、马越：《养殖业抗生素的使用及其潜在危害》，《中国抗生素杂志》2008年第9期，第519～523页。

［4］刘万利、齐永家、吴秀敏：《养猪农户采用安全兽药行为的意愿分析——以四川为例》，《农业技术经济》2007年第1期，第80～87页。

［5］刘勇军、姜艳彬：《兽药残留对畜禽产品质量安全的危害与防控对策》，《北京工商大学学报》（自然科学版）2012年第1期，第10～16页。

［6］候太慧、李继明、刘瑞等：《兽药残留对养猪业的危害》，《中国猪业》2010年第9期，第11～13页。

［7］潘寻、韩哲、李浩：《抗生素在畜禽养殖业中的应用，潜在危害及去除》，《农业环境与发展》2012年第5期，第1～6页。

［8］Capita, R., Alonso - Calleha, C., "Antibiotic - Resistant Bacteria: A Challenge for the Food Industry," *Critical Reviews in Food Science and Nutrition*, 2013, 53（1）:11 - 48.

［9］World Health Organization. "Antimicrobial Resistance in the European Union and the World," http: //www. who. int/dg/speeches/2012/amr_ 201203 14/ zh/. htm.

［10］白文杰：《当前我国食品安全问题的公共经济学视角——以动物性食品兽药残留为例》，《中国动物保健》2011年第1期，第39～44页。

［11］祁诗月、任四伟、李雪玲等：《禽畜养殖粪便中多重抗生素抗性细菌研究》，《生态学报》2013年第13期，第3970～3977页。

［12］高旭东、陈士恩、叶永丽等：《高效液相色谱法测定畜禽肉及三文鱼中土霉素、四环素和金霉素残留》，《食品安全质量检测学报》2014年第2期，第369～376页。

［13］张玮、魏建忠、詹松鹤等：《规模猪场健康猪沙门菌带菌情况调查》，《中国人兽共患病学报》2010年第9期，第888～890页。

［14］吴林海、张秋琴、山丽杰等：《影响企业食品添加剂使用行为关键因素的识别研究：基于模糊集理论的DEMATEL方法》，《系统工程》2012年第7期，第48～54页。

［15］Gossner, C. M. E., Schlundt, J., Embarek, P. B., et al., "The Melamine Incident: Implications for International Food and Feed Safety," *Environmental Health Perspectives*, 2009, 117（12）:1803.

［16］邬小撑、毛杨仓、占松华等：《养猪户使用兽药及抗生素行为研究——基于964个生猪养殖户微观生产行为的问卷调查》，《中国畜牧杂志》2013年第14期，第19～23页。

［17］陈敬雄、岳建群：《养殖业抗生素使用现状及其对策》，《中国畜牧兽医文摘》

2013 年第 5 期，第 15～16 页。

[18] Reig, M., Toldra, F., "Veterinary Drug Residues in Meat: Concerns and Rapid Methods for Detection," *Meat Science*, 2008, 78 (1):60–67.

[19] 吴秀敏:《养猪户采用安全兽药的意愿及其影响因素——基于四川省养猪户的实证分析》,《中国农村经济》2007 年第 9 期，第 17～24 页。

[20] 张洁、黄蓉、徐桂花:《肉类食品中兽药残留的来源，危害及防控措施》,《肉类工业》2011 年第 3 期，第 46～50 页。

[21] Companyo, R., Granados, M., Guiteras, J., et al., "Antibiotics in Food: Legislation and Validation of Analytical Methodologies," *Analytical and Bioanalytical Chemistry*, 2009, 395 (4):877–891.

[22] Goetting, V., Lee, K. A., Tell, L. A., "Pharmacokinetics of Veterinary Drugs in Laying Hens and Residues in Eggs: A Review of the Literature," *Journal of Veterinary Pharmacology and Therapeutics*, 2011, 34 (6):521–556.

[23] 李静萍、盖晋宏:《动物性食品中药物残留的危害及控制措施》,《中国动物检疫》2009 年第 5 期，第 27～28 页。

[24] Dunlop, R. H., Mcewen, S. A., Meek, A. H., et al., "Individual and Group Antimicrobial Usage Rates on 34 Farrow – to – Finish Swine Farms in Ontario, Canada," *Preventive Veterinary Medicine*, 1998, 34 (4):247–264.

[25] Cooper, K. M., Whyte, M., Danaher, M., et al., "Emergency Slaughter of Casualty Cattle Increases the Prevalence of Anthelmintic Drug Residues in Muscle," *Food Additives & Contaminants: Part A*, 2012, 29 (8):1263–1271.

[26] Nonga, H. E., Simon, C., Karimuribo, E. D., et al., "Assessment of Antimicrobial Usage and Residues in Commercial Chicken Eggs from Smallholder Poultry Keepers in Morogoro Municipality, Tanzania," *Zoonoses and Public Health*, 2010, 57 (5):339–344.

[27] 黄福标、卢冰霞、刘磊等:《屠宰猪肠道沙门氏菌的分离鉴定，耐药性分析及致病性试验》,《中国畜牧兽医》2012 年第 1 期，第 172～177 页。

[28] 钟杨、孟元亨、薛建宏:《生猪散养户采用绿色饲料添加剂的影响因素分析——以四川省苍溪县为例》,《农村经济》2013 年第 3 期，第 36～40 页。

[29] Young, I., Hendrick, S., Parker. S., et al., "Knowledge and Attitudes Towards Food Safety among Canadian Dairy Producers," *Preventive Veterinary Medicine*, 2010, 94 (1):65–76.

[30] 陈帅:《吉林省农户生猪安全生产行为研究》,吉林农业大学硕士学位论文，2013。

［31］汤国辉、张锋：《农户生猪养殖新技术选择行为的影响因素》，《中国农学通报》2010 年第 4 期，第 37～40 页。

［32］孙世民、张媛援、张健如：《基于 Logit—ISM 模型的养猪场（户）良好质量安全行为实施意愿影响因素的实证分析》，《中国农村经济》2012 年第 10 期，第 24～36 页。

［33］杨子刚、毛文坤、郭庆海：《粮食主产区农户生猪养殖意愿及其影响因素分析》，《中国畜牧杂志》2011 年第 10 期，第 27～31 页。

［34］刘清娟：《黑龙江省种粮农户生产行为研究》，东北农业大学硕士学位论文，2012。

［35］王瑜、应瑞瑶：《养猪户的药物添加剂使用行为及其影响因素分析——基于垂直协作方式的比较研究》，《南京农业大学学报》（社会科学版）2008 年第 2 期，第 48～54 页。

［36］孙致陆、肖海峰：《猪肉可追溯系统中农户行为及其影响因素研究——基于北京市农户问卷调查的分析》，《技术经济》2011 年第 7 期，第 80～85 页。

［37］李红、常春华：《奶牛养殖户质量安全行为的影响因素分析——基于内蒙古的调查》，《农业技术经济》2012 年第 10 期，第 73～79 页。

［38］王海涛：《产业链组织、政府规制与生猪养殖户安全生产决策行为研究》，南京农业大学硕士学位论文，2012。

［39］刘玉满、尹晓青、杜吟棠等：《猪肉供应链各环节的食品质量安全问题——基于山东省某市农村的调查报告》，《中国畜牧杂志》2007 年第 2 期，第 47～49 页。

［40］白桂英：《浅谈生猪养殖户生物安全的风险管理》，《当代生态农业》2010 年第 3 期，第 91～92 页。

［41］张跃华、戴鸿浩、吴敏谨：《基于生猪养殖户生物安全的风险管理研究——以浙江省德清县 471 个农户问卷调查为例》，《中国畜牧杂志》2010 年第 12 期，第 32～34 页。

［42］Garforth, C. J., Bailey, A. P., Tranter, R. B., "Farmers' Attitudes to Disease Risk Management in England: A Comparative Analysis of Sheep and Pig Farmers," *Preventive Veterinary Medicine*, 2013, 110 (3):456－466.

［43］Hollier, C., Reid, M. A., *Small Lifestyle Farms*: *Improving Delivery Mechanisms for Sustainable Land Management*: *A Report for the Cooperative Venture for Capacity Building* ［M］. RIRDC, 2007.

［44］郑建明、张相国、黄滕：《水产养殖质量安全政府规制对养殖户经济效益影响的

实证分析——基于上海的案例》，《上海经济研究》2011 年第 3 期，第 92 ~ 99 页。

[45] 尹春阳：《吉林省肉牛养殖户质量安全控制行为研究》，吉林农业大学硕士学位论文，2011。

[46] Norbert, H., "A Model – Based Approach to Moral Hazard in Food Chains," *Agrarwirtscaft*, 2004, 53 (5):192 – 205.

[47] Boccaletti, S., Nardella, M., "Consumer Willingness to Pay for Pesticide – Free Fresh Fruit and Vegetables in Italy," *International Food and Agribusiness Management Review*, 2000, 3 (3):297 – 310.

[48] 吴林海、徐玲玲、王晓莉：《影响消费者对可追溯食品额外价格支付意愿与支付水平的主要因素——基于 Logistic、Interval Censored 的回归分析》，《中国农村经济》2010 年第 4 期，第 77 ~ 86 页。

[49] 朱淀、张秀玲、牛亮云：《蔬菜种植农户施用生物农药意愿研究》，《中国人口·资源与环境》2014 年第 4 期，第 64 ~ 70 页。

[50] 朱淀、蔡杰、王红纱：《消费者食品安全信息需求与支付意愿研究——基于可追溯猪肉不同层次安全信息的 BDM 机制研究》，《公共管理学报》2013 年第 3 期，第 129 ~ 136 页。

[51] 王芳、尹洁：《从食品安全监管看政府监管的缺失——以"三鹿奶粉事件"为例》，《新西部》（理论版）2009 年第 10 期，第 20 ~ 20 页。

现代农业经营主体实施水产品自检行为及其
影响因素研究*

鄢　　贞　　周洁红**

摘　要： 现代农业经营主体是我国现代农业规模化生产的主体，也是实施质量安全控制、推行自律自检的关键责任主体。本文利用浙江省66家水产养殖经营主体的调研数据，分析了初级水产品自检行为及其影响因素。结果表明，合作社、农业龙头企业实施自检的概率显著高于养殖大户。生产档案、统一品牌销售、竞争力预期、政府抽检、农技培训等对自检有显著的正向激励，而负责人的年龄与主体的自检行为呈负相关关系。最后，本文提出要优化内部治理、保障外部政策及推进市场建设，以推进现代农业经营主体实施质量安全自检行为。

关键词： 水产品自检　现代农业经营主体　质量安全　监管制度

中国水产业经历近几十年快速的发展，2012年水产品总量已达5908万吨，其中养殖总量为4288万吨，占世界养殖总量的72.6%，中国已经成为世界上最大的水产品生产国和出口国[1]。为满足国内外市场对水产品质量安全的需求，中国政府从2002年开始加强源头管理，实施水产品（产地）药物残留监控计划。但从我国省市县三级水产市场的抽检结果看，各类违禁药物检出、重金属超标等不合格产品依然存在，水产品质量安全

＊　国家自然科学基金项目（编号：71273234）。

＊＊　鄢贞，女，浙江衢州人，浙江大学农业现代化与农村发展研究中心博士研究生，管理学专业，主要研究方向为食品安全管理；周洁红，浙江大学农业现代化与农村发展研究中心。

事件在国内、国际市场上仍频繁发生，严重威胁人民的健康和我国水产品的国际竞争力。究其原因，与现阶段我国水产品产业组织化程度较低，未完全建立规范的养殖操作技术和投入品管理体系，无法采取有效的安全生产手段控制质量安全水平有关。因此，以现代经营主体作为实施者推行初级水产品自检，一方面可以有效落实水产品的质量安全责任，另一方面可通过其各项生产规范、质量管理制度及社会化服务带动农户安全生产[2~4]，保障水产品入市前达到100%合格。为此，中国政府于2006年11月1日颁布了《中华人民共和国农产品质量安全法》，明确要求包括水产品在内的农产品生产企业和农民合作社要自行或委托检测机构对农产品质量安全进行检测并备案，强化销售前自检。但在实践中农民、专业合作社等现代农业经营主体实施自检的效果不甚理想，各经营主体建立自检体系仍处于初步阶段。

因此，本研究将以浙江省的水产品合作社、农业企业和养殖大户三类经营主体为研究对象，分析影响水产品现代经营主体实施自检行为的因素、难点，探索如何引导和帮助水产品现代经营主体建立自检体系，提高水产品的质量安全水平，改善浙江省乃至全国水产品出口屡屡受阻的状况。

一　文献回顾

农产品自检制度是为了解决我国当前农产品生产环节和流通环节频发的质量安全问题而实施的一项管理措施。国内外众多学者认为，农产品质量安全的准公共品属性，使农产品质量安全管理需要政府介入，以制定管制性和扶持性政策的方式进行监管。综观各国政府的农产品质量安全治理措施，有加大立法和惩罚力度、提供农产品质量标准、规范产品标识标签、扩大抽检覆盖面和检测指标、实施市场准入等[5~11]，其思路都是从政府角度"倒逼"生产者加强质量安全，而非促进生产者内在控制方式的转型以"产出"安全的农产品。所以，数量众多的分散小规模生产者，加上未完善的县乡级监管体系与本地区农产品的产量不匹配，使政府监管效率低下，容易引起农业生产者的逆向选择[12]。因此，要保障农产品的质量安全，除了加大政府监管力度，更需要对生产者的内部质量安全控制方式进行根本性的调整和转变。为此，学者们开始关注农业生产者的质量安全控制行为及其影响因素。郑江谋认为，质量安全的管理成本以及品牌创建和维护的高成本将家庭养殖户挡在高质量的市场之外[13]，因此小规模的生产者并不是实施质量安全控制的最佳主体，应借助现代农业经营主体，优化农业安全生产行为，从而实现农产品质量安全的目标[14~19]。研究表明，农业生产组织模式与交易模式有利于实现产业化，能提升农产品的质量安全控制水平[3,20~22]。第一，生产组织模式促进了农业生产规范行为，有利于保障质量安全[23~24]。生产组织内部具备规范的生产操作技术、对生产人员提供相关的技术培训是生产主体实施质量安全控制行为的前提条件。第二，交易模式与农产品质量安全控制行为密切相关。销往超市的农产品，由于进场标准较高，因此有利于促使生产者实施产品或质量认证行为，而中间代理商收购则会对农产品的安全生产产生负面影响[22]。所以，销售渠道对主体的安全生产行为会产生影响。市场距离也是影响农产品质量安全行为的主要因素，如本地市场极大缩短了鲜活产品入市前的运输时间，并能有效降低流通损耗，因此生产者可能倾向于减少添加不安全投入品，有利于提高农产品的质量安全水平。经营主体实行品牌战略和统一购销，不仅能够加快种—养—销的一体化进程，而且能够有效提升农产品的质量安全水平[25]。第三，经营主体的市场预期包括价格预期和竞争力预期，会影响经营主体是否选择更为严格的安全生产行为[11]，并且在不确定性较高的农产品市场上，预期价格越高，则经营主体越倾向于从事相应的生产行为[26]。同时价格预期也受到产品市场结构、销售渠道以及消费者支付意愿等因素的制约[12]。第四，经营主体的基本特征，如生产规模[22]、负责人的年龄和受教育程度等因素对安全生产行为也有影响，但尚未达成一致的结论。

综上所述，以往学者的研究成果为审视当前不同的产业组织模式与农产品质量安全控制之间的关系提供了科学的借鉴，但当前研究大多采用不同产业模式中农户个体行为的视角，从农业企业和合作社等现代经营主体出发进行研究者较少，且已有对现代农业经营主体的质量安全控制行为的研究大多基于生产者遵守国家的产品质量安全标准或规定，虽然汪渊的研究开始关注生产者质量安全自检行为[27]，但其研究对象仅限于出口企业的出口市场，由于国外市场背景及其政府监管力度等不同，其研究结果无法直接套用到我国初级水产品的安全生产中来。因此，本文选择浙江省66家规模化水产养殖经营主体为研究对象，在考察内部质量安全管理基本情况的基础上，实证分析了水产品经营主体实施自检行为的内外部影响因素和难点，提出了促进政府由监管型向服务型转型，鼓励经营主体实施自检，创新生产组织内部管理制度以保障我国源头水产品的质量安全等政策建议。

二　研究设计及方法

（一）数据来源

本文所采用的数据由浙江大学管理学院农业经济管理专业的研究生，结合浙江省农业厅下达的调研工作安排，于2013年5～7月通过实地调研和往农民信箱发送电子邮件两种方式发放问卷而获取。被调查的经营主体以浙江渔业主产区杭州、嘉兴、湖州、绍兴及海淡水养殖重点区台州、温州为主要调查地，每个地区随机抽取15～20家水产养殖主体作为样本，能够充分代表浙江省水产养殖经营主体的情况。根据《2012年浙江省统计年鉴》，舟山水产品以海产品为主力，而在淡水产品中，宁波市水产养殖业直属中央管理，不归浙江省渔业厅和农业厅监管，因此我们没有把舟山和宁波两市纳入抽样框。

正式调研之前，笔者在杭州市附近的水产养殖区进行了预调查，并进行多次修改，以使调研问卷更科学。本次调研共发出问卷90份，剔除无效问卷和不完整信息的问卷，最终得到66份有效问卷进入本文的数据分析。

（二）样本特征

从主体类别看，调查对象合作社、农业企业与养殖大户呈比例分布，说明样本具有一定的代表性。从带动农户数看，主体平均带动农户256户，最少为5户，最多的已达到了3000户。但带动农户数低于50户的主体仍有 31 家，累计占总样本数的 46.97%（见表 1），说明经营主体带动农户数仍然偏少。从年龄结构来看，相对于第二次全国农业普查浙江省数据显示的结果，即 50 岁及以下的农业从业人员不到总数的一半，现代农业经营主体的负责人的年龄低于 50 岁（含）的占总样本的 71.22%（见表 1）。从受教育程度来看，受过大学以上高等教育的已成为主要群体，经营主体负责人的受教育程度有所提升。

表 1　样本特征描述

类型	选　项	数量	比例（%）	类型	选　项	数量	比例（%）
主体类别	合作社	30	45.45	负责人年龄	30 岁及以下	5	7.58
	农业企业	26	39.39		30 岁以上，40 岁及以下	15	22.73
	养殖大户	10	15.15		40 岁以上，50 岁及以下	27	40.91
带动户数	5 户以内	2	3.03		50 岁以上，60 岁及以下	18	27.27
	6 ~ 20 户	16	24.24		60 岁以上	1	1.52
	21 ~ 50 户	13	19.70	受教育程度	小学及以下	5	7.58
	51 ~ 200 户	18	27.27		初中	13	19.70
	201 ~ 1000 户	14	21.21		高中或中专	21	31.82
	1001 户以上	3	4.55		大专	18	27.27
					本科及以上	9	13.64

（三）研究方法

本文使用 SPSS18.0 软件对数据进行处理，首先进行基本描述分析和均值的 T 检验，然后使用二元 Logistic 回归模型实证分析水产现代经营主体实施自检行为的影响因素，具体计量模型为：

$$logitP(Y = 1)/P(Y = 0) = a + \sum_{i=0}^{n} \beta_i X_i + \varepsilon \qquad (1)$$

$$p(Y = 1) = 1/\{1 + exp[-(\alpha + \sum_{i=0}^{n} \beta_i X_i + \varepsilon)]\} \qquad (2)$$

其中，Y 是 0 – 1 变量，α 为常数项，β_i 为回归系数，X_i 为自变量，n 为影响因素的个数，ε 为随机误差项，服从正态分布。

三　水产现代经营主体实施自检行为的实证分析

（一）水产现代经营主体实施自检行为的描述性分析

（1）水产现代经营主体实施自检的状况。经营主体对水产品的质量安全自检可分为自行检测和委托送检两种方式。自行检测主要是指经营主体自己建设检测实验室或购买快速检测设备，对水产品及饲料中的氯霉素、孔雀石绿、4种硝基呋喃代谢物、磺胺总量等违禁药物的残留量进行检测；委托送检是指委托当地的水产检测站、检测中心，或具有出具检测证明资质的相关检测机构或企业进行检测，并支付相关的检测费用。分析发现，83.33%的经营主体实施自检，其中40%的经营主体采用自行检测方式，60%采用委托送检方式。从不同自检周期看，21.82%的主体采取每批次检测，52.73%的主体采取定期检测，25.45%则偶尔检测。从三类主体看，农业企业实施自检的比例最高（92.3%），其次为合作社，养殖大户的自检比例最低，仅为50%。

表2为水产现代经营主体的自检行为与交易模式的分析结果。表2显示，本地市场仍是当前水产品经营主体销售的目标市场。但销往外地市场的主体实施自检的比例高于本地市场，可以推断采取自检的经营主体更有能力将产品销往外地市场。从销售渠道看，农贸批发集散中心仍为水产品的主要销售渠道，超市和加工企业作为现代物流通道则逐渐开始发挥作用，且实施自检的比例高于不自检的比例。采用代理商收购这种交易模式的经营主体的自检比例最低。

表 2　不同交易模式与自检行为分析

单位：%

自检	外地市场	本地市场	合计	自检	超市、加工企业	农贸批发集散中心	代理收购及其他	合计
无	54.5	45.5	100.0	无	18.2	54.5	27.3	100.0
有	50.9	49.1	100.0	有	29.1	56.4	14.5	100.0

（2）水产现代经营主体的自检行为与对内部质量管理难度的认知。未

实施自检的经营主体认为安全生产成本高、农户文化程度低、农户年龄高、标准文本难以执行、农户安全意识弱及技能低是实施内部质量管理面临的最大难题（见表3）。可见，内部农户的个体特征和安全生产意识及技能制约了内部质量安全管理的实施。对于已实施自检的经营主体而言，除了农户的因素，优质不优价、市场信息服务体系不完善等外部市场因素被认为是实施内部管理面临的主要障碍。比较两者认知均值的差异（见表3），自检主体与未自检主体之间在安全生产成本高、农户文化程度低、农户年龄高、标准文本难执行方面的认知均值差异显著。

表3 自检主体与未自检主体在内部质量管理难度认知上的差异

主要难度	未自检主体（N = 11）	自检主体（N = 55）	均值差异的 T 检验 HO：N − S = 0	
	均值 N（标准差）	均值 S（标准差）	T 值	Sig. 值
安全生产成本高	4.700 (0.675)	4.098 (1.005)	2.355 *	0.076
规模化程度不够	4.100 (0.876)	3.981 (0.951)	0.367	0.715
农户文化程度低	4.455 (0.688)	3.880 (0.872)	2.045 * *	0.045
农户年龄高	4.455 (0.688)	3.741 (1.200)	1.902 *	0.062
农户安全意识弱及技能低	4.300 (0.675)	4.000 (0.825)	1.079	0.285
标准文本难执行	4.364 (0.505)	3.647 (1.110)	3.294 * * *	0.002
优质不优价	4.200 (0.789)	4.189 (0.900)	0.037	0.971
市场信息服务体系不完善	4.200 (0.789)	4.000 (0.869)	0.677	0.501

注：* * *、* *、* 分别表示在1%、5%、10%的水平上显著。

（3）水产现代经营主体对政府监督和扶持政策的认知与需求。当被问及政府各项措施对其实施自检的作用时，92.42%的经营主体认为"政府对水产品质量安全的监管"作用最大，其次是政府在技术培训和指导方面的作用，占86.36%，而"示范项目扶持""基础设施投入""市场宣传与消费者质量安全教育"位列其后，分别为85%、52%和50%，说明政府在基础设施投入、市场宣传与消费者教育等间接措施方面的效果稍显不足。当被问及对政府支持的需求时，总体来看，95.4%的经营主体希望得到"相关项目扶持"，93.8%希望得到"政府政策扶持"。相比较而言，实施自检的经营主体希望得到政府政策扶持的比例（90.91%）高于项目扶持（89.09%）。

（二）水产现代经营主体实施自检行为影响因素的回归分析

（1）变量说明及基本描述。本文因变量是现代水产经营主体自检行为的实施情况，以是否对入市前水产品的违禁药物残留量进行检测来衡量，因此，自检为二分变量，实施自检行为取值为1，未实施为0。结合前文的文献回顾和水产品的产业特点，自变量选取如下：政府监督与培训，包括水产品质量安全监管中的政府抽检和农技培训；生产组织内部管理方式，包括主体类别、规范的养殖操作档案、内部培训；交易模式，包括销售渠道、本地市场、统一品牌销售；市场预期，包括竞争力预期和价格预期。另外，主体规模、负责人的年龄作为现代经营主体的特征纳入计量模型。需要说明的是，最终进入本文计量回归模型的个别内部因素变量在定义上与以往学者的研究有所区别，例如，统一品牌销售代替了品牌建设，因为统一品牌销售在产业一体化中更能带动农户实施质量安全控制。主体生产规模也没有采用经济效益，而用带动农户数来表示，突出本文旨在通过现代经营主体实施质量安全控制来带动小农户对接大市场，以提高当前水产市场质量安全的总体水平。本文变量的基本描述见表4。

（2）回归结果与讨论。由于自变量间可能存在较强的相关性，因此模型估计可能不准确，在进行回归分析之前，先检验自变量间的相关性（限于篇幅，本文未列出相关系数表），删除了与多个变量存在强相关性的本地市场变量。为了进一步考察相关性是否会对回归模型产生较为严重的影响，验证并得到各变量的方差膨胀因子为1.23~2.0，远远小于多重共线性的方差膨胀因子8.0，说明模型中自变量间的共线性在可接受范围之内。

表4 变量的基本描述

变 量	变量含义及赋值	均值	标准差
因变量			
自检行为	是否实施自行检测或者委托送检：是=1，否=0	0.83	0.37
自变量			
负责人的年龄	经营主体负责人的年龄	45.58	9.30
带动户数	对带动农户数取对数	1.88	0.65
生产组织模式			
主体类别	合作社=1，农业企业=2，养殖大户=3	1.70	0.72
养殖档案	是否要求提供养殖档案：是=1，否=0	0.89	0.31
内部培训	经营主体内部技术员是否举办农业标准化培训：是=1，否=0	0.32	0.47
交易模式			
销售渠道	销往超市和加工企业=1，销往农贸批发市场和集散中心=2，代理收购=3	1.78	0.58
本地市场	是否主要销往本地市场：是=1，否=0	0.52	0.50
统一品牌销售	是否统一品牌销售：是=1，否=0	0.83	0.38
市场预期			
价格预期	实施自检是否有利于提高价格：是=1，否=0	0.38	0.49
竞争力预期	实施自检是否会增强市场竞争力：是=1，否=0	0.55	0.50
政府监督与培训			
政府抽检	是否被政府管理部门抽样检测：是=1，否=0	0.70	0.46
农技培训	当地是否有农技推广员组织相关培训：是=1，否=0	0.64	0.48

在计量模型设定的基础上，为了简化模型并充分保证模型的解释力[28]，本文对样本进行了预回归处理，以校正系数 R^2 作为权衡标准，采用逐步剔除变量的方法，根据变量显著性及 R^2 的变化情况，剔除了内部培训等变量，最终保留了经营主体负责人的年龄、带动户数、主体类别、养殖档案、统一品牌销售、销售渠道、竞争力预期、价格预期、政府抽检、农技培训等变量进入回归模型（模型1），采用逐步向后条件回归估计，经过7次迭代收敛后结果（模型2）见表5。

经营主体基本特征中的负责人年龄与自检行为呈显著负相关关系。年龄越大的负责人越倾向于以丰富的养殖经验指导安全生产，而不愿意采取高成本的自检，从而产生某种程度的抵制。在控制其他条件不变时，经营主体的带动户数对自检没有显著影响，且为负相关关系，说明生产主体的带动能力和自检能力不对称。这可能是因为，随着带动农户数的增加，经营主体需要提高其自检比例，自检比例提高带来自检支出的增加，在当前水产经营主体规模不大且优质优价未能很好体现的情况下，这反而影响了其自检行为。

从生产组织模式看，相对于养殖大户，合作社与农业企业采取自检的可能性更大，前者在 10% 的水平上显著，后者在 5% 的水平上显著。这与当前鼓励以合作社、农业企业为主体组织并带动小农进行规模化、现代化生产的政策一致。一方面，经营主体规模更大的合作社和企业更有实力开展自检，另一方面，规模越大，因质量安全隐患造成损失的可能性越大，为了减少潜在损失，生产主体更愿意采取自检以保障水产品的质量安全。

表 5 现代经营主体自检行为影响因素的回归估计

自变量	模型 1		模型 2	
	系数	Sig. 值	系数	Sig. 值
负责人的年龄	− 0.20	0.042	− 0.19	0.027
带动户数	− 0.29	0.808	—	—
主体类别（参照组：养殖大户）				
合作社	2.63	0.083	2.30	0.052
农业企业	3.41	0.144	3.23	0.037
养殖档案	4.43	0.022	3.86	0.014
销售渠道（参照组：代理收购）				
超市和加工企业	− 0.27	0.861	—	—
农贸批发和集散中心	0.64	0.668	—	—
统一品牌销售	1.38	0.374	—	—
价格预期	− 0.01	0.995	—	—
竞争力预期	2.08	0.216	1.95	0.10
政府抽检	2.23	0.092	1.79	0.093
农技培训	2.40	0.148	2.42	0.027
常数项	1.48	0.691	2.11	0.445
−2LL	33.45			
Cox&Snell R^2	0.33			
Nagelkerke R^2	0.54			
估计准确率	87.5%			

注：模型的卡方值为 25.278，在 0.001 的水平上显著。

养殖档案与自检行为呈显著正相关关系，即要求农户提供养殖记录的水产经营主体，其自检的可能性越大。由于水产养殖过程中的监管较为隐蔽，规范的养殖操作记录为经营主体提供了农户在具体生产过程中的信息。调研中实施自检的经营主体表示，提供规范养殖记录的农户更希望实施自检，以确定质量问题的责任，这能在某种程度上保护规范养殖者的利益。

从交易模式来看，相对于代理收购而言，农贸批发和集散中心的销售渠道对主体的自检行为产生正向影响，但不显著。这可能是由于市场准入制度在农贸批发市场和集散中心的实施[19]，引起水产经营主体重视销售前水产品的质量安全，从而增加自检。销往超市和加工企业的主体与其自检行为呈负相关关系，这可能与大多数超市与加工企业为保证水产品的质量安全而建有自己的检测体系，从而自己检测水产品的药物残留水平等有关。

统一品牌销售对主体自检呈正向影响，并在10%的水平上显著。这主要是因为经营主体在统一品牌销售过程增加了资金和技术投入，品牌建设和维护成本也更高，一旦发生质量安全问题就会造成声誉损失和经济损失，因此借助自检方式来降低入市产品因潜在的质量风险而引发的损失。

市场预期中的竞争力提升预期与自检行为呈显著正相关关系。这可能与当前我国初级水产品同质化较为严重，经营主体希望提供非市场化的自检体系以增加产品的差异化竞争优势有关。价格预期对自检行为没有产生显著作用，这是因为我国当前的水产品信息追踪和溯源能力不足，顾客和终端消费者无法直接识别水产品的自检结果是否可靠，信息不对称导致无法实现自检溢价[29]。

在政府监督与培训方面，政府抽检对经营主体实施自检产生正向影响，与预期假设一致，抽检结果的信息发布对经营主体具有约束效应；农技培训促进了水产经营主体的自检行为，并在5%的水平上显著。政府依托各类研究机构、高校、协会等向水产经营主体提供标准化养殖技术并推广一般养殖技术，这有效缓解了农户安全生产技能差的问题，也逐渐增强了经营主体的质量安全意识，提高了其检测能力，从而正向影响自检行为。

四 结论及政策启示

水产品自检已成为当前水产业质量自查的一项重要手段，通过对浙江省66家水产品经营主体的自检行业及其影响因素的分析，本文研究得出以下结论。

第一，尽管国家要求现代经营主体实施质量安全自检行为，但被调查的经营主体中仍有16.67%未按照国家法律规定采取销售前自检。在实施自检的主体中，仅有21.82%采取了每批次自检，目前水产品自检体系无法全面有效地监控初级水产品违禁药物残留超标的问题。

第二，安全生产成本高、农户文化程度低、农户年龄高、农户安全意识弱及技能低，以及标准文本难以执行是当前未实施自检的经营主体在内部质量控制方面所面临的主要障碍，借助规范的养殖操作档案来强化农户的质量安全责任意识，可促进经营主体的自检行为。

第三，水产经营主体带动农户的水平总体偏低，相对于养殖大户，带动规模更大的合作社与农业企业较倾向于实施自检。在控制其他条件不变的情况下，由于安全生产成本过高，在未达到规模化生产前，随着带动户数的增加，安全生产的投入也增加，其对经营主体实施自检行为呈负向影响但不显著。

第四，在产业化过程中实施统一品牌销售对企业的质量声誉提出了更高的要求，为降低入市后潜在质量安全风险对主体造成的损失，经营主体倾向于实施自检，竞争力预期促进了经营主体实施自检行为。然而，在水产品优质不优价、市场信息宣传不足的背景下，现代经营主体的自检无法实现安全水产品的溢价，因此，价格预期对自检行为的影响不显著。总体上推动现代经营主体实施自检的更多是市场之外的因素。

第五，政府监督与培训对促进水产经营主体的自检行为效果明显。政府应加强对老龄农户养殖技术方面的培训和安全意识教育，从而相应地降低水产品经营主体的培训成本。但目前政府对水产品安全生产的基础设施建设投入不足，内部质量控制和自检等安全生产的高额成本完全由水产经营主体独自承担，因此，政府抽检作为外部管制因素推动了水产品现代经营主体的自检行为。

基于上述研究结论，本文提出以下几点主要政策启示。

第一，要优化内部治理，加强源头农户的养殖档案管理，促进种—养—销一体化，特别是要强化统一品牌销售管理，形成以自检为手段的供应链传导机制。

第二，在外部保障政策方面，要强化政府的关键作用。一方面，增加政府定期抽检的产品数量和经营主体数量，"倒逼"经营主体实施自检。另一方面，加大对水产养殖的基础设施及检测平台等公共设施的投入力度，提高社会化检测服务水平，降低委托送检的成本，"顺推"现代水产经营主体实施自检的积极性。此外，还应设立项目扶持资金用于合作社、农业企业等的内部管理者和社员技术的培训，以增强对水产品质量安全的意识并提高安全生产技能。

第三，在保障外部政策和优化内部治理的基础上，推进品牌建设，通过完善水产品的市场差异化竞争机制，加强政府的管制有效性，在此基础上激发市场安排制度对主体自检行为的积极影响。

第四，加强媒体对水产品质量安全知识的传播作用，培育消费者对农产品的质量安全和分等分级意识，倡导水产品优质优价的市场经营环境。

参考文献

［1］ 中华人民共和国国家统计局：《中国统计年鉴》，中国统计出版社，2013。

［2］ 任国元、葛永元：《农村合作经济组织在农产品质量安全中的作用机制分析——以浙江嘉兴市为例》，《农业经济问题》2008 年第 9 期，第 61～64 页。

［3］ 卫龙宝、卢光明：《农业专业合作组织实施农产品质量控制的运作机制探析——以浙江省部分农业专业合作组织为例》，《中国农村经济》2004 年第 7 期，第 36～45 页。

［4］ 岳冬冬、张峰、王鲁民：《水产养殖合作组织化与水产品质量安全刍议》，《中国农业科技导报》2012 年第 6 期，第 139～144 页。

［5］ Buzby, J. C., Frenzen, P. D., "Food Safety and Product Liability," *Food Policy*, 1999, 24 (6):637－651.

［6］ Loader, R., Hobbs, J. E., "Strategic Responses to Food Safety Legislation," *Food*

Policy，1999，24（6）:685 – 706.

[7] Henson, S., Jaffee, S., "Food Safety Standards and Trade: Enhancing Competitiveness and Avoiding Exclusion of Developing Countries," *The European Journal of Development Research*, 2006, 18（4）:593 – 621.

[8] Udith, K., J – M., "Economic Incentives for Adopting Food Safety Controls in Canadian Enterprises and the Role of Regulation," Ontario, Guelp University.

[9] 胡定寰:《农产品"二元结构"论——论超市发展对农业和食品安全的影响》,《中国农村经济》2005 年第 2 期，第 12 ~ 18 页。

[10] 云小红:《企业实施 ISO9001 质量管理体系认证的绩效评估研究》，西安科技大学硕士学位论文，2005。

[11] 周洁红、刘清宇:《基于合作社主体的农业标准化推广模式研究——来自浙江省的实证分析》,《农业技术经济》2010 年第 6 期，第 88 ~ 97 页。

[12] 耿献辉、周应恒、林连升:《现代销售渠道选择与水产养殖收益——来自江苏省的调查数据》,《农业经济与管理》2013 年第 3 期，第 54 ~ 61 页。

[13] 郑江谋、曾文慧:《我国水产品质量安全问题与生产方式转型》,《广东农业科学》2011 年第 18 期，第 132 ~ 134 页。

[14] 王庆、柯珍堂:《农民合作经济组织的发展与农产品质量安全》,《湖北社会科学》2010 年第 8 期，第 97 ~ 100 页。

[15] 李英、张越杰:《基于质量安全视角的稻米生产组织模式选择及其影响因素分析》,《中国农村经济》2013 年第 5 期，第 68 ~ 76 页。

[16] 张云华、马九杰、孔祥智、朱勇:《农户采用无公害和绿色农药行为的影响因素分析》,《中国农村经济》2004 年第 1 期，第 41 ~ 49 页。

[17] 张会:《产业链组织模式对农户安全农产品生产影响研究》，西北农林科技大学硕士学位论文，2012。

[18] 周洁红:《农户蔬菜质量安全控制行为及其影响因素分析——基于浙江省 396 户菜农的实证分析》,《中国农村经济》2006 年第 11 期，第 25 ~ 34 页。

[19] 周洁红、李凯:《农产品可追溯体系建设中农户生产档案记录行为的实证研究》,《中国农村经济》2013 年第 5 期，第 58 ~ 67 页。

[20] Young, L. M., Hobbs, J. E., "Vertical Linkages in Agri – Food Supply Chains: Changing Roles for Producers, Commodity Groups, and Government Policy," *Review of Agricultural Economics*, 2002, 24（2）:428 – 441.

[21] 龙方、任木荣:《农业产业化产业组织模式及其形成的动力机制分析》,《农业经济问题》2007 年第 4 期，第 34 ~ 38 页。

［22］钟真、孔祥智：《产业组织模式对农产品质量安全的影响》，《管理世界》2012 年第 1 期，第 79 ~ 92 页。

［23］郭红东、蒋文华：《龙头企业与农户的订单安排与履约——一个一般分析框架的构建及对订单蜂业的应用分析》，《制度经济学研究》2007 年第 1 期，第 54 ~ 68 页。

［24］胡定寰、陈志钢、孙庆珍、多田稔：《合同生产模式对农户收入和食品安全的影响——以山东省苹果产业为例》，《中国农村经济》2006 年第 11 期，第 17 ~ 41 页。

［25］李剑锋：《农民专业合作社对农产品质量安全的保障作用》，《浙江农业科学》2011 年第 5 期，第 980 ~ 990 页。

［26］方金、王仁强、胡续连：《基于质量安全的水产品产业组织模式构建》，《中国渔业经济》2006 年第 3 期，第 37 ~ 42 页。

［27］汪渊：《提升浙江出口水产品质量安全水平研究》，浙江大学硕士学位论文，2012。

［28］陈强：《高级计量经济学及 Stata 应用》，高等教育出版社，2012。

［29］郭可汾、林洪：《基于信息不对称理论的水产品质量安全监管》，《中国渔业经济》2010 年第 5 期，第 65 ~ 73 页。

可追溯农产品额外成本承担意愿研究：
蔬菜的案例*

徐玲玲　　刘晓琳　　应瑞瑶**

摘　要： 农户是农产品安全生产的责任主体，农户生产可追溯农产品必然增加额外生产成本。农户对可追溯农产品额外成本的承担意愿非常关键。本文实证研究了 446 位蔬菜种植农户对"基本可追溯蔬菜"、"增加父母信息的可追溯蔬菜"和"经政府专业机构检验认证的可追溯蔬菜"三种不同类型的可追溯蔬菜的额外成本的承担意愿，并运用 MVP 模型（Multi-variate Probit Model)，研究了影响农户对三种类型可追溯蔬菜额外成本的承担意愿的主要因素。研究结果显示，农户对三种类型可追溯蔬菜愿意承担的额外成本分别为不高于总成本的 2.41%、2.18% 和 3.34%，对"基本可追溯蔬菜"的认可度和额外成本承担水平高于更加高级的"增加父母信息的可追溯蔬菜"，并对"经政府专业机构检验认证的可追溯蔬菜"的额外成本具有最高的承担意愿。学历、蔬菜种植规模与垂直一体化程度是影响农户对可追溯蔬菜额外成本的承担意愿的共同因素，而农户的年龄，家

---

* 国家社会科学基金重大项目"环境保护、食品安全与农业生产服务体系研究"（编号：11ZD155）；国家社会科学青年基金项目"基于可追溯体系的食品安全全程监管机制与支持政策研究"（编号：12CGL100）；国家自然科学基金项目"基于消费者偏好的可追溯食品消费政策的多重模拟实验研究：可追溯猪肉的案例"（编号：71273117）；高校博士学科点专项科研基金项目"食品安全与食品可追溯体系中生产者行为研究"（编号：20110093110007）；江苏省高校哲学社会科学优秀创新团队建设项目"中国食品安全风险防控研究"（编号：2013 - 011）；江南大学自主科研计划重点项目"基于农产品安全、气候变暖视角的农业生产方式转型路径与模式选择"（编号：JUSRP51416B）。

** 徐玲玲，女，江南大学商学院食品安全研究基地副教授，博士，研究方向为食品安全管理；刘晓琳，江南大学商学院；应瑞瑶，南京农业大学经济管理学院。

庭农业收入，对蔬菜可追溯体系的认知，是否实施无公害、绿色或有机蔬菜等质量认证工作等变量，不同程度地显著影响其额外成本的承担意愿。本文的研究结论表明，应当首先推动初级蔬菜可追溯体系（如本文中的"基本可追溯蔬菜"）的普及，随后逐步选择年龄较轻、学历较高、蔬菜种植规模较大、参与农业企业或专业合作组织的农户实施更高级的蔬菜可追溯体系（如本文中的"增加父母信息的可追溯蔬菜"）。农户记录的可追溯信息是否需要经过政府专业机构的检验认证，由农户根据成本与收益的情况自行选择，可以增加蔬菜可追溯体系的普及率。

关键词： 农户 蔬菜 可追溯体系 额外成本 承担意愿

一 引言

为有效治理频繁爆发的农产品安全事件，提升农产品的质量安全水平，我国的农产品质量安全追溯体系建设正式纳入了《全国农产品质量安全检验检测体系建设规划（2011～2015年）》之中，农业部已在种植、畜牧、水产和农垦等行业开展了农产品质量安全追溯试点，截至2013年底可追溯品种范围已覆盖谷物、蔬菜、水果、茶叶、肉、蛋、奶、水产品等主要农产品，试点范围从北京、上海、南京、无锡、杭州、苏州等城市，逐步向其他大中型城市覆盖。大量分散的农户是实施农产品可追溯体系这一复杂的系统工程中一个极为重要的参与者，这既是我国的基本国情，也是农产品可追溯体系建设面临的主要瓶颈之一。农户参与实施农产品可追溯体系，需要增加因可追溯信息采集、录入和标识等引发的额外成本[1]，农户的认知度、文化知识、对额外成本的承担意愿非常关键[2]。然而，目前国内的研究绝大多数停留在农户参与农产品可追溯体系的意愿、行为与影响因素的层面上，比如徐玲玲等研究了苹果种植农户对可追溯农产品的生产行为与影响因素[3]。现有研究普遍采用二元 Logistic 或偏最小二乘回归的方法，没有展开农户对具有不同层次信息属性的可追溯农产品额外成本的承担意愿与影响因素的研究。可追溯体系的宽度越大、深度越深、精确度越高，其所记录和提供的质量安全信息就越全面，就越能够识别和防范食品安全风险[4]，但农户生产可追溯农产品所增加的成本也相应越高。吴林海等证实并非信息越全面的可追溯农产品就越有市场前景[5]。因此，基于成本与收益的考虑，农户对不同层次信息属性的可追溯农产品的额外成本的承担意愿并不相同。政府相关部门和食品企业在推动农户生产可追溯农产品的过程中，应当根据农户不同的额外成本承担意愿采取相应的策略。基于此，本文研究农户对不同层次信息属性的可追溯农产品额外成本的承担意愿与影响因素，由此在中国寻求发展与普及可追溯农产品的路径，以防范食品安全风险。

二　文献综述与研究假设

作为理性与有限理性的农户，其生产行为主要受自身内在特征并客观地受利益驱动、政府政策等外部环境的影响[6~7]。根据农户生产行为的相关理论，基于对国情的充分认识，通过如下的文献研究，可以假设如下 9 个方面的因素或因素组合内在地、不同程度地影响农户对可追溯农产品的额外成本的承担意愿。

（1）农户特征。一般而言，年龄较大和受教育程度较低的农户接受新事物和新技术的能力较差，经营管理水平和生产决策能力较低，生产可追溯农产品的成本可能会更高，生产意愿更低[8~9]。Souza Monteiro 和 Caswell 实证分析了影响葡萄牙梨业农户参与农产品可追溯体系的行为与影响因素，结果表明，受教育程度越低的农户参与高标准可追溯体系的概率越低[9]。

（2）利益驱动。农户从事农业生产的经济动机是最大限度地追求经济利润。农户生产可追溯农产品，能够提高产品质量和安全水平，因而会提高生产成本和销售价格（收益最直接的来源之一），成本与收益将直接影响农户可追溯农产品的生产意愿与具体的行为[10]，农户自愿生产可追溯农产品的前提是收益大于成本或至少能够弥补成本[4]。Schulz 和 Tonsor 研究发现，农户主要关心可追溯农产品的生产成本、技术的稳定性和信息的机密性[11]。Olynk 等运用消费者支付意愿衡量畜产品养殖农户关于提供验证信息的决策，结果表明，农户会根据提供验证信息是否盈利，来决定是否采用验证策略[12]。杨永亮和 Roheim 等的研究同样表明农户对可追溯农产品销售价格的预期显著影响其生产可追溯农产品的意愿[8,13]。Lopes 研究了巴西农户参与牛肉可追溯体系的障碍，结果表明收益不足是主要制约因素之一[14]；而高收益是驱动农户实施鱼类产品可追溯体系的主要因素[15]。

（3）种植规模。种植规模较大的农户其生产的集约化程度相对较高，单位面积生产可追溯农产品的比较成本更低，因而具有更强烈的生产意愿[9,16]。相反，生产规模越小，实施可追溯体系的成本越高[17~18]。Parker 等调查发现美国种植规模越大的蔬菜和水果种植农户越倾向于采用安全生产技术[19]，而且也证实，生猪养殖规模越大的农户越会实施可追溯监控[20]。

（4）农业收入。农业收入较高的农户更倾向于进行农业生产投资，周洁红和姜励卿的研究表明蔬菜收入占农业收入比重越高的蔬菜农户越愿意生产可追溯蔬菜[21]。年收入更高的农户更倾向于采用新技术和复杂的技术[22]。

（5）质量认证体系。现有的生产与技术实践会极大地影响农户生产可追溯农产品的意愿与行为[11]，如果农户已经执行了质量认证体系，则可以降低可追溯的成本，其生产可追溯农产品的积极性就会提高[9,23~24]。

（6）垂直一体化程度。对农户而言，垂直一体化程度主要表现在农户参与各类专业合作组织或农业企业的水平。农业组织与农业企业会提供农业技术方面的信息[25~26]。因此，农产品供应链主体间垂直一体化程度高的农户会倾向于采用更高标准的可追溯体系[9,27]。

（7）农户认知。农户对可追溯体系的认知影响其参与可追溯体系的行为[28]，对农产品可追溯体系有一定认知的农户更乐意参与可追溯体系[8,21,29]。Liao 等研究了台湾水果和蔬菜农户参与台湾农业和食品可追溯计划的行为，结果表明对该计划的认知越多和受教育程度越高的农户参与可追溯计划的积极性越高[22]。

（8）重要性的感知。Bailey 和 Slade 的研究显示，如果奶牛养殖户清晰地感知到可追溯体系的重要性，则会参与可追溯体系[30]。Mora 和 Menozzi 的研究表明，如果有机农产品的生产农户感知到可追溯农产品与其他农产品有明显差异，则希望加贴可追溯标签[23]。Chen 等研究发现认为在未来 5 年比较重要的农户更倾向于采用信息收集技术[27]。

（9）优惠措施。为预防食品安全风险，恢复消费者对农产品安全的信任[31]，政府支持农产品可追溯体系建设的优惠政策和支持措施也影响农户参与可追溯体系的行为[8,21]。比如提供技术和资金支持，加大对销售不安全农产品的农户的惩罚，规范可追溯农产品市场的秩序等，这都能够激励农户参与可追溯体系[4,11]，政府甚至可以强制农户参与可追溯体系[32]。Narrod 等研究了肯尼亚和印度的水果蔬菜小农户如何面对国外市场严格的食品安全标准的案例，结果表明如果给予足够的制度上的支持，小农户也愿意采用可追溯体系[33]。

三　样本与数据

（一）农产品品种选择

蔬菜是人类饮食的重要组成部分，其特点是低脂肪、低热量、高碳水化合物，含有丰富的维生素和纤维素，能为人体提供重要的微量营养素。1995～2012 年中国人均蔬菜消费在总的食物消费中所占的比重基本保持在25%～36%的水平上；2012 年中国城镇和农村居民的人均年蔬菜消费量分别为 112.3kg 和 84.7kg。近年来中国因农药残留引发的蔬菜质量安全事件频繁发生，典型的案例是海南省豇豆被检测出含有禁用农药水胺硫磷，青岛市一些市民因食用农药残留严重超标的韭菜而中毒，山东白菜喷甲醛保鲜等。蔬菜在中国居民的食物消费中占重要的地位，并成为农产品可追溯体系重点推广和普及的对象。但我国蔬菜生产有其自身的特点和局限性，如蔬菜生产大多是以一家一户分散式的小生产为主，菜田面积小，种植品种多，基本上是手工操作，是一种典型的家庭式小生产。因此，大范围地推广蔬菜可追溯体系尚需多方努力。基于此，本文以蔬菜为案例研究蔬菜种植农户对可追溯蔬菜额外成本的承担意愿就非常有价值。

（二）样本选择与调查对象

2012 年中国蔬菜种植面积为 2035.3 万公顷，其中山东省的种植面积为 180.6 万公顷，河南省的种植面积为 173.0 万公顷，是中国蔬菜种植面积最大的两个省。从 20 世纪 80 年代开始当地众多的农户就将种植与销售蔬菜作为谋生的主要职业。蔬菜种植已成为当地种植业中效益最好的产业之一。山东省苍山县是全国最大的蔬菜生产县，蔬菜种植面积超过 100 万亩，年产量 360 万吨，最早建立县级蔬菜食品检测中心，享有"全国无公害蔬菜生产基地示范县""全国蔬菜标准化生产示范区"等称号。河南省扶沟县的蔬菜种植规模居全国第二位，蔬菜种植面积超过 50 万亩，年产量达 248 万吨，享有"全国果菜无公害十强县"的称号。并且苍山县和扶沟县的一部分蔬菜已经建立了生产档案，全程监控蔬菜栽培、施肥、用药的过程，实行农产品可追溯制度。因此本文选择山东省苍山县和河南省扶沟县的蔬菜种植农户展开研究就具有良好的基础。

在实际调查过程中采用多层随机抽样方法选取样本。在山东省苍山县随机选取庄坞镇、向城镇和兰陵镇，在河南省扶沟县选取白潭镇、韭园镇和练寺镇，共 6 个乡镇，每个乡镇选择 4 个自然村，每个自然村随机调查 20 个农户，共访谈 480 个农户，回收有效问卷 446 份。考虑到受访蔬菜种植农户的文化层次可能较低，为避免理解上的偏差而可能影响问卷回答的真实性，本研究采取一对一访谈并当场答卷的方式进行，并由调查人员填写问卷。问卷调查时间是 2013 年 10 月 26 日到 2013 年 12 月 30 日。

（三）可追溯蔬菜不同质量安全信息的设定

蔬菜可追溯体系涉及产前、产中、产后各个环节，通过对涉及质量安全隐患的各关键环节的信息进行正确识别、如实记录、有效传递和监控管理，可实现追踪、追溯和预警，预防和减少问题的出现。因此，在蔬菜生产各环节所记录的信息至关重要。在蔬菜种植环节的监管方面，1993 年 7 月生效并于 2002 年修订的《农业法》要求农药、兽药、饲料和饲料添加剂、肥料、种子、农业机械等可能危害人畜安全的农业生产资料的生产经营，依照相关法律、行政法规的规定实行登记或者许可制度。《农产品质量安全法》在继承和发展《农业法》的基础上，以整个农业生产过程为主线，进一步提出了以产地、生产、包装与标识为核心的质量安全监管体制。其中，产地包括大气、土壤、水体，生产包括农药、肥料、种子、操作规程、技术规范。《种子法》对种子的使用、种子的质量、品种的选育与审定做了详细规定。

国内外大量的学者先后研究了蔬菜种植环节应该记录的信息。李辉等[34]设计了基于 Web 的可追溯系统，指出农户需要详细记录蔬菜的日常种植信息，如播种记录、灌溉记录、施肥记录、病虫害防治记录等，还要在蔬菜即将成熟时上报预测的采收数量。毕然研究认为，果蔬种植管理环节收集的信息应该包括产地基本信息和种植过程信息[35]，产地基本信息包括产地、生产者、规模、农田代码的分配、土质、水质、空气质量，种植过程信息包括果蔬安全生产操作信息比如施肥、防治病虫害、灌溉、除草，包括种子、农药、化肥等农资的品名、防治类型和残留期，以及果蔬产量。Golan 等的衡量可追溯体系信息容量指标的研究颇具代表性，他指出可追溯体系的深度是向前追踪或向后追溯信息的距离，例如，零售架上的一块牛肉是否可以追溯到它从发货商发货之后所经历的每个地点，追溯到批发商、加工者、饲养场、牛的来源，或者甚至追溯到它们的父母[4]。

从 20 世纪中期开始，很多欧美国家开始建立食品安全认证制度[14]，通过对农产品品质的检测和认证，能够引导和规范农户的安全生产行为，是各国政府监管农产品质量安全的重要政策工具[36]。实际上，农产品安全认证是农产品质量安全信号显示的有效手段，能够减少信息不对称，降低消费者的搜寻成本，增加生产者与消费者双方之间的信任，并增加消费者的支付意愿[37]。可见，在蔬菜可追溯信息中，经过政府专业机构检验认证的信息是非常重要的。

基于上述分析，本文将可追溯蔬菜依据可追溯信息层次的差异分为基本可追溯蔬菜、增加"父母"信息的可追溯蔬菜和经政府专业机构检验认证的可追溯蔬菜，研究农户对三种类型的可追溯蔬菜的接受意愿。对于基本可追溯蔬菜，农户需要记录农户姓名、产地、种植品种、定植时间、施肥时间、用药及停药时间、采收前农残卫生质量检测、采收时间等生产信息，以及种子、农药、化肥等农资的品名、防治类型和残留期信息。增加"父母"信息的可追溯蔬菜是指在基本可追溯蔬菜记录信息的基础上，增加种子"父母"信息的记录与标识，如种子"父母"的产地、农残检测和品质等级认定等信息。经政府专业机构检验认证的可追溯蔬菜是指在增加

"父母"信息可追溯蔬菜的基础上，由政府监管部门检验并认证所记录的可追溯信息。

（四）问卷设计

基于本文的研究假设并借鉴国内已有的相关调查问卷，本文设计了初步调查问卷。在展开具体调查前，调研小组首先访谈了当地农业主管部门和部分蔬菜种植农户，仔细了解蔬菜生产与管理情况，并对 10 位农户进行了预调研，经过修改后最终确定的调查问卷包括三大部分。第一部分是农户对可追溯蔬菜额外成本接受意愿的调查，在调研过程中，首先向农户解释可追溯蔬菜的概念，以及问卷调查中的三种可追溯蔬菜之间的关系与差异，三种可追溯蔬菜额外成本承担意愿问题的设计与调查如表 1 所示，要求农户对不同类型可追溯蔬菜增加的额外生产成本选择其能接受的最高值，即增加的额外成本占总成本的比例。问卷的第二部分是关于农户对可追溯蔬菜的收益预期、认知、重要性感知等方面的调查，最后一部分是农户的个体统计特征。

表 1 额外成本承担意愿的问题设计与调查

能接受的最高额外成本	基本可追溯蔬菜	增加"父母"信息的可追溯蔬菜	经政府专业机构检验认证的可追溯蔬菜
0	□	□	□
增加 1%	□	□	□
增加 2%	□	□	□
增加 3%	□	□	□
增加 4%	□	□	□
增加 5%	□	□	□
增加 ≥10%	□	□	□

注：要求农户对不同类型可追溯蔬菜增加的额外生产成本选择其能接受的最高值，并直接在对应的"□"中打钩。

（五）样本数据的统计性描述分析

（1）农户特征。表 2 显示，在被调查农户中，年龄为 18～25 岁、26～

45 岁、46～60 岁和 61 岁及以上的农户分别占 8.52%、35.65%、41.48% 和 14.35%，可见，大多数被调查农户的年龄为 26～60 岁。被调查农户的总体学历层次偏低。高中（包括中等职业）及以下的农户所占比例高达 94.39%，其中初中学历的农户比例最高，为 49.10%，接近一半；小学及以下、高中（包括中等职业）所占的比例分别为 29.82% 和 15.47%；大专、本科及以上的比例分别仅为 2.69% 和 2.91%。

表 2　个体统计特征

特征描述	样本数	频　数
年龄		
18～25 岁	38	8.52
26～45 岁	159	35.65
46～60 岁	185	41.48
61 岁及以上	64	14.35
家庭蔬菜种植规模		
1 亩以上，2 亩及以下	91	20.40
2 亩以上，3 亩及以下	114	25.56
3 亩以上，6 亩及以下	129	28.92
6 亩以上	112	25.11
受教育程度		
小学及以下	133	29.82
初中	219	49.10
高中（包括中等职业）	69	15.47
大专	12	2.69
本科及以上	13	2.91
家庭农业年收入		
1 万元及以下	118	26.46
1 万元以上，2 万元及以下	172	38.57
2 万元以上，3 万元及以下	102	22.87
3 万元以上，5 万元及以下	53	11.88
5 万元以上，10 万元及以下	1	0.22
10 万元以上	0	0

（2）种植规模与收入。大多数被调查农户的蔬菜种植规模比较小，种植规模为 1 亩以上 2 亩及以下、2 亩以上 3 亩及以下、3 亩以上 6 亩及以下和 6 亩以上的被调查农户分别占 20.40%、25.56%、28.92% 和 25.11%。

被调查农户的家庭农业生产年净收益比较低，家庭农业生产年净收益在1
万元及以下、1万元以上2万元及以下、2万元以上3万元及以下、3万元
以上5万元及以下和5万元以上10万元及以下的被调查农户分别占
26.46%、38.57%、22.87%、11.88%和0.22%。

（3）质量认证与合作组织。被调查农户中的大部分会记录农药使用时
间与数量等信息。32.71%的农户实施了无公害或绿色蔬菜质量认证工作。
此外，27.10%的农户参与了"龙头企业＋农户"或"农民专业合作社＋
农户"等类型的合作组织。

（4）农户对蔬菜可追溯体系及其重要性的认知。调查结果显示，有
40.19%的被调查农户表示有所了解或比较了解蔬菜可追溯体系。当向农户
解释了蔬菜可追溯体系的概念后，约42.68%的被调查农户认为蔬菜可追
溯体系比较重要，是未来农业发展的一个趋势。此外，高达79.75%的被
调查农户认为消费者会对可追溯蔬菜支付比较高的价格。

（5）农户愿意为可追溯蔬菜承担的额外成本的平均水平。据统计分
析，农户分别愿意为基本可追溯蔬菜、增加"父母"信息的可追溯蔬菜和
经政府专业机构检验认证的可追溯蔬菜承担2.41%、2.18%和3.34%的额
外成本。可见，农户对信息更全面的增加"父母"信息的可追溯蔬菜的认
可度和额外成本承担水平低于基本可追溯蔬菜，对经政府专业机构检验认
证的可追溯蔬菜愿意承担的额外成本最高，但均不超过总成本的4%。

四　方法

（一）理论框架

当被调查者需要对两个以上且相互之间有关联的问题分别做出选择
时，可以使用 Multivariate Probit Model（MVP）模型进行估计。MVP 计量
模型估计农户的随机效用可以表示为方程（1）：

$$U_{ij} = V_{ij} + \varepsilon_{ij} \tag{1}$$

在式（1）中，U_{ij} 是农户在 i 种选择中选择 j 的效用，V_{ij} 是可观测的效
用内容，由效用属性及其价值决定，ε_{ij} 是模型中不可观测的随机项。借鉴

Schulz 和 Tonsor[11] 的做法，假设农户的效用与其愿意接受的可追溯蔬菜的最高额外成本相关，则

$$V_{ij} = \alpha_{ij} WTA_{ij} + \varphi_{ij} \qquad (2)$$

其中 WTA_{ij} 为农户愿意接受的第 j 种类型的可追溯蔬菜的额外成本。令 $\overline{WTA_j}$ 为所有农户对第 j 种类型的可追溯蔬菜愿意接受的额外成本的平均值，是常量。如果农户选择额外成本 WTA_{ij}，且大于 $\overline{WTA_j}$，是因为 $U_{ij} \geqslant U_j^-$，即 $\alpha_{ij} WTA_{ij} - \overline{WTA_j} + \gamma_{ij} \geqslant 0$。令 $Y_{ij}^* = \alpha_{ij} WTA_{ij} - \overline{WTA_j} + \gamma_{ij}$。据此构建如下二元离散选择模型：

$$Y_{ij} = \begin{cases} 1 & Y_{ij}^* \geqslant 0 \\ 0 & Y_{ij}^* < 0 \end{cases} \qquad (3)$$

根据前文的研究假设，农户对可追溯蔬菜愿意接受的成本 WTA_{ij} 受个体特征、利益预期等多种因素的影响，即 $Y_i^* = X_i\beta + \varepsilon_i$。

其中，$X_i = \begin{bmatrix} X_{i11} & \cdots & X_{i1m} & & & & \\ & & & X_{i21} & \cdots & X_{i2m} & \\ & & & & & \cdots & \\ & & & & & & X_{ij1} & \cdots & X_{ijm} \end{bmatrix}$ 为 $j \times$

$(j \times m)$ 维准对角矩阵，X_{ijk} 表示第 j 次选择中，第 i 个农户的第 k 个自变量，$\beta = (\beta_{11}, \beta_{12}, \cdots, \beta_{1m}, \beta_{21}, \beta_{22}, \cdots, \beta_{2m}, \cdots, \beta_{j1}, \beta_{j2}, \cdots, \beta_{jm})'$ 为待估参数向量，$\varepsilon_i = (\varepsilon_{i1}, \varepsilon_{i2}, \cdots, \varepsilon_{ij})'$ 为残差项。

由于这些效用包含随机项，只能描述农户选择 WTA_j 大于 $\overline{WTA_j}$ 的概率[38~39] 为：

$$\text{Prob}(Y_i = 1) = \text{Prob}(Y_i^* \geqslant 0) = F(\varepsilon_i \geqslant -X_i\beta) = 1 - F(-X_i\beta) \qquad (4)$$

如果 ε_i 满足正态分布，即满足 MVP 模型的假设，则：

$$\text{Prob}(Y_i = 1) = 1 - \Phi(-X_i\beta) = \Phi(X_i\beta) \qquad (5)$$

（二）变量定义与赋值

模型分析中所使用变量的定义与赋值见表 3。

表3 变量定义与赋值

变　量	定义与赋值	均值
类型Ⅰ的额外成本高于或等于平均值（Y_1）	农户愿意承担的额外成本高于或等于平均值为1；否则为0	0.1464
类型Ⅱ的额外成本高于或等于平均值（Y_2）	农户愿意承担的额外成本高于或等于平均值为1；否则为0	0.1838
类型Ⅲ的额外成本高于或等于平均值（Y_3）	农户愿意承担的额外成本高于或等于平均值为1；否则为0	0.1869
低年龄（X_1）	虚拟变量，农户年龄为26~45岁=1，否则为0	0.3560
高年龄（X_2）	虚拟变量，农户年龄在46岁及以上=1，否则为0	0.5588
初中及以下学历（X_3）	虚拟变量，农户学历为初中及以下=1，否则为0	0.7891
低家庭农业收入（X_4）	虚拟变量，家庭农业年收入为1万元以上2万元及以下=1，否则为0	0.3863
中等家庭农业收入（X_5）	虚拟变量，家庭农业年收入为2万元以上3万元及以下=1，否则为0	0.2274
高家庭农业收入（X_6）	虚拟变量，家庭农业年收入在3万元以上=1，否则为0	0.1215
低种植规模（X_7）	虚拟变量，家庭蔬菜种植面积为2亩以上6亩及以下=1，否则为0	0.5446
高种植规模（X_8）	虚拟变量，家庭蔬菜种植面积为6亩以上=1，否则为0	0.2515
垂直一体化程度（X_9）	虚拟变量，农户参与农业企业或专业合作组织=1，否则为0	0.2710
质量认证（X_{10}）	虚拟变量，农户实施了无公害、绿色或有机蔬菜等质量认证工作=1，否则为0	0.3271
农户对蔬菜可追溯体系的认知（X_{11}）	虚拟变量，农户非常了解、比较了解或有所了解蔬菜可追溯体系=1，否则为0	0.4019
重要性的感知（X_{12}）	虚拟变量，农户认为蔬菜可追溯体系非常或比较重要=1，否则为0	0.4268

续表

变　　量	定义与赋值	均值
价格预期（X_{13}）	虚拟变量，认为消费者对可追溯蔬菜支付的价格会比较高 = 1，否则为 0	0.7975
支持政策（X_{14}）	虚拟变量，政府、有关机构或其他组织有支持政策或支持措施 = 1，否则 = 0	0.1122

（三）模型构建与估计方法

基于本文的变量定义，农户需要对三种类型的可追溯蔬菜选择其愿意接受的额外成本，因而 $j = 3$。由于 MVP 模型假设残差项服从联合正态分布，因此 $\varepsilon_i \in N(0, \sum)$，则 $CS_i \in N(X_i\beta, \sum)$，其中 $\sum = \begin{bmatrix} 1 & \sigma_{12} & \sigma_{13} \\ \sigma_{12} & 1 & \sigma_{23} \\ \sigma_{13} & \sigma_{23} & 1 \end{bmatrix}$

为对称的相关系数矩阵。

本文的 MVP 模型可表示为：

$$\text{Prob}(Y_i \mid \beta, \sum) = \text{Prob}(Y_i, Y_i^* \mid X_i\beta, \sum) = \int_{B_{i3}}\int_{B_{i2}}\int_{B_{i1}} \varphi(Y_i, Y_i^* \mid \beta, \sum) dY_i^* \quad (6)$$

其中 $\varphi(Y_i, Y_i^*) = \dfrac{1}{(2\pi)^{\frac{3}{2}} \mid \sum \mid^{\frac{1}{2}}} e^{-\frac{1}{2}(Y_i^* - X_i\beta)' \sum^{-1}(Y_i^* - X_i\beta)}$ 为联合概率密度

函数，B_{ij} 为积分区间，与 Y_{ij} 的对应关系为：$B_{ij} = \begin{cases} (0, +\infty) & Y_{ij} = 1 \\ (-\infty, 0) & Y_{ij} = 0 \end{cases}$

由此可得模型的似然函数为：

$$L(\theta) = \prod_{i=1}^{446} \varphi(Y_i, \Delta Y_i^* \mid \beta, \sum)$$

对数似然函数为：

$$\ln[L(\theta)] = \ln\left[\prod_{i=1}^{446} \varphi(Y_i, \Delta Y_i^* \mid \beta, \sum)\right] = \sum_{i=1}^{446} \ln[\varphi(Y_i, \Delta Y_i^* \mid \theta)] \quad (7)$$

其中，$\theta = (\beta, \sum)$ 为参数空间。

本文采用 EM 算法 (Expectation Maximization Algorithm) 对模型进行极大似然估计。

五　结果

采用 Gibbs 抽样方法抽样 10000 次，引入 MCEM 算法 (Monte Carlo Expectation Maximization Algorithm) 迭代 100 次后，使 $\| \theta^{(t+1)} - \theta^{(t)} \| \leqslant 0.0001$，达到预定精度。借助 MATLAB 分析工具进行模型拟合，模型估计结果如表 4 所示，表 4 中相关参数的估计结果表明模型总体拟合效果良好。

表 4　MVP 模型估计结果

自变量	估计系数	T 统计量	P 值
低年龄（X_1）	0.895	1.246	0.107
高年龄（X_2）	-1.264**	-2.110	0.018
初中及以下学历（X_3）	-0.978*	-4.893	0.000
低家庭农业收入（X_4）	0.833	0.165	0.435
中等家庭农业收入（X_5）	0.683	1.200	0.116
高家庭农业收入（X_6）	0.338**	1.986	0.024
低种植规模（X_7）	-1.094**	-1.875	0.031
高种植规模（X_8）	0.133	0.029	0.488
垂直一体化程度（X_9）	0.817*	3.469	0.000
质量认证（X_{10}）	1.716*	13.102	0.000
农户对蔬菜可追溯体系的认知（X_{11}）	0.648**	2.112	0.018
重要性的感知（X_{12}）	-0.403	-0.929	0.177
价格预期（X_{13}）	-0.114	-0.036	0.486
支持政策（X_{14}）	-1.066**	-2.028	0.022
低年龄（X_1）	1.613*	4.002	0.000
高年龄（X_2）	-0.701	-0.717	0.237
初中及以下学历（X_3）	-1.478*	-11.309	0.000
低家庭农业收入（X_4）	0.586	1.049	0.148
中等家庭农业收入（X_5）	0.604	0.986	0.163

续表

自变量	估计系数	T 统计量	P 值
高家庭农业收入（X_6）	0.610	0.624	0.267
低种植规模（X_7）	−1.837 *	−1.990	0.024
高种植规模（X_8）	−0.753	−0.851	0.198
垂直一体化程度（X_9）	1.244 *	8.605	0.000
质量认证（X_{10}）	1.411 *	9.843	0.000
农户对蔬菜可追溯体系的认知（X_{11}）	0.534	1.539	0.063
重要性的感知（X_{12}）	−0.052	−0.017	0.493
价格预期（X_{13}）	0.423	0.491	0.312
支持政策（X_{14}）	−0.748	−1.122	0.132
低年龄（X_1）	1.584 *	3.374	0.000
高年龄（X_2）	−1.117	−1.553	0.061
初中及以下学历（X_3）	−1.548 *	−10.046	0.000
低家庭农业收入（X_4）	−0.066	−0.011	0.496
中等家庭农业收入（X_5）	0.194	0.086	0.466
高家庭农业收入（X_6）	−0.785	−0.713	0.238
低种植规模（X_7）	−1.686 *	−4.044	0.000
高种植规模（X_8）	0.079	0.009	0.496
垂直一体化程度（X_9）	1.135 *	5.888	0.000
质量认证（X_{10}）	2.450 *	20.409	0.000
农户对蔬菜可追溯体系的认知（X_{11}）	0.680 **	1.969	0.025
重要性的感知（X_{12}）	−0.587	−1.660	0.051
价格预期（X_{13}）	−0.090	−0.020	0.492
支持政策（X_{14}）	−0.641	−0.741	0.230

注：* 表示在 1% 水平上显著；* * 表示在 5% 水平上显著；−2LL = 265.971，P < 0.0001；Cox & Snell R^2 为 0.509；Nagelkerke R^2 为 0.897。

年龄变量显著影响农户对可追溯蔬菜额外成本的承担意愿，26～45 岁年龄段的农户对增加"父母"信息的可追溯蔬菜和经政府专业机构检验认证的可追溯蔬菜的成本的承担意愿显著高于其他年龄段的农户，而年龄在 46 岁及以上的农户对基本可追溯蔬菜额外成本的承担意愿显著低于其他年龄的农户。与 Souza Monteiro 和 Caswell[9] 的研究结论相类似，年龄越轻的农户越愿意承担一定的额外成本生产可追溯蔬菜。其原因是，年龄越轻的农户越具有创新性，越容易理解和接受新事物和新技术。

　　学历变量显著影响农户对可追溯蔬菜额外成本的承担意愿，学历越高的农户对三种类型的可追溯蔬菜的额外成本的承担意愿越高。农户学历越高，对蔬菜可追溯体系及其功能和成本的理解越全面，实施蔬菜可追溯体系的难度越低，因而对可追溯蔬菜额外成本的承担意愿越高。

　　家庭农业收入在 3 万元以上的高收入农户对基本可追溯蔬菜额外成本的承担意愿显著高于低家庭农业收入的农户。此外，家庭农业收入变量对增加"父母"信息的可追溯蔬菜和经政府专业机构检验认证的可追溯蔬菜的额外成本的承担意愿没有显著影响。原则上来说，家庭农业收入越高的农户越希望保障和提高其农业作物的质量与安全性以保证其收入，因而对基本可追溯蔬菜的额外成本的承担意愿较高。但是，在收益尚不明确的前提下，农户对需要更高生产投入成本的增加"父母"信息的可追溯蔬菜和经政府专业机构检验认证的可追溯蔬菜的积极性不高。

　　种植规模变量显著影响农户对可追溯蔬菜额外成本的承担意愿，蔬菜种植规模越低的农户对三种类型的可追溯蔬菜额外成本的承担意愿越低，尤其是对增加"父母"信息的可追溯蔬菜和经政府专业机构检验认证的可追溯蔬菜的额外成本的承担意愿更低。种植规模越小的农户（6 亩以下），其农业收入越低，对需要投入较高生产成本的可追溯蔬菜的生产积极性就不高。

　　垂直一体化变量显著影响农户对可追溯蔬菜的额外成本的承担意愿，垂直一体化程度越高的农户对三种类型的可追溯蔬菜的额外成本的承担意愿越高。本次调查发现，一部分农户参与了农业合作组织，一部分农户则直接跟生产企业签订合同，负责向其供货。这类农户往往在农业合作组织和生产企业的督导下进行蔬菜种植，种植的基本都是无公害或绿色蔬菜，品质较高。这部分农户对"订单作业"和"按标准操作"的理解很好，更易于接受蔬菜可追溯体系，因而对可追溯蔬菜的额外成本的承担意愿较高。

　　实施了无公害、绿色或有机蔬菜等质量认证工作的农户对基本可追溯蔬菜和经政府专业机构检验认证的可追溯蔬菜的额外成本的承担意愿显著高于其他农户。这不难理解，这类农户已经按照一定的标准规范生产安全蔬菜，在此基础上生产可追溯蔬菜的额外成本更低，因而积极性更高。经政府专业机构对记录的可追溯信息包括无公害或绿色蔬菜的认证结果进行权威的检验和认证后，尽管会增加一定的成本，但同时大大增加了消费者的信任，增加了消费者的购买和支付意愿，因而增加了农户对经政府专业机构检验认证的可追溯蔬菜的额外成本的承担意愿。但该变量对增加"父母"信息的可追溯蔬菜的额外成本的承担意愿没有显著影响，可能是出于成本与收益的考虑，与基本可追溯蔬菜相比，增加"父母"信息的可追溯蔬菜所增加的收益未必高于成本，因而农户的积极性不高。

对蔬菜可追溯体系有一定认知的农户对基本可追溯蔬菜和经政府专业机构检验认证的可追溯蔬菜的额外成本的承担意愿显著高于不了解蔬菜可追溯体系的农户，但对增加"父母"信息的可追溯蔬菜的额外成本、承担意愿没有显著变化。本文认为，对蔬菜可追溯体系的功能、实施成本和收益有较好的认知之后，愿意承担一定的额外成本生产基本可追溯蔬菜就不足为奇了。在增加"父母"信息的可追溯蔬菜和经政府专业机构检验认证的可追溯蔬菜中，基于哪种可追溯体系对消费者更有吸引力的考虑，了解可追溯体系的农户倾向于选择经政府专业机构检验认证的可追溯体系，目的是增加消费者的认可和购买意愿。

六 结论与政策建议

本文通过问卷调查研究了山东苍山县和河南扶沟县的 446 位蔬菜种植农户对基本可追溯蔬菜、增加"父母"信息的可追溯蔬菜和经政府专业机构认证的可追溯蔬菜三种类型的可追溯蔬菜的额外成本的承担意愿，并运用 MVP 计量模型估计了影响农户对三种类型的可追溯蔬菜的额外成本的承担意愿的主要因素。得出的研究结论如下：①总体而言，农户对可追溯蔬菜额外成本的承担意愿不高，被调查农户分别愿意为基本可追溯蔬菜、增加"父母"信息的可追溯蔬菜和经政府专业机构检验认证的可追溯蔬菜承担 2.41%、2.18% 和 3.34% 的额外成本。②在影响农户对可追溯蔬菜额外成本的承担意愿的主要因素中，学历越高、垂直一体化程度越高的农户对三种类型的可追溯蔬菜额外成本的承担意愿越高，种植规模越低的农户对三种类型的可追溯蔬菜额外成本的承担意愿越低，尤其是对增加"父母"信息的可追溯蔬菜和经政府专业机构检验认证的可追溯蔬菜的额外成本的承担意愿更低。实施了无公害、绿色或有机蔬菜等质量认证工作的农户以及对蔬菜可追溯体系有一定认知的农户对基本可追溯蔬菜和经政府专业机构检验认证的可追溯蔬菜的额外成本的承担意愿更高，但对增加"父母"信息的可追溯蔬菜的额外成本的承担意愿没有显著变化。

基于上述研究结论，本文得出的政策建议是：①蔬菜可追溯体系的实施与推广是个循序渐进的过程，目前，农户对基本可追溯蔬菜的额外成本的承担水平高于更高级的增加"父母"信息的可追溯蔬菜，因而可以借鉴美国和澳大利亚的经验，首先推动实施初级蔬菜可追溯体系，如本文中的基本可追溯蔬菜，随后逐渐选择年龄较轻、学历较高、蔬菜种植规模较大、参与农业企业或专业合作组织的农户实施更高级的蔬菜可追溯体系，如本文中的增加"父母"信息的可追溯蔬菜。②在蔬菜可追溯体系的推广过程中，农户记录的可追溯信息是否需要经过政府专业机构的检验认证，由农户根据成本与收益的考虑自行选择，可以提高蔬菜可追溯体系的普及率。③推进种植方式转变，实施规模化生产。加强示范种植基地的建设，积极扶持一批标准化的种植基地，通过示范和政策扶持，引导蔬菜种植散户向种植基地集中，提高规模化种植水平，增加规模效益。同时推进"公司＋农户"或者"公司＋农业合作组织＋农户"的形式，通过签订合同，保护农户生产可追溯蔬菜的收益。④加强教育和培训，提高农户的认知。一方面，通过教育和培训工作使农户更好地认知和理解蔬菜可追溯体系，减少农户的信息搜寻成本，增加农户的参与积极性；另一方面，通过教育培训提高农户对农药、无公害蔬菜、绿色蔬菜、有机蔬菜的认知，提高农药使用的安全性和效率，促进农户实施无公害、绿色或有机蔬菜等质量认证工作，进而增加农户参与蔬菜可追溯体系的概率。

参考文献

［1］吴林海、徐玲玲、王晓莉：《影响消费者对可追溯食品额外价格支付意愿与支付水平的主要因素：基于 Logistic、Interval Censored 的回归分析》，《中国农村经济》2010 年第 4 期，第 77～86 页。

［2］Meike J., Ulrich H., "Product Labelling in the Market for Organic Food：Consumer

Preferences and Willingness – to – Pay for Different Organic Certification Logos," *Food Quality and Preference*, 2012, 25（1）:9 – 22.

［3］ 徐玲玲、山丽杰、吴林海:《农产品可追溯体系的感知与参与行为的实证研究: 苹果种植户的案例》,《财贸研究》2011 年第 5 期, 第 34~40 页。

［4］ Golan E. B., Krissoff F., Kuchler, K., et al., "Traceability in the U. S. Food Supply: Economic Theory and Industry Studies," Washington DC: U. S. Department of Agriculture, Economic Research Service ［R］. *Agricultural Economic Report*, No. 830, 2004,（March）:1362 – 1375.

［5］ 吴林海、王红纱、朱淀、蔡杰:《消费者对不同层次安全信息可追溯猪肉的支付意愿研究》,《中国人口·资源与环境》2013 年第 8 期, 第 165~176 页。

［6］ Siddhartha C., Edward G., "Analysis of Multivariate Probit Models," *Biometrika*, 1998, 85（2）:347 – 361.

［7］ Kotsirt, S., Rejesus, R., Marra, M., et al., "Farmers' Perceptions about Spatial Yield Variability and Precision Farming Technology Adoption: An Empirical Study of Cotton Production in 12 Southeastern States," Selected Paper Prepared for Presentation at the Southern Agricultural Economics Association, Annual Meeting, Corpus Christi, TX, 2011, February 5 – 8.

［8］ 赵荣、乔娟:《农户参与食品追溯体系激励机制实证研究》,《华南农业大学学报》（社会科学版）2011 年第 5 期, 第 9~18 页。

［9］ Souza Monteiro, D. M., Caswell, J. A., "Traceability Adoption at the Farm Level: An Empirical Analysis of the Portuguese Pear Industry," *Food Policy*, 2009, 34（1）: 94 – 101.

［10］ Heyder, M., Ollmann – Hespos, T., Heuvsen, L., "Agribusiness Firm Reactions to Regulations: The Case of Investments in Traceability Systems," Paper Prepared for Presentation at the 3rd International European Forum on "System Dynamics and Innovation in Food Networks" Innsbruck – Igls, Austria, 2009, February 16 – 20.

［11］ Schulz, L. L., Tonsor, G. T., "Cow – Calf Producer Preferences for Voluntary Traceability Systems," *Journal of Agricultural Economics*, 2010, 61（1）:138 – 162.

［12］ Olynk, N. J., Tonsor, G. T., Wolf, C. A., "Verifying Credence Attributes in Livestock Production," *Journal of Agricultural and Applied Economics*, 2010, 42（3）: 439 – 452.

［13］ Roheim, C. A., Asche, F., Santos, J. I., "The Elusive Price Premium for Ecolabelled Products: Evidence from Seafood in the UK Market," *Journal of Agricultural Eco-*

nomics, 2011, 62（3）:655 – 668.

[14] Lopes, M. A., Demeu, A. A., Ribeiro, A. D. B., "Difficulties Encountered by Farmers in the Implementation of Traceability Bovine," *Arquivo Brasileiro De Medicina Veterinaria E Zootecnia*, 2012, 64（6）:1621 – 1628.

[15] Donnelly, K. A. M., Olsen, P., "Catch to Landing Traceability and the Effects of Implementation: A Case Study from the Norwegian White Fish Sector," *Food Control*, 2012, 27（1）:228 – 233.

[16] Banterle, A., Stranieri, S., Bald, I. L., "Voluntary Traceability and Transaction Costs: An Empirical Analysis in the Italian Meat Processing Supply Chain," Paper Presented at the 99th European Seminar of the EAAE: Trust and Risk in Business Networks, Bonn Germany, 2006, February 8 – 10.

[17] Pouliot, S., "Market Evidence of Packer Willingness to Pay for Traceability," *American Journal of Agricultural Economics*, 2011, 93（3）:735 – 751.

[18] Saltini, R., Akkerman, R., Frosh, S., "Optimizing Chocolate Production through Traceability: A Review of the Influence of Farming Practices on Cocoa Bean Quality," *Food Control*, 2013, 29（1）:167 – 187.

[19] Parker, J. S., Wilson, R. S., Lejeune, J. T., et al., "Including Growers in the 'Food Safety' Conversation: Enhancing the Design and Implementation of Food Safety Programming Based on Farm and Marketing Needs of Fresh Fruit and Vegetable Producers," *Agric Hum Values*, 2012, 29（3）:303 – 319.

[20] Martel, G., Depoudent, C., Roguet, C., "The Work of Pig and Poultry Farmers: A Large Diversity of Strategies, Expectations, Durations and Productivity," *Inca Productions Animals*, 2012, 25（2）:113 – 125.

[21] 周洁红、姜励卿:《农产品质量安全追溯体系中的农户行为分析》,《浙江大学学报》（人文社会科学版）2007 年第 3 期, 第 119 ~ 127 页。

[22] Liao, P. A, Chang, H. H., Chang, C. Y., "Why is the Food Traceability System Unsuccessful in Taiwan? Empirical Evidence from a National Survey of Fruit and Vegetable Farmers," *Food Policy*, 2011, 36（5）:686 – 693.

[23] Mora, C., Menozzi, D., "Vertical Contractual Relations in the Italian Beef Supply Chain," *Agribusiness*, 2005, 21（3）:213 – 235.

[24] Banterle, A., Stranieri, S., "The Consequences of Voluntary Traceability System for Supply Chain Relationships: An Application of Transaction Cost Economics," *Food Policy*, 2008, 33（6）:560 – 569.

［25］Abdulai, A., Huffman, W. E., "The Diffusion of New Agricultural Technologies: the Case of Crossbred – cow Technology inTanzania," *American Journal of Agricultural Economics*, 2005, 87（3）:645 – 659.

［26］Alene, A. D., Manyong, V. M., "Farmer – to – farmer Technology Diffusion and Yield Variation among Adopters: The Case of Improved Cowpea in Northern Nigeria," *Agricultural Economics*, 2006, 35（2）:203 – 211.

［27］Chen, S. C., Chiu, K. K. S., Chen, H. H., et al., "A Reference Model of RFID Enabled Application for Traceability of Foods Production and Distribution," *African Journal of Agricultural Research*, 2011, 22（6）:5192 – 5197.

［28］Sodano, V., Vemeau, F., "Traceability and Food Safety: Public Choice and Private Incentives," Working Paper 5/2003, Universitádegli Studi di Napoli Federico, 2003, II: 234 – 250.

［29］Hobbs, J. E., "A Transaction Cost Analysis of Quality, Traceability and Animal Welfare Issues in UK Beef Retailing," *British Food Journal*, 1996, 98（6）:16 – 26.

［30］Bailey, Slade, "Consumer Perception of Brazilian Traced Beef," *Revista Brasileira De Zootecnia – Brazilian Journal of Animal Science*, 2012, 41（3）:771 – 774.

［31］Giraud, G., Amblard, C., "What Does Traceability Mean for Beef Meat Consumer?" *Food Science*, 2009, 23（1）:40 – 46.

［32］Pouliot, S., Summner, D. A., "Traceability, Liability and Incentives for Food Safety and Quality," *American Journal of Agricultural Economics*, 2008, 90（1）:15 – 27.

［33］Narrod, C., Roy, D., Okello, J., et al., "Public Private Partnerships and Collective Action in High Value Fruit and Vegetable Supply Chains," *Food Policy*, 2009, 34（1）:8 – 15.

［34］李辉、傅泽田、付骁、张领先:《基于 Web 的蔬菜可追溯系统的设计与实现》,《江苏农业学报》2008 年第 5 期, 第 36~38 页。

［35］毕然:《基于 Web 的果蔬质量安全可追溯系统》, http://www. worlduc. com/blog2012. aspx? bid = 14707526, 2013 年 3 月 11 日。

［36］Heidrun, M., Matthias, S., "The Influence of Policy Networks on Policy Output. A Comparison of Organic Farming Policy in the Czech Republic and Poland," *Food Policy*, 2010, 35（3）:247 – 255

［37］Deaton, B. J., "A Theoretical Framework for Examining the Role of Third Party Certifiers," *Food Control*, 2004, 15（8）:615 – 619.

［38］Adamowicz, W., Boxall, R., Williams, M., et al., "Stated Preference Approa-

ches for Measuring Passive Use Values: Choice Experiments versus Contingent Valua-
tion," *American Journal of Agricultural Economics*, 1998, 80 (2):64 – 75.

[39] Boxall, P. C., Adamowicz, W. L., "Understanding Heterogeneous Preferences in
Random Utility Models: A Latent Class Approach," *Environmental and Resource Econom-
ics*, 2002, 23 (4):421 – 446.

基于 LCA 方法的工业企业低碳生产评估与推广

——白酒企业的案例*

王晓莉　王海军　吴林海**

摘　要：工业文明和生态文明相结合的发展模式，使工业企业生产所诱发的碳排放广受争议。国际上已经采用针对产品碳足迹的全生命周期评估（Life Cycle Assessment，LCA）方法，以产品加贴碳标签的形式引导全社会关注工业企业的低碳生产。本文遵循国际惯例和先进计量标准，将LCA方法和ISO14000系列国际环境管理标准相融合，构建我国工业企业低碳生产的评估框架。在该框架下，以尝试实施纯粮固态发酵型白酒碳标签的企业——江苏汤沟两相和酒业有限公司为案例，科学分解纯粮固态发酵型白酒生产的LCA流程，准确界定该企业白酒生产碳排放的计量范围，完成纯粮固态发酵白酒生产过程中各个环节的活动数据搜集。在保证数据有效性和可靠性的前提下，将研究范围界定为从谷物原材料投入白酒生产到白酒产品到达一个新的组织为止，功能单位为一升纯粮固态发酵白酒的碳排放。通过将LCA方法引入该企业纯粮固态发酵白酒的生产过程，动态计量并掌握2009~2012年该企业纯粮固态发酵白酒生产过程中各个特定阶段的碳排放量，最终锁定与蒸酒、蒸粮工艺密切相关的锅炉环节是引发企业生产碳排放的关键环节，而外购电力消耗是引发企业生产碳排放、形成产品碳足迹的次关键环节。并建议企业在保持现状的基础上，进一步利用技

*　教育部青年基金项目（编号：13YJC630172）；江苏省高校人文社科优秀创新团队建设项目（编号：2013 - 011）；江南大学自主科研计划青年基金项目（编号：JUSRP11466）。

**　王晓莉，女，博士，江南大学商学院副教授，研究方向为企业低碳发展与安全管理；王海军，江南大学商学院；吴林海，江南大学商学院，江苏省食品安全研究基地。

术创新减少废水排放的 COD 浓度。借此指明江苏汤沟两相和酒业有限公司生产纯粮固态发酵白酒的低碳转型路径，为企业全面实施白酒碳标签、履行社会责任奠定了决策基础，更为将该企业低碳生产评估与碳减排的方法推广至我国工业企业提供了一定借鉴与参考。

关键词： LCA　工业企业　低碳生产　评估　江苏汤沟

研究表明，无论发达国家还是发展中国家，目前 81% ~ 90% 的碳排放均来源于石化能源的消耗[1]。而石化能源消耗主要集中在工业领域，由此产生的 CO_2 约占全球排放量的 40%[2]。在我国，1994 年由工业企业生产所引发的碳排放量已经占据了全国碳排放总量的 90% 以上[3]。2005 年，即使不计算煤炭发电的间接碳排放量，由企业煤电供应所引发的直接碳排放量就占据了全国碳排放总量的 44%[4]。由于推进工业化是实现我国现代化目标的主要战略之一，未来较长时期内工业碳排放是碳排放主要源头的格局难以彻底改变，降低碳排放已经成为我国工业企业的重要责任[5]。

作为全球及我国的第一大支柱产业，食品工业的产值多年来持续增长。2012 年我国食品工业的总产值已经达到 8.96 万亿元[6]。但同时，食品引致的碳排放量已占全球碳排放总量的 18%[7]。因此，2007 年英国政府率先在全球推出第一批包括奶酪洋葱薯片在内的加贴碳标签的食品，意味着食品行业已经在国际上率先涉足碳标签，并借此要求食品供应链上的相关企业实现低碳生产，兑现在两年内降低生产碳排放的承诺。同时，海外消费者对酒类食品已初步形成环保、低碳的消费需求。如新西兰推出了国际上首个加贴碳标签的葡萄酒产品，包括欧盟、美国、泰国、韩国等国家和地区已陆续尝试对部分酒类产品加贴碳标签。白酒产品在我国历史悠久，是极具中国文化特色的食品。2012 年白酒产业的工业总产值达到 4476.04 亿元[8]，其中纯粮固态发酵型白酒作为我国白酒产品的典型，在海内外享有极高声誉。本文将以生产低碳、环保的纯粮固态发酵型白酒产品为导向，通过推动生产企业对其产品加贴碳标签，较为完整地评估企业的低碳生产状况，并建议企业适时、适度地在其碳排放关键点采取减排措施，切实引领我国的食品企业乃至整个工业企业向低碳生产转型。

一 基于 LCA 方法的工业企业低碳生产的评估框架

以企业低碳生产的角度而言，碳标签其实就是一种具有生态属性的标志，提倡利用产品全生命周期评价方法，评估其低碳属性[9]。研究表明，由于更多地涉及能源消耗，基于 LCA 方法的产品碳标签必须重点考虑工业企业的生产过程[10]。因此，对工业企业而言，选择为产品加贴碳标签的第一步就是在生产全程采取低碳生产措施，执行的基础和依据就是 ISO14000系列环境管理标准。该标准的本质就是强调企业产品从开始设计就应使用最少的资源，尽可能地降低对环境的影响，减少废弃物的产生。

事实上，根本不可能将企业生产过程中的环境管理从产品全生命周期管理中剥离出来[11]。在我国大多数工业企业中，贯彻与执行 ISO14000 系列环境管理标准可以进一步规范其环保型生产行为，从而保证生产过程中产品的低碳属性。因此，需要强调的是，基于 LCA 方法的企业低碳生产评估框架必须与产品的碳标签设计及企业生产过程中的环境管理实现全面融合。

本研究将在碳标签的设计框架下，基于 LCA 方法，以贯彻 ISO14000系列环境管理标准为视角，建立我国工业企业的低碳生产评估框架。其中评估的重点就是以碳标签产品为目标，调查企业所有生产行为中可能引发的碳排放量（见图1）。

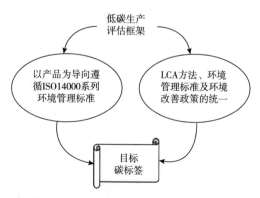

图 1 工业企业低碳生产评估框架的构建

二 基于 LCA 方法的企业低碳生产的计量原则

基于 LCA 方法构建企业低碳生产的评估框架，计量企业生产的碳排放量即为分析产品在生产环节形成的碳足迹（Carbon Footprint，CF）。由于产品碳足迹只涉及温室气体（Greenhouse Gas，GHG）的排放量，即气候变暖因素，因此也被认为是 LCA 方法的一个分支[12~13]，两者具有一定的同质性。

产品碳足迹的计量原则表明，CF 包括计量生态承载力要求的对化石能源燃烧引致 CO_2 排放的捕获（通过光合作用）[14]，涉及从产品对原材料消耗、从生产到废物处置的全生命周期的温室气体排放[15]。Wiedmann 进一步指出，CF 应包含由生产行为所引发的直接和间接的所有温室气体排放[16]。

因此，本研究基于 LCA 方法评估企业低碳生产的原则与 CF 计量原则，均以产品全生命周期为导向，将由企业生产行为所引发的直接和间接温室气体排放量，利用国际气候变化专门委员会（The International Panel on Climate Change，IPCC）的全球增温趋势（Global Warming Potential，GWP）值，转换成碳当量（Carbon Dioxide Equivalent，CO_{2e}），与测量碳足迹的标准单位一致[17]。期望通过生产环节所形成的产品碳足迹，完成对企业低碳生产状况的考察与评估。

当然，要使企业低碳生产评估框架更适用于我国的各类工业企业，本研究将通过典型企业案例的分析，获得企业层面可靠的环境数据，以进一步验证、调整该评估框架的可行性与具体可操作性。

三 企业案例与计量原则的确定

(一) 纯粮固态发酵型白酒企业的案例

白酒企业作为我国传统的食品工业企业，其白酒产品是中华民族食品的典型代表，在我国具有最为稳定的市场需求，消费规模稳步增长，白酒产量逐年攀升。2012 年我国白酒的销售收入达到酿酒业的 60%，远超过啤酒、黄酒等其他酒类产品[8]。

其中，纯粮固态发酵法是中国积累千年的传统白酒生产工艺，在世界六大蒸馏酒中享有独一无二的地位。所谓纯粮固态发酵白酒是采用纯粹的谷物原料，利用酒曲经固态糖化、固态发酵、固态蒸馏以及贮存和勾兑后生产的具有我国特定品质的优质白酒，是中华民族传统食品的典型代表。江苏汤沟两相和酒业有限公司（以下简称江苏汤沟）较好地继承了我国传统的纯粮固态发酵白酒的酿制技艺，企业倡导的制曲工艺、历史泥窖固态发酵、合理的发酵周期和科学的蒸馏等酿造流程所生产的浓香型固态发酵的系列白酒，是业内公认的品牌产品。本研究以纯粮固态发酵型白酒加贴碳标签为导向，利用企业低碳生产评估框架，将江苏汤沟作为企业案例，分析白酒企业生产过程中的碳排放量，即所形成的产品碳足迹，对推进企业低碳生产转型、引领白酒行业的低碳发展具有一定的推广价值。

（二）白酒企业生产碳排放的计量原则

本研究将遵照国际通用的 IPCC 计量口径，将企业生产过程中的所有温室气体排放转换成 CO_{2e} 形式，并兼顾目前国际上公认的英国标准协会（British Standards Institute，BSI）颁布的《商品和服务在生命周期内的温室气体排放评价规范及使用指南 PAS2050：2008》（*Publicly Available Specification 2050：2008，PAS2050*）中的 LCA 方法[9]，参照加利福尼亚葡萄酒机构（Wine Institute of California）、新西兰葡萄酒生产者组织（New Zealand Winegrowers）、南非葡萄酒一体化生产组织（Integrated Production of Wine South Africa）和澳大利亚葡萄酒生产者联盟（Winemakers Federation of Australia）推出的国际葡萄酒碳计算器（Version 1.2 of the International Wine Carbon Calculator，IWCC），即国际葡萄酒业计量产品碳足迹的准则[18]，再结合世界可持续发展工商理事会（World Business Council for Sustainable Development，WBCSD）和世界资源机构（World Resources Institute，WRI）的《温室气体排放盘查议定书》（*GHG Protocol*），将白酒企业的碳排放划分为范围 I 的生产直接排放、范围 II 的外购能源间接排放和范围

Ⅲ的企业外购材料、废物处置等环节的间接排放[19]。以上 LCA 准则共同成为本研究计量白酒生产碳排放的原则。

另外，测量企业生产碳排放所采用的 LCA 方法有多种分析工具，可视不同的研究目标做出科学合理的选择。由于本研究主要关注的是纯粮固态发酵白酒生产过程的生命周期阶段，客观上需要选择符合本研究的企业生产过程中特有的 LCA 研究类型（Stand Alone LCA），因此还有如下客观要求。

（1）纯粮固态发酵白酒生产环节中主要引发碳排放的所有相关的生产投入与产出的材料流、能量流和废物流均需包括在内。

（2）碳排放计量中使用的数据、参数等，尤其是生产过程中生命周期各个环节的材料流、能量流、废物流以及活动水平数据和排放因子等相关参数均必须符合 PAS2050 重点定义所规定的范围和要求。

（3）纯粮固态发酵白酒生产过程中特定阶段碳排放的分析计算，必须涵盖 PAS2050 中所规定的主要计量项目，并剔除其特别指明的不需要计入的相关部分，如生产过程中的人力资源投入等。

（4）利用 PAS2050 中所规定的构成 1% 的商品或服务就释放 1% 的温室气体的方法，确定最小计入范围。本研究的相关分析并未采纳欧盟标准排放贸易框架中 3% 的最小方法。

四　计量企业生产碳排放的相关设定

（一）研究范围

通过实证案例，采用 LCA 方法计量加工食品不同阶段的环境影响具有非常重要的价值。但由于从"摇篮"到"坟墓"的过程涉及农业种植、食品加工、包装、运输、零售、消费和废物等不同环节，不同阶段对应着不同的环境影响，鉴于获得环境影响数据的难易程度，可以考虑在计量由能源所引致的排放和由非能源所引致的排放两个方面的基础上，适当简化计算过程[20]。

本文的研究范围是纯粮固态发酵白酒在江苏汤沟企业内部的酿造生产

过程，研究区域界定为从主要原料和能源的投入到纯粮固态发酵白酒（原酒）的出厂为止。生产投入涉及原材料投入、能源消耗、内部运输等环节，产出则主要包括生产排放、运输和固液废弃物处理等环节。

（二）边界准则

受限于数据的可得性，江苏汤沟纯粮固态发酵白酒的相关原材料入厂前及白酒出厂后的生命周期流程一并排除在本项目的研究范围以外。如上所述，本研究的系统边界计量的是产品生命周期，只包括从谷物原材料投入白酒生产直到白酒产品到达一个新的组织，不包括上游的谷物种植和运输以及下游的白酒产品分销、零售、消费者使用、废物处置与再生利用等（见图2）。

本研究后续的计量分析将严格按照江苏汤沟纯粮固态发酵白酒生产的特定过程来展开，所需的原材料和能源等投入产出的数据将严格遵循上述研究范围与确定的边界准则。

（三）分配程序

同样需要说明的是，本研究仅涉及江苏汤沟纯粮固态发酵白酒生产过程的投入与产出的 LCA 系统，由于数据受限，并没有包括原料生产、产品消费等碳排放计量的分配问题。

（四）功能单位

消费者最终消费的是瓶装的江苏汤沟纯粮固态发酵白酒，而生产白酒的最终目的是服务于消费者的饮用需求。因此，虽然本研究并未涉及纯粮固态发酵白酒消费环节的碳排放，但是为方便后续研究的深入，本研究定义的功能单位为一升纯粮固态发酵白酒的碳排放。

（五）LCA 流程图

图 2 是江苏汤沟瓶装白酒生命周期所涉及的所有流程。本研究仅计量江苏汤沟生产纯粮固态发酵白酒过程的碳排放量，而原料入厂前和成品酒出厂后的系统并不在本研究的范围内。

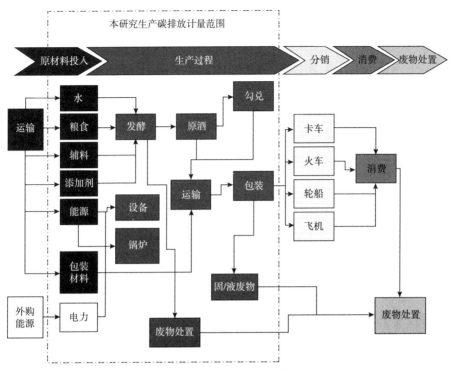

图 2 纯粮固态发酵白酒 LCA 流程示意图

（六）碳排放计量范围

依据本研究的计量原则，按照图 2 所示的 LCA 流程示意图，将江苏汤沟纯粮固态发酵白酒生产碳排放的计量分为三个范围：范围Ⅰ、范围Ⅱ和范围Ⅲ。

其中范围Ⅰ的排放是企业可以通过所属产权直接控制的，包括锅炉与发电机的能源使用排放、运输设备的能源使用排放、生产过程中的能源使用排放、生产发酵排放、冷藏设备排放、固液废弃物排放等；范围Ⅱ则是企业外购的网电、热力排放等；范围Ⅲ是相关的供应链上下游企业产生的间接排放，涉及产品出厂后的运输、消费和废物处置。范围的划定是计量江苏汤沟纯粮固态发酵白酒生产碳排放的关键，区分范围可以保证在企业层面上的碳排放不会被重复计量。对企业而言，范围Ⅰ和范围Ⅱ是所有工业企业衡量产品碳足迹和制定碳减排目标的关键。因此，本研究的碳排放计量范围仅限于范围 I 和范围 II 。

五 企业生产碳排放的计量过程及结果

PAS2050 指出，比较相同产品随时间动态变化的碳足迹的基本前提是，采用完全一致的数据源、完全相同的边界条件和其他完全等同的假设条件。依据上述要求，在企业以完全相同的统计口径提供标准化数据的基础上，本研究动态计量了 2009～2012 年江苏汤沟生产纯粮固态发酵白酒的碳排放量。

（一）范围 I 的直接碳排放量

1. 锅炉等固定能源消耗

消耗固定能源的锅炉在工作过程中会排放温室气体。将所有温室气体排放量乘以 GWP 值，折算为 CO_{2e}，即为碳排放量[21]。具体计算公式如下：

$$GHG_{(CO_{2e})} = CH_{4(CO_{2e})} + N_2O_{(CO_{2e})} + CO_{2(CO_{2e})} \tag{1}$$

$$CH_{4(CO_{2e})} = Fuel \times CH_{4,ef} \times Q \times GWP_{(CH_4)} \tag{2}$$

$$N_2O_{(CO_{2e})} = Fuel \times N_2O_{ef} \times Q \times GWP_{(N_2O)} \tag{3}$$

$$CO_{2(CO_{2e})} = Fuel \times CO_{2,ef} \times Q \times GWP_{(CO_2)} \tag{4}$$

在上式中，$GHG_{(CO_{2e})}$ 为锅炉和加热设备等消耗固定能源所产生的碳排放量 CO_{2e}；$CH_{4(CO_{2e})}$、$N_2O_{(CO_{2e})}$ 和 $CO_{2(CO_{2e})}$ 分别指根据 CH_4、N_2O 和 CO_2 排放所折算的 CO_{2e}；Fuel 为能源消耗量；$CH_{4,ef}$、N_2O_{ef} 和 $CO_{2,ef}$ 分别是表 1 中固定能源消耗的 CH_4、N_2O 和 CO_2 排放因子；Q 为表 1 中的固定能源的平均低位发热量；各排放气体的 GWP 值与 IPCC 于 2001 年发布的第三次评估报告一致，即 CO_2、CH_4 和 N_2O 折算为 CO_{2e} 的 GWP 值分别采用 1、23 和 296。本研究中江苏汤沟生产白酒所涉及的锅炉、加热设备等固定能源消耗仅为原煤。

表1   能源的 CO_2、CH_4 和 N_2O 排放因子及平均低位发热量

单位：kg/TJ，MJ/t·km³

燃料类型	种　类	CO_2排放因子	CH_4排放因子	N_2O排放因子	平均低位发热量
固定能源	原煤	87300	0.3	0.5	20908
	洗精煤	87300	0.3	0.5	26344
	其他洗煤	87300	0.3	0.5	8363
	型煤	87300	0.3	0.5	20908
	焦炭	95700	0.3	0.5	28435
	焦炉煤气	37300	0.3	0.03	16726
	其他煤气	37300	0.3	0.03	5227
	原油	71100	1.0	0.2	41816
	柴油	72600	1.0	0.2	42652
	燃料油	75500	1.0	0.2	41816
	液化石油气	61600	0.3	0.03	50179
	炼厂干气	48200	0.3	0.03	46055
	天然气	54300	0.3	0.03	38931
	其他石油制品	71100	1.0	0.2	41816
	其他焦化产品	95700	0.3	0.03	28435
移动能源	柴油	72600	1.6	1.3	42652

注：CO_2、CH_4 和 N_2O 的排放因子均按照 IPCC2006 中各排放因子的 95% 置信区间的下限计算。

资料来源：2006IPCC 中的 Volume 2 Energy，固定能源（燃料）排放因子来自第 2 章的表 2.3，移动能源（燃料）排放因子来自第 2 章的表 3.2.2；平均低位发热量取值《中国能源统计年鉴 2012》[21~22]。

2. 废水排放

本研究的固液废物处置环节包括企业内所有的固体、液体废物处置（见图 3）。由于该企业纯粮固态发酵白酒酿造产生的固体酒糟并不涉及垃圾填埋，故不需计入碳排放量。而废水处置中化学需氧量（Chemical Oxygen Demand，COD）排放的 CO_2 作为耗氧部分只会引发短期的碳循环，也不需要计入[18]。COD 的甲烷排放则应折算为 CO_{2e} 计入固液废物处置环节的碳排放量。具体计算如下：

$$GHG_{emission(CO_{2e})} = (W \times COD \times 0.1949 - R) \times (21/1000) \qquad (5)$$

在式（5）中，W 为废水排放量，COD 为废水 COD 排放量，R 是可回收的甲烷量。

3. 生产发酵排放和运输设备排放

纯粮固态发酵白酒酿造生产过程中糖转化为乙醇的过程会排放一定的 CO_2。但是 IWCC 中提出酒类发酵过程中产生的 CO_2 属于短期碳循环[18]，而 WRI 和 WBCSD 的 *GHG Protocol* 指南中也表明短期碳循环不需要计入碳排放，并指出由于投入的谷物在种植过程中会形成碳汇，其吸收的 CO_2 与纯粮固态发酵白酒酿造过程中排放的 CO_2 可以相互抵消，在整个碳循环中形成碳平衡[19]。为了方便从企业层面理解碳排放量，本研究在此仅做出相关说明，纯粮固态发酵白酒酿造过程中糖转化为乙醇所排放的 CO_2 并没有列入计量。

而江苏汤沟由于企业生产过程的运输设备均为电瓶车，没有涉及柴油等能源消耗，故本研究也未将其计入直接碳排放。

（二）范围Ⅱ的间接碳排放量

本研究中的范围Ⅱ指企业外购网电。外购电力的碳排放量通过电力消耗量乘以当地（省域）由火力发电所产生的相应的碳排放因子（利用《中国能源统计年鉴》和《中国电力年鉴》江苏省火电消耗的能源实物量和供电量计算[22~23]）而得。具体计算公式为：

$$GHG_{(CO_{2e})} = EF_{区域} \times 外购电量 \qquad (6)$$

$$EF_{区域} = \frac{区域火电的碳排放量}{区域的年供电量} \qquad (7)$$

在式（6）中，$EF_{区域}$ 为江苏汤沟所在江苏省的电力碳排放系数，外购电量为企业每年生产用的外购电量。式（7）中的区域火电的碳排放量按照式（1）至式（4），结合表 1 中固定能源中各燃料消耗的 CH_4、N_2O 和 CO_2 排放因子计算而得，涉及的能源消耗量为《中国能源统计年鉴》中当年江苏省火电消耗的能源实物量，江苏省的年供电量则取值于《中国电力年鉴》。

（三）企业生产碳排放量的结果

根据以上公式，利用江苏汤沟提供的原始数据，2009～2012 年该企业

纯粮固态发酵白酒在特定生产环节的直接碳排放量和间接碳排放量的结果
如表 2 所示。可见，2011 年企业生产碳排放量达到最高值，其中直接碳排
放量占 84.46%。2012 年企业生产碳排放量则有所降低，较 2011 年的最高
值下降了 33.92%。2009 ~ 2012 年，企业间接碳排放量总体呈下降态势，
2012 年的数据较 2009 年下降了 22.89%。

表 2　2009 ~ 2012 年江苏汤沟纯粮固态发酵白酒的相关碳排放量

单位：tCO_{2e}

年份	生产环节	直接碳排放量	间接碳排放量	生产碳排放量
2009	锅炉	4663.03	2018.06	6754.77
	废水（COD）	73.68		
	合　计	4736.71		
2010	锅炉	6784.23	1520.49	8376.55
	废水（COD）	71.83		
	合　计	6856.06		
2011	锅炉	10336.60	1908.34	12283.31
	废水（COD）	38.37		
	合　计	10374.97		
2012	锅炉	6509.50	1556.06	8117.13
	废水（COD）	51.57		
	合　计	6561.07		

　　将 2009 ~ 2012 年江苏汤沟生产纯粮固态发酵白酒的直接与间接碳排放
量除以企业当年 65 度原酒产量，即为生产单位产品的碳排放量，具体结果
见表 3。总体来看，与企业生产碳排放量有所区别的是，2010 年江苏汤沟
纯粮固态发酵白酒的单位产品碳排放达到最高值，并在 2012 年降至最低，
整体下降态势明显。而在历年企业生产碳排放中，因锅炉环节引发的生产
碳排放占 69% ~ 85%，电力消费环节则占 15% ~ 30%，废水 COD 环节占
0.3% ~ 1.1%。

　　由于企业纯粮固态发酵白酒的锅炉生产环节与上甑蒸酒（蒸粮）的工
艺流程密切相关，因而改良石化能源——依赖消耗煤炭产生蒸汽的锅炉，
无疑是江苏汤沟未来减少生产碳排放与白酒碳足迹的主要关键点。而电力

环节的消耗由于是企业外购能源，主要受到当地电网供应的能源消耗，仍偏重煤炭消耗的现实情况影响，成为降低江苏汤沟生产碳排放、减少纯粮固态发酵白酒碳足迹的次要关键点。

另外，由于我国食品工业企业的废水排放对环境的影响较为显著，而本研究的计量结果则进一步证明，减少废水排放中的 COD 浓度成为降低企业生产碳排放与减少白酒碳足迹的重要手段，同样需要在企业低碳生产评估中给予一定关注。

表3　2009～2012 年江苏汤沟纯粮固态发酵白酒的单位产品碳排放量

单位：$kgCO_{2e}/L$

年　份	生产环节	单位碳排放量
2009	锅炉	0.32085
	废水（COD）	0.00507
	电力	0.13886
	合　计	0.46478
2010	锅炉	0.41340
	废水（COD）	0.00438
	电力	0.09265
	合　计	0.51043
2011	锅炉	0.35282
	废水（COD）	0.00131
	电力	0.06514
	合　计	0.41927
2012	锅炉	0.26065
	废水（COD）	0.00207
	电力	0.06231
	合　计	0.32503

六　主要结论与政策建议

本文通过构建与 ISO14000 环境管理体系相结合并基于 LCA 的工业企

业低碳生产状况评估框架，以加贴产品碳标签为导向，计量企业生产碳排放，解析产品碳足迹的组成。通过江苏汤沟的案例分析，完成纯粮固态发酵白酒生产过程的数据搜集，并将 LCA 的理论与方法引入纯粮固态发酵白酒的生产过程，计量江苏汤沟纯粮固态发酵白酒在各个特定生产环节的碳排放量以及单位产品碳排放量，为充分评估工业企业低碳生产状况、实施节能减排与生态环境保护战略、最大限度地履行企业社会责任提供数据支撑。本文的主要结论如下。

（1）通过计量分析特定生产阶段的碳排放量，发现与蒸酒、蒸粮工艺密切相关的锅炉环节是引发江苏汤沟纯粮固态发酵白酒生产碳排放、形成产品碳足迹的关键环节；而外购电力消耗是引发企业生产碳排放、形成产品碳足迹的次关键环节；虽然废水 COD 对白酒企业生产碳排放的贡献度不高，但如何在保持现状的基础上进一步减少废水中的 COD 浓度，实现稳步减排，对企业的废水处理技术提出了新挑战。可见，本研究为江苏汤沟在企业可持续发展战略的基础上，于特定生产阶段制定并实施严格、有效且低碳的生产工艺与技术标准，以减少纯粮固态发酵白酒的碳足迹，提供了决策参考。

（2）本研究采用与国际接轨的基于 LCA 的 PAS2050 的计量原则，为工业企业了解自身的低碳生产状况、实施企业节能减排战略、承担企业社会责任提供了依据。同时，也为消费者了解我国纯粮固态发酵白酒产品的环保属性、掌握企业生产中产品碳足迹的构成奠定了基础。

（3）以江苏汤沟为代表的我国工业企业的节能减排与低碳生产应成为其永恒追求的目标。本研究的计量分析结果证实，在企业低碳生产评估框架下，以产品为导向，促进企业低碳生产的现实路径只有通过产品供应链上各个成员的积极参与，并努力争取当地政府的支持，方可逐步实现。

（4）本研究的计量结果为我国工业制品加贴碳标签提供了有益参考。我国具有全球最大的食品消费市场，引导企业对其产品加贴碳标签，对我国在更高层次上、更大范围内引导工业行业的低碳生产与低碳消费具有不可估量的作用。

虽然本研究以纯粮固态发酵白酒为导向，将江苏汤沟生产碳排放计量设定在特定的边界范围内，但由于数据采集的有效性和可靠性，并没有涵盖产品出厂后的运输、消费，以及谷物原材料生产等多个环节。显然，实现产品碳足迹的全生命周期的计量，需要与目标企业紧密配合，相关的政策建议包括如下几方面。

（1）建议目标企业强化统计数据的标准化、规范化建设，尝试扩展数据的统计范围，研究有关碳足迹计量数据库的建设，建立、完善集财务审核、清洁生产审计、标准控制于一体的碳排放数据库。

（2）建议目标企业加强与谷物生产基地、包装、瓶盖、印刷等配套企业的一体化建设，用技术标准、生产规范和经济手段引领低碳生产。尽可能地减少供应链中数据的偏差和不确定性。如存在不确定信息，应给出对可能发生的数值偏离的定量估算，说明可能引起差异的原因，并进一步测度相应的活动数据。

（3）将碳排放计量范围扩大至谷物生产、运输与消费、废物处置等环节，还需要企业重点确定核算边界，对活动水平数据的搜集方法和数值进行不确定性分析，并复核计算过程和计算结果。

（4）企业应加强数据质量管理，建立碳排放质量保证和质量控制的程序，以识别信息误差和遗漏，并确立与保持一个有效的信息搜集系统，实现对数据准确性的常规评估。只有不断改进信息管理过程，方能最大限度地保证企业低碳生产评估后的减排成效。

参考文献

[1] U. S. EIA (U. S. Energy Information Administration), "Independent Statistics Analysis," http://tonto. eia. doe. gov/cfapps/ipdbproject/IEDIndex3. cfm? tid = 90&pid = 44&aid = 8, 2013 – 10 – 5.

[2] IEA (International Energy Agency), Organization for Economic Cooperation and Development. *Energy Technology Transitions for Industry – Strategies for the Next Industrial Revolution* [M]. Paris: OECD/IEA, 2009: 321.

[3] 国家发展和改革委员会：《中华人民共和国气候变化初始国家信息通报》，国家计划出版社，2004。

[4] Weber, C. L., Peters, G. P., Guan, D. B., et al., "The Contribution of Chinese Exports to Climate Change," *Energy Policy*, 2008, (36):3572 – 3577.

[5] Chen, Z. C., Porter, R., "Energy Management and Environmental Awareness in China's Enterprises," *Energy Policy*, 2000, (28):49 – 63.

[6] 中华人民共和国国家统计局:《中国统计年鉴》(2013 年), 中国统计出版社, 2013。

[7] 郧绍倩:《食品"碳排放"标准及应对之策》,《现代经济信息》2009 年第 20 期, 第 265～266 页。

[8] 中国酿酒工业协会、《中国酿酒工业年鉴》编委会编《中国酿酒工业年鉴》(2013 年), 中国轻工业出版社, 2013。

[9] BSI (British Standards Institute), *PAS 2050: 2008. Specification for the Assessment of the Life Cycle Greenhouse Emissions of Goods and Services*, http://www.bsigroup.com/en/Standards – and – Publications/Industry – Sectors/Energy/PAS – 2050.

[10] Carballo – Penela . A, Doménech, J. L., "Managing the Carbon Footprint of Products: The Contribution of the Method Composed of Financial Statements (MC3)," *International Journal of Life Cycle Assessment*, 2010, 15 (9):962 – 969.

[11] Luciani, R., Andriola, L., Sibilio, S. I sistemi Digestione Ambientale Orientati al Prodotto: Poems, Unnuovo Strumento (in Italian) [J] . *Ambiente*, 2003 (8): 789 – 796.

[12] Weidema, B., Thrane, M., Christensen, P., et al., "Carbon Footprint: A Catalyst for Life Cycle Assessment," *Journal of Industrial Ecology*, 2008, 12 (1):3 – 6.

[13] Finkbeiner, M., "Carbon Footprinting: Opportunities and Threats," *The International Journal of Life Cycle Assessment*, 2009, 14 (2):91 – 94.

[14] Global Footprint Network, "Ecological Budget UK – Counting Consumption," http://www.footprintnetwork.org, 2012 – 3 – 6.

[15] Carbon Trust, "Carbon Footprint Measuring Methodology 1.3," http://www.carbontrust.co.uk, 2012 – 3 – 8.

[16] Wiedmann, T., "Carbon Footprint and Input – Output Analysis – An Introduction," *Economic Systems Research*, 2009, 21 (3):175 – 186.

[17] Forster, P., Ramaswamy, V., Artaxo, P., et al., "Changes in Atmospheric Constituents and in Radiative Forcing," http://www.ipcc.ch/publications_ and_ data/ar4/wg1/en/ch2.html, 2012 – 5 – 8.

[18] Wine Institute of California, New Zealand Winegrowers, Integrated Production of Wine South Africa, Winemakers Federation of Australia. *International Wine Carbon Calculator Protocol Version 1.2*, http://www.wineinstitute.org/ghgprotocol, 2012 – 3 – 4.

[19] WRI（World Resources Institute），WBCSD（World Business Council for Sustainable Development）. *GHG Protocol Product Life Cycle Accounting and Reporting Standard ICT Sector Guidance*，http：//www. ghgprotocol. org/feature/ghg – protocol – product – life – cycle – accounting – and – reporting – standard – ict – sector – guidance，2012 – 5 – 6.

[20] Andersson，K.，"LCA of Food Products and Production Systems," *The International Journal of Life Cycle Assessment*，2000，5（4）:239 – 248.

[21] IPCC（Intergovernmental Panel on Climate Change）. *2006 IPCC Guidelines for National Greenhouse Gas Inventories*，*Volume 1*，*General Guidance and Reporting*［M］. Edited by Eggleston S.，Buendia L.，Kyoko M. W. et al. IPCC National Greenhouse Gas Inventories Programme，2006.

[22] 国家统计局能源统计司:《中国能源统计年鉴》，中国统计出版社，2013。

[23]《中国电力年鉴》编辑委员会:《中国电力年鉴》，中国电力出版社，2013。

食品消费偏好与行为研究

乳品安全事件后不同收入居民风险感知比较研究

——基于面板数据随机效应模型的分析*

董晓霞　李哲敏**

摘　要： 本研究以消费风险感知为切入点，基于面板数据的随机效应模型，深入剖析了乳品安全事件后不同收入居民的乳品消费量变化。研究结果表明，近年来乳品安全事件频发显著提升了国内消费者对乳品消费的风险感知，不同收入居民的乳品消费量均呈下降趋势，且收入相对较低居民的消费风险感知明显高于高收入居民，是目前城镇居民乳品消费量下降的主体；城镇居民乳品消费量的下降主要是由于鲜奶消费量的下降，"三聚氰胺"事件"元凶"奶粉的消费量降幅相对较小，高收入居民甚至出现了上升。

关键词： 乳品安全事件　风险感知　不同收入居民　随机效应模型

一　引言

居民食物消费的风险感知是指伴随着一次又一次的食品安全事故，消费者的食品安全意识不断增强，消费更加审慎，从而产生的对于食品质量的不确定性而造成损失程度的一种预期[1~2]。乳品是我国近年来安全事件

────────────

* 农业生产与市场流通匹配管理及信息服务关键技术研究与示范项目（2012BAH20B04）；国家自然科学基金项目（71203221）；奶牛产业技术体系北京市创新团队项目。

** 董晓霞，管理学博士，中国农业科学院农业信息研究所副研究员，研究方向为畜牧业经济与农业经济；李哲敏，中国农业科学院农业信息研究所，农业部农业信息服务技术重点实验室。

暴发最频繁的食品之一。从 2004 年的安徽阜阳"毒奶粉"事件，2006 年的奶粉亚硝酸盐超标事件，2008 年的"三聚氰胺"事件，2010 年圣元奶粉"激素门"事件，2012 年光明"质量门"事件，到 2013 年的新西兰奶粉有毒物质事件等。频频发生的乳品安全事件显著提升了消费者对乳品消费的风险感知度。

根据《人民日报》图文全文数据库的统计①，2000 年以来我国发生的数十起乳品安全事件中，2008 年"三聚氰胺"事件后一年内的报道数量最高为 151 篇，是国内最有影响力的乳品安全事件[3]。"三聚氰胺"事件后我国乳品消费量持续低迷甚至出现明显下降。据统计，2011 年我国城镇居民人均乳品消费量（折合鲜奶）为 21.08 公斤，与 2007 年相比下降了 15.24%，跌至近 10 年来乳品消费的低谷。同期，北京、上海、天津等 36 个大中城市的居民乳品消费量下降了 16.52%。中国的乳品消费具有"奢侈品"特征，乳品消费与收入呈高度正相关关系[4~5]。但是随着收入水平的稳步提升，我国城镇居民的乳品消费却出现了异常，是何种原因导致了这一反常现象？究竟是哪些人群的乳品消费出现了下降？收入水平对乳品消费的影响是否依然存在？笔者以此为背景，以乳品安全事件为例，分析事件前后不同收入城镇居民的乳品消费量变化，验证不同收入居民对乳品安全事件的风险感知以及这种风险感知对消费量变化的直接影响。

二　文献回顾

学术界对风险的定义因科学领域和行业不同而存在差异。食品行业的风险感知被定义为食品安全事件的后果，是负面健康影响的发生概率和这种影响严重程度的函数[6]。食品安全风险感知是消费者决策的基础，早在 20 世纪 60 年代，学者们就将风险感知的概念延伸到消费者行为领域，认为风险感知与消费者购买行为之间存在某种联系，并指出消费者的主观风险感知而非风险本身决定了消费者行为[7~9]。当消费者感知到风险时，一

---

① 《人民日报》图文全文数据库根据食品安全事件发生后一年内的报道数量判断事件的影响力，本研究据此判断 2000 年以来国内最有影响力的乳品安全事件。

般会采取停止消费产品、减少购买产品、购买其他替代品、继续购买产品等 4 类行为[10]，其中前两种属于抵制应对行为，后两种属于积极应对行为。

食品安全问题是一个全球性的难题，食品安全事件发生后公众对风险的感知研究是各国消费者行为研究的重要议题。国外学者针对公众对食品安全风险的感知进行了大量的研究，包括公众自身特征、公众行为态度、公众主观规范、公众知觉行为、公众过去行为与风险感知的关系研究等[11~16]。其中公众自身特征因为可以通过影响行为理念间接影响公众的行为态度、主观规范和知觉行为控制而被学者广泛关注。Angulo 和 Gil 研究了西班牙消费者对食品安全风险的感知，发现消费者对食品安全状况的担忧极大地影响消费者的消费心理与购买选择[17]。Fischer 研究发现公众对食品安全风险的感知存在明显的个体差异，这种差异与个体特征有密切联系[18]。Smith 研究表明，高收入、年龄较大的人群对食品安全更加关注[19]。Dosman 研究发现，妇女、老人和有孩子的高收入家庭对食品质量安全的风险感知高于其他群体[20]。Gregory 研究结果表明，个体的性别、年龄、家庭中是否有 12 岁以下孩子等特征，对其食品安全风险感知具有重要影响[21]。Kariyawasam 研究发现，年轻、高收入、受教育程度高的女性消费者更加关注牛奶的安全问题[22]。

近年来中国的食品安全事件不断，食品安全风险与公众感知的关系研究成为国内学术界研究的新热点。多数学者基于风险感知视角就消费者对食品安全的支付意愿及其影响因素进行了研究[23~26]，多数认为性别、受教育程度、收入水平、对食品安全的认知、产品特性等是影响公众对食品安全风险感知的主要因素。王志刚通过对天津市 289 个消费者的研究发现，年龄、受教育程度、收入水平等与消费风险感知呈正相关关系[23]。徐玲玲等通过对江苏省 657 个消费者的调查发现，女性、受教育水平和收入水平越高的消费者对食品安全的风险感知越强烈[27]。少数学者就食品安全事件发生后的消费风险感知进行了实证研究。如程培堽等考察了苏州消费者对 2008 年"三聚氰胺"事件的反应，研究结果表明短时间内消费者对国内食品安全的担心程度显著高于事件发生前；与农村消费者相比，城镇消费者对事件的反应更强烈[28]。周应恒和卓佳通过对南京消费者的调查，发现消费者对于乳品安全风险的担忧程度仍然很高，购买意愿尚未得到有效恢复[29]。

综上所述，可以看出，近 10 年来国内外学者就食品安全风险与公众感知的关系进行了详细分析。多数研究是基于风险感知视角分析消费者对食品安全的支付意愿及其影响因素，针对某一食品安全事件分析消费者风险感知的实证研究相对较少，尤其对于食品安全事件后不同收入居民风险感知的实证比较研究更是鲜有见到。因此，本文以"三聚氰胺"事件为例，探索性地研究不同收入居民的风险感知。

三　数据来源与研究方法

（一）数据来源

本研究采用 2000～2011 年我国城镇居民不同收入户的各种乳品消费量数据作为样本数据。根据《中国奶业统计年鉴》划分，研究中不同收入户包括最低收入户（含困难户）、低收入户、中等偏下户、中等收入户、中等偏上户、高收入户和最高收入户共 7 种。乳品包括鲜奶、酸奶、奶粉以及各种乳品合计共 4 种。各种乳品的样本数据由一个 $i=7$、$t=12$ 的面板数据构成，乳品消费量数据根据历年《中国奶业统计年鉴》整理，不同收入户的可支配收入数据来源于历年《中国统计年鉴》，液体乳及乳制品价格指数来源于国家统计局。

（二）研究方法

根据需求函数理论和上述已有的资料，本研究建立如下计量经济模型对不同收入居民乳品安全事件后的风险感知进行分析和验证：

$$C_{it} = \beta_0 + \beta_1 P_t + \beta_2 I_{it} + \beta_3 I_{it} \times D_{it} + \varepsilon \tag{1}$$

上述方程中因变量 C_{it} 代表第 i 收入户第 t 年的各种奶制品的消费量，$i=1,2,\cdots,7$，其中 1 = 最低收入户（含困难户），2 = 低收入户，3 = 中等偏下户，4 = 中等收入户，5 = 中等偏上户，6 = 高收入户，7 = 最高收入户，$t=2000,2001,\cdots,2011$。

自变量 P_t 表示第 t 年的乳品价格，以每年的液体乳及乳制品消费定期价格指数表示（以 2000 年为基期）；I_{it} 表示第 i 收入户第 t 年的收入水平，根据人均可支配收入水平，考虑样本数量问题，本研究将城镇居民家庭收入水平分为三组：低收入户组（最低收入户和低收入户）、中等收入户组（中等偏下户、中等收入户和中等偏上户）、高收入户组（高收入户和最高收入户），并以低收入户组为参照组，比较不同收入户组间的乳品消费量的差异；$I_{it} \times D_{it}$ 表示收入水平乘以乳品安全事件发生年份虚变量的交叉项，其中 D_{it} 表示"三聚氰胺"事件发生年份的虚变量，即 2008 年以前为 0，2008 年（含）以后为 1，交叉项的回归系数是为了进一步分析不同收入户组内在乳品安全事件发生前后乳品消费量的变化差异。为了更准确地模拟乳品安全事件后不同收入居民的风险感知，在实际回归过程中我们以 2006~2007 年①两年的平均消费量为对照组，比较 2008~2011 年平均消费量的增减变化情况。面板数据可以采用混合效应模型、固定效应模型和随机效应模型三种。由于本研究模型设定中包括了收入分组、收入水平×乳品安全事件两个虚变量，且收入分组虚变量是不随时间变化而变化的，因此固定效应模型不适用。本研究采用随机效应模型和混合效应模型进行回归，并通过 Breusch - Pagan 检验确定最优模型，具体过程见模型估计结果部分的内容。

四 不同收入户的乳品消费风险感知分析

（一）总体乳品消费的风险感知分析

乳品安全事件的发生直接导致我国城镇居民乳品消费量的减少，收入相对较低户消费量的下降趋势总体略高于收入相对较高户。2008 年"三聚氰胺"事件发生后，总体上我国城镇居民的乳品消费量明显下降，2010 年跌入谷底，仅为 20.80 公斤，与 2007 年（"三聚氰胺"事件发生前）相比下降了 16.37%，2011 年虽略有回升，但 21.08 公斤的消费水平仍比 2007 年低了 15.24%。具体来看，最低收入户、低收入户、中等偏下户、中等

---

① 受 2004 年阜阳"毒奶粉"事件影响，2005 年我国城镇居民的乳品消费也是有所下降的，2006 年得到恢复，因此，本文以 2006~2007 年的数据均值代表"三聚氰胺"事件前的乳品消费水平。

收入户、中等偏上户、高收入户、最高收入户的乳品消费量均呈不同程度
的下降，其中最低收入户、低收入户、中等偏下户的下跌幅度要高于其他
收入组（见表1）。与2007年相比，2010年低谷时最低收入户、低收入
户、中等偏下户、中等收入户的降幅分别为18.16%、18.94%、18.50%
和17.88%，同期中等偏上户、高收入户、最高收入户的降幅分别为
13.29%、12.04%和11.66%。2011年降幅虽有所缩小，但收入相对低的
家庭乳品消费量降幅仍高于收入相对高的家庭。

表1 "三聚氰胺"事件前后不同收入城镇居民的乳品消费变化

单位：公斤

年份	最低收入户	低收入户	中等偏下户	中等收入户	中等偏上户	高收入户	最高收入户
2000	6.93	9.25	12.37	14.56	17.29	20.29	26.58
2001	8.21	11.03	14.01	16.72	20.40	23.51	27.12
2002	7.72	12.31	17.33	21.61	26.42	31.13	34.53
2003	9.56	15.42	21.51	25.78	30.88	35.08	37.03
2004	10.66	17.17	22.35	25.95	30.73	34.34	37.46
2005	10.76	16.73	21.42	25.98	30.66	34.86	36.64
2006	12.15	17.91	22.68	26.88	30.79	34.08	36.70
2007	13.38	18.37	21.84	26.74	29.20	32.31	34.47
2008	11.75	15.88	19.79	23.85	27.68	30.60	32.83
2009	11.65	15.88	19.05	23.75	26.94	29.51	32.26
2010	10.95	14.89	17.80	21.96	25.32	28.42	30.45
2011	11.71	14.66	18.36	22.17	25.67	28.67	29.68

资料来源：历年《中国奶业统计年鉴》，乳品包括鲜奶、酸奶和奶粉，其中奶粉进行了折鲜
处理。

（二）分品种乳品消费的风险感知分析

城镇居民对不同乳品的消费风险感知度存在差异，鲜奶消费量降幅最
大，奶粉消费量降幅最小。从表2至表4可以看出，"三聚氰胺"事件对
以国产奶源生产的鲜奶和酸奶的消费影响较大，而对奶粉消费量的影响不
大。其中鲜奶是受影响最大的乳品，近年来我国城镇居民鲜奶消费量逐年

较大幅度下降，2011 年仅为 13.70 公斤，与 2007 年相比下降了 22.82%，与上述趋势一致，收入相对低的家庭的降幅要高于收入相对高的家庭。其中最低收入户、低收入户、中等偏下户、中等收入户的降幅分别为 21.00%、22.51%、23.71% 和 23.80%，普遍高于中等偏上户、高收入户和最高收入户。

表2　"三聚氰胺"事件前后不同收入城镇居民鲜奶的消费变化

单位：公斤

年份	最低收入户	低收入户	中等偏下户	中等收入户	中等偏上户	高收入户	最高收入户
2000	4.60	6.04	8.27	9.83	11.95	14.08	17.52
2001	5.63	7.73	9.69	11.78	14.79	17.00	19.60
2002	4.83	8.39	11.78	15.79	19.99	23.63	26.46
2003	6.71	10.85	15.51	18.94	23.43	26.82	28.29
2004	7.79	12.70	16.49	18.93	23.18	26.18	28.30
2005	7.80	11.70	15.30	18.69	22.56	25.74	26.05
2006	8.80	12.91	16.26	19.16	22.29	24.52	25.91
2007	9.57	12.53	15.35	19.16	21.02	23.23	24.89
2008	7.56	10.30	13.17	15.84	18.81	20.80	22.37
2009	8.01	10.47	12.80	15.98	18.20	20.08	21.35
2010	7.39	9.76	11.96	14.98	17.02	19.13	20.19
2011	7.56	9.71	11.71	14.60	16.73	18.84	18.98

资料来源：历年《中国奶业统计年鉴》。

乳品安全事件发生后不同收入户的酸奶消费量也呈现不同程度的下降，与鲜奶消费量的下降趋势一致，收入相对较低家庭的下降幅度总体略高于收入相对较高家庭。从表 3 可以看出，2008 年 "三聚氰胺"事件的发生导致当年的酸奶消费量大幅下降，同比下降了 10.83%，其中最低收入户、低收入户、中等偏下户、中等收入户的降幅均在 11.37% 之上。虽然 2009 年以来不同收入户的酸奶消费量在波动中略有回升，但与 2007 年相比，仍然处于低位。2011 年，我国城镇居民的酸奶年人均消费量为 3.67 公斤，仍比 2007 年下降了 7.56%；分收入组看，除最低收入户的降幅在平均水平之下外，低收入户、中等偏下户、中等收入户的降幅均超过 7.62%。

表3 "三聚氰胺"事件前后不同收入城镇居民酸奶的消费变化

单位：公斤

年份	最低收入户	低收入户	中等偏下户	中等收入户	中等偏上户	高收入户	最高收入户
2000	0.51	0.62	0.88	1.09	1.42	1.52	2.06
2001	0.55	0.78	1.10	1.30	1.69	2.17	2.27
2002	0.51	0.98	1.35	1.76	2.30	2.74	3.31
2003	0.68	1.35	2.01	2.57	3.11	3.92	4.33
2004	1.05	1.60	2.36	2.96	3.56	3.96	4.82
2005	1.00	2.09	2.55	3.51	3.97	4.71	5.62
2006	1.39	2.27	3.13	3.87	4.58	5.22	6.31
2007	1.85	2.83	3.41	4.22	4.61	5.51	5.94
2008	1.60	2.43	2.98	3.74	4.32	5.04	5.49
2009	1.89	2.75	3.38	4.20	4.68	5.23	5.73
2010	1.81	2.61	3.11	3.83	4.59	4.95	5.57
2011	1.84	2.50	3.15	3.79	4.53	5.14	5.52

资料来源：历年《中国奶业统计年鉴》。

奶粉是"三聚氰胺"事件的元凶，但与液态奶相比，2008年乳品安全事件的发生对奶粉的影响最小。从表4可以看出，近年来我国奶粉消费量虽有波动，

表4 "三聚氰胺"事件前后不同收入城镇居民奶粉的消费变化

单位：公斤

年份	最低收入户	低收入户	中等偏下户	中等收入户	中等偏上户	高收入户	最高收入户
2000	0.26	0.37	0.46	0.52	0.56	0.67	1.00
2001	0.29	0.36	0.46	0.52	0.56	0.62	0.75
2002	0.34	0.42	0.60	0.58	0.59	0.68	0.68
2003	0.31	0.46	0.57	0.61	0.62	0.62	0.63
2004	0.26	0.41	0.50	0.58	0.57	0.60	0.62
2005	0.28	0.42	0.51	0.54	0.59	0.63	0.71
2006	0.28	0.39	0.47	0.55	0.56	0.62	0.64
2007	0.28	0.43	0.44	0.48	0.51	0.51	0.52
2008	0.37	0.45	0.52	0.61	0.65	0.68	0.71
2009	0.25	0.38	0.41	0.51	0.58	0.60	0.74
2010	0.25	0.36	0.39	0.45	0.53	0.62	0.67
2011	0.33	0.35	0.50	0.54	0.63	0.67	0.74

资料来源：历年《中国奶业统计年鉴》。

但总体仍呈上升趋势，尤其中等收入户、高收入户、最高收入户消费量的增加趋势最为明显。与 2007 年相比，2011 年中等收入户、高收入户、最高收入户消费量的增幅为 23.53%、31.37% 和 42.31%。这一现象并不是说城镇居民对奶粉消费的风险感知度低，造成这一现象的原因可能有两个方面：一是奶粉消费的群体主要是老人和小孩，尤其婴幼儿的奶粉消费需求具有相对刚性特征；二是近年来婴幼儿奶粉洋品牌的市场占有率不断提升，洋品牌奶粉消费量的增加抵消了国产奶粉消费量的下降。

（三）乳品消费的风险感知恢复分析

我国城镇居民对"三聚氰胺"事件的食品安全风险感知仍然存在，消费刚刚开始回升，与事件发生前相比仍未得到有效恢复。从表5可以看出，与 2006~2007 年的平均值相比，2008~2010 年的乳品消费量呈逐年下降的趋势，2008 年降幅为 9.86%，2009 年为 12.12%，2010 年为 17.48%，2011 年虽止跌回升，但降幅仍为 16.37%。分收入组看，除低收入户、最高收入户在 2011 年仍持续下降外，其余 5 个收入户组的消费变动走势一致，均表现为在 2008~2010 年持续下跌，在 2011 年开始恢复，但与"三聚氰胺"事件发生前相比仍未有效恢复，这与周应恒和卓佳[29]的研究结论一致。

表5　不同收入城镇居民乳品消费的恢复情况

单位：公斤

年份	平均	最低收入户	低收入户	中等偏下户	中等收入户	中等偏上户	高收入户	最高收入户
2006~2007	25.21	12.77	18.14	22.26	26.81	30.00	33.20	35.59
2008	-9.86	-7.95	-12.46	-11.10	-11.04	-7.72	-7.82	-7.74
2009	-12.12	-8.73	-12.46	-14.42	-11.41	-10.19	-11.10	-9.34
2010	-17.48	-14.22	-17.92	-20.04	-18.09	-15.59	-14.38	-14.43
2011	-16.37	-8.26	-19.18	-17.52	-17.31	-14.42	-13.63	-16.59

注：2008~2011 年的 4 行数值表示与 2006~2007 年的均值相比，该年份不同收入居民的乳品消费量下降幅度。

从上述分析可以看出，不同收入的城镇居民对乳品安全事件后的消费风险感知存在差异，消费者对不同乳品的消费风险感知也有不同。但以上单因素分析只是不同收入水平、不同品种与消费风险感知之间的表面相关关系，研究不能据此简单地对其关系下结论，因为乳品消费量的变化还受其自身价格变动等多方面因素的综合影响。所以，为了较准确地比较乳品安全事件中不同收入居民的风险感知，有必要通过计量经济模型进一步展开分析。

五 模型估计结果及分析

本研究运用STATA12.0软件对样本数据进行回归，计量经济模型的实际估计结果见表6和表7，其中表6是混合效应模型的估计结果，表7是随机效应模型的估计结果。模型Ⅰ、模型Ⅱ、模型Ⅲ和模型Ⅳ分别代表乳品、鲜奶、酸奶和奶粉的回归结果。由表6和表7均可以看出，模型的估计结果中多数系数达到较高显著水平且系数符号与理论假设基本吻合，表明模型较好地反映了各种乳品消费量变化的影响因素，模型回归结果稳健。根据表7中Breusch - Pagan检验（BP检验）的结果，本研究最终根据随机效应模型的结果分别加以讨论。

表 6 混合效应模型估计结果

变　量	模型Ⅰ	模型Ⅱ	模型Ⅲ	模型Ⅳ
乳制品价格指数	0.3292 (0.76)	0.2932 (0.67)	1.1703 (2.60**)	-0.4340 (-0.82)
收入水平分组（对照组是低收入户组）				
中等收入户组	0.5422 (6.10***)	0.5493 (6.12***)	0.3894 (4.22***)	0.6673 (6.11***)
高收入户组	0.8149 (8.37***)	0.8236 (8.37***)	0.5200 (5.14***)	0.6673 (6.11***)
2008年后与2008年前的差异				
低收入户组×2008年后虚变量	-0.1513 (-1.74*)	-0.2239 (-2.55**)	-0.0617 (-0.68)	0.0800 (0.75)

续表

变　　量	模型 I	模型 II	模型 III	模型 IV
中等收入户组 × 2008 年后虚变量	− 0.1679 （ − 2.34 * * ）	− 0.2365 （ − 3.26 * * * ）	− 0.0148 （ − 0.20 ）	0.0094 （ − 0.11 ）
高收入户组 × 2008 年后虚变量	− 0.1413 （ − 1.63 ）	− 0.2116 （ − 2.42 * * ）	0.1210 （ 1.35 ）	2.7076 （ 1.10 ）
常数项	1.1998 （0.60）	1.0244 （0.51）	− 6.4938 （ − 3.12 * * * ）	2.7076 （ 1.10 ）
R²	0.8686	0.8748	0.7953	0.8508
调整的 R²	0.8460	0.8534	0.7602	0.8253

注：*、* *、* * * 表示 10%、5% 和 1% 的显著性水平；乳品是指鲜奶、奶粉和酸奶的合计消费量。

表 7　随机效应模型估计结果

变　　量	模型 I	模型 II	模型 III	模型 IV
乳制品价格指数	0.3198 （2.79 * * * ）	0.2798 （2.05 * * ）	− 0.4473 （ − 2.36 * * ）	1.1805 （4.12 * * * ）
收入水平分组（对照组是低收入户组）				
中等收入户组	0.5422 （3.65 * * * ）	0.5493 （3.70 * * * ）	0.6673 （3.74 * * * ）	0.3894 （2.88 * * * ）
高收入户组	0.8149 （5.01 * * * ）	0.8236 （5.06 * * * ）	1.0446 （5.34 * * * ）	0.5200 （3.51 * * * ）
2008 年后与 2008 年前的差异				
低收入户组 × 2008 年后虚变量	− 0.1508 （ − 6.06 * * * ）	− 0.2233 （ − 8.20 * * * ）	− 0.0806 （ − 2.14 * * ）	− 0.0621 （ − 1.09 ）
中等收入户组 × 2008 年后虚变量	− 0.1675 （ − 8.86 * * * ）	− 0.2359 （ − 10.46 * * * ）	− 0.0088 （ − 0.28 ）	− 0.0153 （ − 0.32 ）
高收入户组 × 2008 年后虚变量	− 0.1418 （ − 6.21 * * * ）	− 0.2118 （ − 7.78 * * * ）	− 0.0517 （ − 1.37 ）	0.1170 （2.05 * * ）
常数项	1.2434 （2.29 * * ）	1.0861 （1.69 * ）	2.7691 （3.13 * * * ）	− 6.5409 （ − 4.92 * * * ）

续表

变　　量	模型Ⅰ	模型Ⅱ	模型Ⅲ	模型Ⅳ
Wald 统计量	Chi2（6）= 175.45 Prob > chi2 = 0.0000	Chi2（6）= 257.48 Prob > chi2 = 0.0000	Chi2（6）= 38.66 Prob > chi2 = 0.0000	Chi2（6）= 49.70 Prob > chi2 = 0.0000
BP 检验	Chi2（1）= 90.15 Prob > chi2 = 0.0000	Chi2（1）= 84.60 Prob > chi2 = 0.0000	Chi2（1）= 78.89 Prob > chi2 = 0.0000	Chi2（1）= 34.54 Prob > chi2 = 0.0000

　　注：*、**、***表示10%、5%和1%的显著性水平；乳品是指鲜奶、奶粉和酸奶的合计消费量。

　　由表7可以看出，在模型Ⅰ、模型Ⅱ、模型Ⅲ和模型Ⅳ中，中等收入户组和高收入户组2个虚变量的系数都显著为正，而收入水平×年度虚变量的系数只有模型Ⅰ和模型Ⅱ中3个收入组达到显著水平，方向为负；模型Ⅲ中虽然3个收入组系数均为负，但仅低收入户组的系数达到显著水平；模型Ⅳ中高收入组的系数显著为正。这说明我国城镇居民乳品消费的收入弹性依然显著，高收入户组、中等收入户组的乳品消费量在乳品安全事件前后都显著高于低收入户组，乳品安全事件的发生并没有改变这种趋势。但是乳品安全事件的发生导致高收入户组、中等收入户组和低收入户组的乳品消费量都出现下降，且这种下降以鲜奶消费量的下降为主。乳及乳制品消费价格指数除模型Ⅲ显著为负外，其余均显著为正，说明近年来乳品价格虽有提升，但并没有减少居民的乳品消费。

　　进一步地，根据模型Ⅰ、模型Ⅱ和模型Ⅲ的研究结果可以看出，不同收入户组在乳品安全事件发生后，消费水平均出现明显下降，且低收入户组和中等收入户组的下降幅度要高于高收入户组。模型Ⅰ中低收入户组×2008年后虚变量的系数为 -0.1508，中等收入户组为 -0.1675，高收入户组为 -0.1418，这表明在其他条件不变的情况下，受"三聚氰胺"事件影响，2008~2011年我国城镇居民中低收入家庭乳品消费量比2006~2007年平均下降了15.08%，其中中等收入家庭下降了16.75%，高收入家庭下降了14.18%。模型Ⅱ中低收入户组×2008年后虚变量的系数为 -0.2233，中等收

入户组为 - 0.2359，高收入户组为 - 0.2118，这表明在其他条件不变的情况下，受 2008 年"三聚氰胺"事件影响，2008～2011 年我国城镇居民中低收入家庭鲜奶消费量比 2006～2007 年平均下降了 22.33%，其中中等收入家庭下降了 23.59%，高收入家庭下降了 21.18%。这也证实了上述统计分析中鲜奶下降幅度最高的结论。模型Ⅲ中仅低收入户组的系数达到显著水平，模型Ⅳ中高收入户组系数显著为正等也与上述统计分析结果一致。

六　结论与讨论

本文的研究结果验证了许多学者的研究结论，即风险感知和消费行为之间存在密切联系，风险感知越高，公众减少消费的可能性越大。本研究的统计分析和模型估计结果都证实了"三聚氰胺"事件的发生显著提升了我国城镇居民的风险感知，从而直接表现为乳品消费量的下降，且这种下降具有时间延续性，在之后的 3～5 年内影响效应依然很高，至今仍未得到有效恢复。

"三聚氰胺"事件的主角虽是奶粉，但是乳品安全事件的发生对以国内原料奶为奶源的鲜奶和酸奶的消费冲击更大，尤其鲜奶消费量的降幅最为明显。这进一步验证了食品安全的"溃堤效应"，即产业内某一产品出现质量问题，消费者感知风险，消费信心受挫，最后需求萎缩，危及整个产业[30]。当然乳品行业出现这一现象可能还有两个原因：①奶粉的消费主体是老人和小孩，消费需求相对具有刚性；②"洋品牌"奶粉的存在，使消费者尤其是高收入消费者可以采取购买替代品的积极应对行为。

同时，研究发现收入相对较低居民对乳品安全事件的风险感知度大于高收入居民，乳品安全事件后收入相对较低户组的消费量下降更为明显。这一结论不同于其他研究的结论，过去已有文献的研究结果均显示高收入家庭对食品质量安全的风险感知度高于其他群体[31～33]。可能的解释是过去的研究结论主要是基于风险感知角度分析不同收入居民对高质量产品的支付意愿，而在安全事件发生后，收入相对较低居民因为受教育程度不高，信息接受能力有限，因而风险感知水平受舆论的影响更为明显，同时其选取高端"洋品牌"替代品的可行性较小，导致其主要采取抵制消费行为来应对食品安全问题。

参考文献

[1] Chenss，Spirom，"Study of Microwave Extraction of Essential Oil from Aromatic Herbs：Comparison with Conventional Hydro – distillation," *Journal of Microwave and Electro – magnetic Energy*，1994，29（4）:231 – 241.

[2] 张国政、王珏玉、张芳芳:《基于风险感知和产品认知的消费者购买意愿研究——以长沙奶制品消费者为例》，《安徽农业科学》2012 年第 36 期，第 17716 ~ 17753 页。

[3] 王宇:《食品安全事件的媒体呈现：现状、问题及对策——以 < 人民日报 > 相关报道为例》，《现代传播》2010 年第 4 期，第 32 ~ 35 页。

[4] 蒋乃华、辛贤、尹坚:《中国畜产品供给需求与贸易行为研究》，中国农业出版社，2003。

[5] 周俊玲:《中国奶类市场研究》，中国农业大学硕士学位论文，2001。

[6] Codex Alimentarius Commission. *Proposed Draft Principles and Guidelines for the Conduct of Microbial Risk Assessment* ［M］//World Health Organization. Food and Agriculture Organization of the United Nation. Rome，Italy：Codex Alimentarius Commission，1998.

[7] Bauer，R. A. *Consumer Behavior as Risk Taking：Dynamic Marketing for a Changing World* ［C］. Proceedings of the 43rd Conference of the American Marketing Association，1964：389 – 398.

[8] Cuningham，S. M.，"The Major Dimensions of Perceived Risk," In：Cox D F ed. *Risk Taking and Information Handling in Consumer Behavior* ［M］. Boston：School of Business Administration，Harvard University Press，1967：82 – 108.

[9] Tse，A. C. B.，"Factors Affecting Consumer Perceptions of Product Safety," *European Journal of Marketing*，1999，33（9）:911 – 925.

[10] Roselius，T.，"Consumer Rankings of Risk Reduction Methods," *Journal of Marketing*，1971，35（1）:56 – 61.

[11] Stern，T，Haas，R.，Meixner，O.，"Consumer Acceptance of Wood – Based Foodadditives," *British Food Journal*，2009，111（2）:179 – 195.

[12] Bech – Larsen，T.，Grunert，K. G.，"The Perceived Healthiness of Functional Foods：A Conjoint Study of Danish，Finnish and American Consumers Perception of Functional Foods," *Appetite*，2003，40（1）:9 – 14.

[13] Devich, D. A., Pedersen, I. K., Petrie, K. J., "You Eat What you Are: Modern Health Worries and the Acceptance of Natural an Synthetic Additives in Functional Foods," *Appetite*, 2007, 48 (3):333 – 337.

[14] Swinnen Jfm, J. J. Mccluskey, N. Francken, "Reshaping Agriculture's Contribution to Society," Blackwell: Oxford University, 2005.

[15] Jonge, J., Frewer, L., Van Tripjp H., Renes, R. J., De Witw, Timmers, J., "Monitoring Consumer Confidence in Food Safety: An Exploratory Study," *British Food Journal*, 2004, 106 (10/11):837 – 849.

[16] Frewer, L. H., "Understanding Consumers of Odd Products," England: Cambridage University, 1994.

[17] Angul, A. M., Gil, J. M., "Food Safety and Consumers'Willingness to Pay for Labelled beef in Spain," *Food Quality and Preference*, 2007 (18):1106 – 1117.

[18] Fischer, A., Frewer, L. J, Nauta, M., "Improving Food Safety in the Domestic Environment: The Need for a Trandisciplinary Approach," *Risk Analysis*, 2005, 25 (3):504 – 514.

[19] Smith, D., Riethmuiler, P., "Consumer Concerns about Food Safety in Australia," *International Journal of Social Economics*, 1999, 26 (6):724 – 741.

[20] Dosman, D. W., Adamowicz, Hrudey, "Socioeconomic Determinants of Health and Food Safety Related Risk Perceptions," *Risk Analysis*, 2002, 21 (2):307 – 318.

[21] Baker, G. A., "Food Safety and Dear: Factors Affecting Consumer Response to Foood Safety Risk," *Food and Agibusiness Management Review*, 2003, 6 (1):1 – 11.

[22] Kariyawasam, S., Jayasinghe – Mudalige, U., Weerahewa, J., "Use of Caswell's Classification on Food Quality Attributes to Assess Consumer Perceptions Towards Fresh Milk in Tetra – Packed Containers," *The Journal of Agricultural Sciences*, 2007, 3 (1): 43 – 54.

[23] 王志刚:《食品安全的认知和消费决定——关于天津市个体消费者的实证分析》,《中国农村经济》2003 年第 4 期, 第 41～48 页。

[24] 刘军弟、王凯、韩纪琴:《消费者对食品安全的支付意愿及其影响因素研究》,《江海学刊》2009 年第 3 期, 第 86～89 页。

[25] 孙黎黎、姜会明:《基于食品安全的吉林省消费者购买行为研究——以猪肉的购买行为为例》,《吉林农业》2012 年第 4 期, 第 228～229 页。

[26] 马井喜、王帅、王悦、戴昀弟:《居民对安全食品认知和购买行为影响因素的实证研究》,《中国酿造》2013 年第 2 期, 第 162～169 页。

［27］ 徐玲玲、山丽杰、钟颖琦、吴林海：《安全风险的公众感知与影响因素研究——基于江苏的实证调查》，《自然辩证法通讯》2013 年第 2 期，第 78～85 页。

［28］ 程培堽、周应恒、殷志扬：《消费者食品安全态度和消费行为变化——苏州市消费者对三鹿奶粉事件反应的问卷调查》，《华南农业大学学报》（社会科学版）2009 年第 4 期，第 35～42 页。

［29］ 周应恒、卓佳：《消费者食品安全风险认知研究——基于三聚氰胺事件下南京消费者的调查》，《农业技术经济》2010 年第 2 期，第 89～96 页。

［30］ 许世卫：《食物安全中的溃堤效应分析》，《中国食物与营养》2010 年第 8 期，第 8～13 页。

［31］ Cox D. F. *Risk Taking and Information Handling in Consumer Behavior* ［M］. Boston, MA：Harvard University Press，1967.

［32］ Peter，J. P.，Ryan，M. J.，"An Investigation of Perceived Risk at the Brand Level," *Journal of Marketing Research*，1976，13（2）:184－188.

［33］ 何清：《易得性直觉偏差的消费影响及其应对措施》，《中国流通经济》2012 年第 8 期，第 83～86 页。

基于 AIDS 模型的陕西省城镇居民
食品消费的变化分析[*]

梁　凡　陆　迁　赵敏娟[**]

摘　要： 本文采用 1995～2012 年的统计数据，运用 AIDS 模型对陕西省城镇居民的食品消费进行了分析。研究结果显示：居民对于多数食品的消费缺乏收入弹性，但是禽类、水果和奶类食品的消费受收入的影响较大；低收入居民粮食消费的收入弹性要大于高收入居民，随着时间的推移，收入的影响都会降低；居民对肉类和蔬菜的消费受收入的影响也在增大，对较高收入层次的居民来说，这两类食品的消费对收入的变化已经不敏感；居民对大多数食品价格的变化反应不敏感，且居民粮食、肉类和蔬菜消费的自价格弹性绝对值均大于其收入弹性。研究表明：以收入拉动陕西城镇居民食品消费和提升营养摄入的空间是有限的；保障陕西省蔬菜供给的数量和多样性，对于从整体上改善陕西城镇居民的营养结构具有促进作用；陕西省水果类食品需要必要的消费引导和生产扶持政策。

关键词： 食品消费　AIDS 模型　弹性分析　城镇居民

一　引言

近年来陕西省经济迅速发展，人民生活水平大幅提高，2012 年城镇居

---

* 国家自然科学基金项目（71373209）；中央高校基本科研业务费项目（2013RWZD02）。

** 梁凡，女，西北农林科技大学经济管理学院，硕士研究生，主要研究方向为区域经济与产业发展；陆迁，西北农林科技大学经济管理学院；赵敏娟，西北农林科技大学经济管理学院。

民人均可支配收入从 1978 年的 963 元大幅上升到 20734 元；与此同时，恩格尔系数大幅下降，从 1981 年的 53％ 降至 2012 年的 36.2％。从恩格尔系数值来看，食品消费支出仍然是居民家庭总消费支出中的主要部分。与此同时，陕西省城镇居民的生活整体呈食品消费结构升级、营养水平得到改善的状态。

国内学者对居民的食品消费进行了大量研究，发现居民的食品消费结构、现金支出和食品构成在不同收入群体之间仍然存在较大的差距[1]。有关食品消费弹性的研究显示，居民粮食消费的需求弹性呈下降态势[2]，但是对于能够提高人们生活质量的食品需求仍富有较大的收入弹性[3~4]，而且粮食与蔬菜消费间的替代效应加强[5]。城镇居民动物性食品的支出弹性大于 1，与中等和高收入家庭相比，低收入家庭的乳品、油脂类和肉类等动物性食品的消费支出弹性相对更大，且油脂类食品消费的价格弹性绝对值也相对更高[6]。从价格弹性方面看，城镇居民对食用油、肉类和蛋类等食品的价格敏感性不高[7]，大米和面粉需求富有价格弹性，肉类中的羊肉需求价格弹性也较高[8]。

关于居民食品消费影响因素的分析显示，收入和价格是最主要的影响因素[9]，收入的提高会促进居民食品消费结构的升级转变[10~11]。此外，人口特征因素也会对居民的食品消费产生一定影响[12]，制度变迁也显著影响城镇居民的食品消费行为[13~14]。综观现有文献，较少有从动态角度研究不同收入层次居民食品消费变化的文献，所以本文以收入和价格为视角，运用 AIDS 模型对陕西省城镇居民的食品消费进行研究，探索其动态变化特征，以期为改善居民的食品消费结构继而提高生活质量提出相关政策依据。

二 模型设定与数据来源

（一） AIDS 模型

国内关于居民食品消费的定量研究主要有线性支出系统模型 LES 或其扩展形式 ELES，以及 AIDS 模型。与前两种方法相比，AIDS 模型的两个优点使它在研究居民消费时更具优势：其一是模型把全部消费品纳入一个系统中，可以一阶逼近任何一种需求系统，具有完整的经济学意义；其二是商品消费支出均采用相对比重指标，可以减少数据虚报和实际支出计算误差的影响。因而本文选用该模型对陕西省城镇不同收入层次居民的食品消费进行研究。

AIDS 模型的基本思想为在一定的价格体系下，如何以最小的支出达到既定的效应水平。

一般估计形式为：

$$w_i = \alpha_i + \sum_j \gamma_{ij} \ln p_j + \beta_i \ln \frac{m}{p}, i = 1, 2, \cdots, n \tag{1}$$

其中，$\ln p = \alpha_0 + \sum_j \alpha_j \ln p_j + \frac{1}{2} \sum_j \sum_i \gamma_{ij} \ln p_i \ln p_j$

AIDS 模型在理论上满足以下三个条件：

（1）加总性约束：$\sum_i \alpha_i = 1, \sum_i \beta_i = 0, \sum_i \gamma_{ij} = 0$；

（2）齐次性约束：$\sum_j \gamma_{ij} = 0$；

（3）对称性约束：$\gamma_{ij} = \gamma_{ji}$。

在模型中，p 为综合价格指数，当真实支出（m/p）和相对价格保持不变时，各类消费品的 w_i 不发生变化。γ_{ij} 表示 j 消费品价格的变动对支出预算份额 w_i 的影响；β_i 表示消费品的边际支出倾向，一般情况下奢侈品的值为正，必需品的值为负。

AIDS 模型中的弹性包括支出弹性和价格弹性，其中需求价格弹性包括马歇尔非补偿价格弹性和希克斯补偿价格弹性。

（1）需求收入弹性。

根据 AIDS 模型中的相关系数可以直接得到第 i 类消费品的需求支出弹性：$\varepsilon_i = 1 + \beta_i / w_i$。

根据食品支出与收入的关系方程 $m = \gamma_0 + \gamma_1 I + \gamma_2 I^2$，可以推出支出的收入弹性 $\eta_I = I(\gamma_1 + 2\gamma_2 I)/m$，从而第 i 类消费品的收入弹性为：

$$e_i = \varepsilon_i \cdot \eta_I \tag{2}$$

（2）需求价格弹性。

非补偿价格弹性为：

$$E_{ij} = \left[\gamma_{ij} - \beta_i (\alpha_j + \sum_k \gamma_{jk} \ln p_k) \right] / w_i - \delta_{ij} \tag{3}$$

补偿价格弹性为：

$$CE_{ij} = E_{ij} + e_i w_j \tag{4}$$

其中 δ_{ij} 是克罗内克符号（Kronecker Delta），$\delta_{ij} = 1$（$i = j$），$\delta_{ij} = 0$（$i \neq j$）。

（二）数据来源及数据处理

本文需要的数据有：1995～2012 年陕西省不同收入组的可支配收入、10 类食品的人均消费量（粮食、油脂、肉类、禽类、蛋类、蔬菜、水产品、水果、奶类、食糖）、人均食品支出金额、食品价格指数等数据。数据主要来源于《陕西统计年鉴》（1996～2013 年）。

在分析中，食品价格数据是根据食品的支出金额/消费量得到的。部分缺失的食品消费支出数据的处理：首先根据食品价格指数与往年消费的真实价格得到该年的消费价格，再根据得到的食品价格与当年的食品消费量数据估算居民的消费支出数据。对居民的分组沿用统计年鉴中的方法，即五组分别占比 20%，对于 2002 年以前最低收入组、低收入组、高收入组和最高收入组，分别按其占比合并成低收入组和高收入组。在 AIDS 模型中，W_i 由每个收入组居民对某类食品消费的支出金额与 10 类食品消费的总支出金额相比得到。

三 模型估计与结果分析

（一）AIDS 模型估计

AIDS 模型是含参数的非线性方程，模型中的待估参数较多，且各消费品价格之间经常出现多重共线性问题。因此，本文在对模型进行估算时，采用 Zellner 的迭代似不相关回归（Iterated Seemingly Unrelated Regression），该方法允许对方程之间的关系施加限制，使估算结果在取得最大似然估计值的同时保持独立。本文应用的计量软件为 STATA12.1。

本文利用 1995~2012 年陕西省城镇居民各类食品的支出比重、居民可支配收入以及各类食品的真实支出价格估计模型参数。在计算 $\ln p$ 时，一般是根据 $\ln m$ 的最小值来确定 α_0 的值，本文取 $\alpha_0 = 6.5$。根据所估计的 α、β、γ 的值计算不同收入组居民各类食品的支出弹性、补偿价格弹性和非补偿价格弹性，食品需求的收入弹性则可以根据食品支出弹性与支出的收入弹性得到。本文模型参数的估计结果如表 1 所示。

从估计结果可以看出，大部分变量通过了显著性检验，除了禽类和水产品方程外其他食品需求方程的拟合优度都较高，从 D. W 值可以看出模型通过了时间序列相关性检验。

（二）估计结果分析

1. 居民食品消费需求弹性的总体分析

从表 2 可以看出，粮食、肉类、蔬菜和水果类食品构成了陕西省城镇居民的主要食品支出，比重达到 72.3%，因而本文主要对这四类食品进行分析。虽然随着时间的推移，不同收入组居民的粮食和肉类消费支出比重均有所下降，但仍在 20% 以上，居民粮食消费对收入和价格的变化均不敏感，在居民食品消费中仍属于基本的生活必需品。相反，居民的水果消费则呈逐年上升趋势，从 1995 年的 12% 上升到 2012 年的 21.4%，平均占比 13.2%，消费富有收入弹性，弹性值为 1.126；城镇居民蔬菜的消费支出比较稳定，占总消费支出的 17.5%。

其他食品的消费支出比重均低于 7%，且各自比重变化不大，其中禽类、水产品和奶类的消费对收入和自身价格的变化均比较敏感；奶制品的弹性系数绝对值最大，均大于 1，说明居民注重高蛋白的营养食品摄入；蛋类价格变化也会对居民对该类食品的消费产生较大的负向影响；居民对油脂的消费需求在很大程度上取决于个人偏好，因而对收入和价格的变化几乎没有反应。此外，除了禽类和水果外，其他食品的收入弹性均小于价格弹性的绝对值，意味着当收入和价格同时发生变化时，居民将减少这些食品的支出，可见价格变化对居民生活的影响相对较大。

表 1　陕西省居民食品消费 AIDS 模型回归结果

	粮食	油脂	肉类	禽类	蛋类	水产品	蔬菜	水果	奶类	食糖
α_i	0.028	-0.003	0.087***	0.104***	0.041***	0.055***	0.249***	0.279***	0.153***	0.006
Z统计量	1.06	-0.22	3.57	7.68	5.33	6.23	18.21	19.43	7.14	1.07
β_i	-0.126***	-0.038***	0.012	0.031***	-0.008	0.021***	-0.036***	0.101***	0.053***	-0.010***
Z统计量	-7.78	-6.25	0.96	4.5	-1.76	4.49	-6.26	12.55	3.41	-3.94
γ_{1i}	-0.003	0.005	-0.025***	0.013**	0.003	0.005	-0.021***	-0.035***	0.051***	0.008***
Z统计量	-0.19	1.21	-2.97	2.13	0.8	1.31	-4.1	-5.75	4.06	3.75
γ_{2i}	—	0.056***	0.003	-0.002	0.002	-0.014***	-0.007	-0.024***	-0.014***	-0.005**
Z统计量	—	11.51	0.47	-0.6	0.8	-6.99	-1.59	-6.07	-3.4	-2.39
γ_{3i}	—	—	0.051***	-0.006	-0.005	0.015***	-0.046***	-0.005	0.018*	0.002
Z统计量	—	—	3.93	-0.95	-1.57	4.19	-7.2	-0.71	2.12	0.65
γ_{4i}	—	—	—	0.006	-0.005**	-0.005***	0.012**	-0.001	-0.01	-0.002
Z统计量	—	—	—	1.01	-2.17	-2.05	2.73	-0.21	-1.8	-1.06
γ_{5i}	—	—	—	—	0.002	0.003**	-0.003	-0.008***	0.013***	-0.001
Z统计量	—	—	—	—	1.07	2.28	-1.12	-3.27	3.48	-0.76
γ_{6i}	—	—	—	—	—	0	-0.001	-0.001	-0.005	0.003**
Z统计量	—	—	—	—	—	0.01	-0.43	-0.3	-1.58	2.48
γ_{7i}	—	—	—	—	—	—	0.076***	0.002	-0.009	-0.003
Z统计量	—	—	—	—	—	—	10.42	0.29	-1.87	-1.28
γ_{8i}	—	—	—	—	—	—	—	0.069***	0.004	0
Z统计量	—	—	—	—	—	—	—	10.43	0.63	0.08
γ_{9i}	—	—	—	—	—	—	—	—	-0.042***	-0.005**
Z统计量	—	—	—	—	—	—	—	—	-3.24	-2.69
γ_{10i}	—	—	—	—	—	—	—	—	—	0.005**
Z统计量	—	—	—	—	—	—	—	—	—	2.09
R^2	0.8021	0.6527	0.9194	0.507	0.8784	0.319	0.7649	0.9219	0.874	—
D.W	2.62	2.18	2.67	2.29	2.68	2.59	2.42	2.43	2.76	2.33

注：***、** 和 * 分别表示 1%、5% 和 10% 的统计显著性水平。

表 2　陕西省城镇居民整体食品消费的弹性结果

	粮食	油脂	肉类	禽类	蛋类	水产品	蔬菜	水果	奶类	食糖
w_i	0.203	0.065	0.213	0.042	0.047	0.040	0.175	0.132	0.065	0.018
e_i	0.165	0.177	0.696	1.133	0.539	0.952	0.447	1.126	1.172	0.302
E_{ii}	-0.689	-0.069	-0.797	-0.859	-0.941	-0.985	-0.467	-0.769	-1.566	-0.811
CE_{ii}	-0.644	-0.042	-0.563	-0.783	-0.904	-0.916	-0.309	-0.512	-1.440	-0.803

2. 不同收入组居民食品消费需求弹性的总体分析

（1）需求收入弹性分析。

如表 3 所示，不同收入组居民粮食的消费均缺乏收入弹性，弹性值均在 0.3
以下。在初期，居民整体生活水平仍较低，随着收入层次的提高，居民粮食消费
的需求收入弹性逐渐增大，而随着时间的推移，不同收入组居民的粮食消费对收
入的增长越来越不敏感。现阶段随着收入层次的提高，居民粮食消费的需求收入
弹性则呈现相反的变化趋势，高收入层次居民的粮食消费习惯已经基本固定，收
入弹性接近于零，只有 0.03，低收入居民粮食消费的收入弹性也降至 0.137。

表 3　不同收入组居民食品消费的需求收入弹性

	年　份	低	中　下	中	中　上	高
粮　食	1995	0.207	0.209	0.211	0.222	0.238
	2000	0.219	0.235	0.268	0.247	0.266
	2005	0.217	0.223	0.197	0.152	0.161
	2010	0.163	0.153	0.155	0.163	0.122
	2012	0.137	0.129	0.113	0.09	0.033
肉　类	1995	0.35	0.392	0.425	0.463	0.574
	2000	0.45	0.561	0.648	0.708	0.907
	2005	0.471	0.595	0.641	0.552	0.798
	2010	0.464	0.543	0.61	0.62	0.521
	2012	0.466	0.541	0.556	0.502	0.292
蔬　菜	1995	0.248	0.29	0.316	0.343	0.431
	2000	0.338	0.418	0.48	0.526	0.677
	2005	0.352	0.438	0.471	0.404	0.582
	2010	0.364	0.424	0.474	0.477	0.398
	2012	0.364	0.421	0.428	0.388	0.221

	年　份	低	中　下	中	中　上	高
水　果	1995	0.761	0.764	0.818	0.848	1.014
	2000	0.959	1.088	1.209	1.27	1.597
	2005	0.896	1.016	1.083	0.944	1.231
	2010	0.744	0.826	0.912	0.908	0.742
	2012	0.715	0.803	0.816	0.72	0.408

不同收入组肉类消费的收入弹性平均值为 0.43~0.7。随着时间的推移，低收入组居民肉类消费的收入弹性逐渐增大，然后处于一个稳定的水平，弹性值在 0.46 左右；从中下收入组开始，收入弹性在增大后又逐渐减小，且随着收入层次的提高下降幅度增大，高收入组从 0.907 下降到 0.292。这是因为低收入组群体在收入水平很低的初期只有极少量的肉类消费，而肉类消费又被其作为反映生活水平的一个标志，因而随着收入的提高他们会提高肉类食品消费；肉类消费在高收入居民的食品消费中一直占有重要的位置，肉类支出也会随着收入提高而增加，当所消费的肉类食品能够满足其需要后就会维持在一个稳定的水平，从而对收入变化不再敏感。

收入对居民蔬菜消费的影响与其对肉类消费产生的影响变化基本一致，整体上都是缺乏收入弹性的。低收入组蔬菜消费的收入弹性会随着时间的推移逐渐增大，弹性值最后稳定在 0.364；而中上等以上的收入组的收入弹性先是经过一段时间的增加，随后又逐渐递减；高收入组的弹性值降至 0.221，下降幅度最大。

不同收入组居民的水果消费受到收入变化的影响均比较显著，在较长时期内水果消费的弹性值都在 1 附近，说明居民对这类食品的营养价值的认识更深，收入提高后愿意消费更多的该类食品。随着时间的推移，居民水果消费的收入弹性值先上升而后逐渐下降，但是除了高收入组外，其他收入组居民的水果消费仍具有较大的收入弹性。

（2）需求价格弹性分析。

从表 4 可以看出，不同收入组居民食品消费的自价格弹性均较低，粮食和肉类食品受到各自价格的负向影响较大，四类食品的马歇尔价格弹性均值分别在 -0.7、-0.8、-0.4 和 0.2 左右。低收入组居民的粮食和水果消费受到价格变化的影响比高收入群体受到的影响大，不同收入组居民粮食消费的价格弹性值在 −0.669 到 −0.828 之间，且随着时间的推移以及收入的提高弹性值降低，说明生活必需品的粮食价格变化对低收入人群的影响较大。水果消费的价格弹性在 −0.103 到 −0.414 之间，随着时间的推移，弹性绝对值先降低后增大，而且四种食品中只有水果消费的价格弹性绝对值大于其收入弹性，当居民收入和水果价格同等程度反向变化时，居民仍会增加水果消费，可见居民对水果的营养价值认识更深。居民肉类消费对其价格变化的反应程度随着时间的推移而降低，但是高收入群体对肉类价格的变化更加敏感。不同收入组居民蔬菜消费的价格弹性整体均呈增大趋势，但是价格变化的影响都比较小。

表 4　不同收入组居民食品消费的需求价格弹性

		低		中　下		中		中　上		高	
	年份	E_{ii}	CE_{ii}	E_{ii}	CE_{ii}	E_{ii}	CE_{ii}	E_{ii}	CE_{ii}	E_{ii}	CE_{ii}
粮食	1995	−0.828	−0.622	−0.805	−0.643	−0.778	−0.642	−0.772	−0.645	−0.747	−0.651
	2000	−0.783	−0.652	−0.751	−0.652	−0.752	−0.656	−0.721	−0.649	−0.709	−0.654
	2005	−0.783	−0.663	−0.747	−0.664	−0.717	−0.656	−0.704	−0.653	−0.671	−0.637
	2010	−0.756	−0.682	−0.727	−0.674	−0.72	−0.673	−0.722	−0.674	−0.709	−0.668
	2012	−0.74	−0.683	−0.717	−0.675	−0.707	−0.673	−0.698	−0.669	−0.669	−0.652
肉类	1995	−0.803	−0.569	−0.799	−0.569	−0.817	−0.565	−0.819	−0.563	−0.826	−0.561
	2000	−0.801	−0.568	−0.804	−0.566	−0.809	−0.563	−0.82	−0.56	−0.822	−0.559
	2005	−0.773	−0.566	−0.78	−0.565	−0.775	−0.564	−0.792	−0.566	−0.772	−0.563
	2010	−0.77	−0.566	−0.77	−0.565	−0.776	−0.566	−0.778	−0.566	−0.772	−0.565
	2012	−0.783	−0.567	−0.785	−0.566	−0.791	−0.566	−0.787	−0.566	−0.792	−0.567
蔬菜	1995	−0.365	−0.259	−0.441	−0.314	−0.446	−0.317	−0.437	−0.311	−0.455	−0.323
	2000	−0.475	−0.338	−0.451	−0.32	−0.43	−0.304	−0.43	−0.303	−0.435	−0.306
	2005	−0.471	−0.333	−0.431	−0.304	−0.424	−0.298	−0.414	−0.291	−0.407	−0.284
	2010	−0.559	−0.382	−0.546	−0.374	−0.535	−0.368	−0.514	−0.355	−0.497	−0.344
	2012	−0.541	−0.37	−0.533	−0.364	−0.504	−0.347	−0.512	−0.352	−0.465	−0.322
水果	1995	−0.414	−0.369	−0.374	−0.436	−0.353	−0.446	−0.304	−0.471	−0.281	−0.487
	2000	−0.275	−0.367	−0.179	−0.425	−0.194	−0.44	−0.157	−0.465	−0.155	−0.502
	2005	−0.143	−0.447	−0.119	−0.493	−0.104	−0.497	−0.103	−0.495	−0.099	−0.521
	2010	−0.169	−0.548	−0.153	−0.552	−0.175	−0.553	−0.163	−0.553	−0.147	−0.552
	2012	−0.192	−0.558	−0.186	−0.557	−0.199	−0.558	−0.186	−0.556	−0.182	−0.552

四 研究结论与政策含义

本文采用 AIDS 模型对陕西省城镇居民 1995～2012 年的食品消费进行了分析，得出以下几点结论与政策含义。

（1）收入对居民不同食品消费的影响差异较大。居民收入对多数食品消费的影响不显著，但是禽类、水果和奶类食品消费具有较大的收入弹性；随着时间的推移，不同收入组居民粮食消费的收入弹性逐渐减小，且收入变化对低收入居民粮食消费的影响更大；居民肉类和蔬菜类食品消费的收入弹性随着时间的推移逐渐增大，而较高收入阶层居民对这两类食品消费的收入弹性在初期相对较大，但随着时间的推移，弹性值大幅下降；收入对不同收入组居民水果的消费均会产生很大的影响，随着时间的推移，该影响逐渐增大而后略微减小。因而，以收入来拉动陕西城镇居民食品消费和提升营养摄入的空间是有限的。

（2）居民大多数食品的消费对该类食品价格的变化反应不敏感。在 10 种食品中只有奶类消费的价格弹性系数绝对值大于 1，而油脂消费的价格弹性值接近于零。在不同收入组中，低收入居民粮食和水果消费对价格反映最敏感，随着时间的推移，粮食价格变化的影响程度逐渐降低，水果价格的影响程度先是上升而后降低；高收入群体对肉类和蔬菜价格的变化相对较为敏感，肉类价格变化的影响逐渐降低，而蔬菜价格变化对居民产生的影响逐渐增大。可见，保障陕西省蔬菜供给的数量和多样性，对于从整体上改善陕西城镇居民的营养结构具有促进作用。需要重点提高低收入居民的营养摄入，还需要稳定粮食类的食品价格。

（3）居民多数食品消费的收入弹性值小于其自价格弹性绝对值。不同收入组居民的粮食、肉类和蔬菜消费的价格弹性绝对值都大幅高于其收入弹性，意味着当收入和价格同时发生变化时，居民将减少这些食品的支出，可见价格变化对居民生活的影响相对较大。而水果则与之相反，收入对居民水果的影响大于价格所产生的影响。这表明，在居民消费中，多数食品需求较富有弹性，说明多数食品较容易地得到详尽的替代产品。水果类食品可能由于季节性供给影响，相对较为缺乏弹性，价格反而会发生很大波动（尤其是不耐储存类水果），长远而言不利于居民食品的消费多样性，也不利于水果供给。因而，适当的消费引导和生产扶持政策是必需的。

参考文献

[1] 于华：《山东城镇居民收入与食品消费关系分析》，山东大学硕士学位论文，2007。

[2] 黎东升：《城乡居民食物消费需求的实证研究——基于湖北的例证》，浙江大学硕士学位论文，2005。

[3] 李国祥、李学术：《我国城乡居民收入与食品消费》，《中国农村经济》2000 年第 7 期，第 40~45 页。

[4] 董国新、陆文聪：《中国居民食品消费的 AIDS 模型分析——以西部城镇地区为例》，《统计与信息论坛》2009 年第 9 期，第 76~80 页。

[5] 穆月英、笠原浩三、松田敏信：《中国城乡居民消费需求系统的 AIDS 模型分析》，《经济问题》2001 年第 8 期，第 25~28 页。

[6] 吴蓓蓓、陈永福、于法稳：《基于收入分层 QUAIDS 模型的广东省城镇居民家庭食品消费行为分析》，《中国农村观察》2012 年第 4 期，第 59~69 页。

[7] 张丹、陈启杰：《中国主要食品消费需求分析》，《科技与管理》2005 年第 6 期，第 16~18 页。

[8] 刘华、钟甫宁：《食物消费与需求弹性——基于城镇居民微观数据的实证研究》，《南京农业大学学报》（社会科学版）2009 年第 9 期，第 36~43 页。

[9] Dong, F. "The Outlook for Asian Dairy Markets: The Role of Demographics, Incomes, and Prices," *Food Policy*, 2006, 31（3）:260–271.

[10] 王恩胡、杨选留：《我国城乡居民食品消费结构演进及发展趋势》，《消费经济》2007 年第 4 期，第 53~57 页。

[11] 张冬平、潘向东、李翠仙：《食品消费的几乎理想需求系统分析》，《河南农业大学学报》2001 年第 2 期，第 163~168 页。

[12] Fuller, F., John, B., Scott, R., "Consumption of Dairy Products in Urban China: Results from Beijing, Shanghai, and Guangzhou," *The Australian Journal of Agricultural and Resource Economics*, 2007, 51（4）:459–474.

[13] 颜士峰：《转型时期我国城乡居民食物消费支出变化及原因分析》，《产业经济评论》2009 年第 1 期，第 164~173 页。

[14] 郭新华、夏瑞杰：《我国城镇居民食品消费行为变动：1995~2007》，《消费经济》2009 年第 4 期，第 7~12 页。

认证食品消费行为与认证制度发展研究[*]

陈雨生[**]

摘　要：本文运用消费者行为模型，分析了当前中国食品质量安全认证制度选择和未来认证制度发展问题。结果表明，消费者对检测与认证机构的信任关系到实行食品质量安全认证制度的有效性；只有当认证标准与经济发展水平相匹配时，认证制度才能在满足消费者质量需求和提高消费者福利方面发挥作用。

关键词：食品质量安全　认证制度　消费者行为　福利

一　引言

中国食品质量安全认证主要有无公害认证、绿色认证和有机认证。目前，除无公害认证外其他都是自愿性认证，为了不断提高食品质量安全水平，有关部门计划全面实行强制性无公害食品认证制度。实施食品质量安全认证制度的主要目的在于传递食品质量信号和提高食品质量安全水平，以满足消费者的质量需求并提高消费者的福利水平。那么，为了更好地满足消费者的质量需求和提高消费者福利，中国食品质量安全认证制度将如何发展呢？

---

[*]　国家社会科学基金项目"我国食品安全认证与追溯耦合监管机制研究"；教育部人文社会科学研究青年基金项目"中国水产品质量安全溯源信息监管机制研究"（编号：11YJC630027）；青岛市"双百调研工程"项目"青岛市食品安全追溯体系发展对策研究"（编号：2012 - B - 23）。

[**]　陈雨生（1978~），男，安徽怀宁人，博士，中国海洋大学管理学院副教授，研究方向为农业经济、食品安全管理。

食品质量安全事件引起了消费者的恐慌，降低了消费者对食品质量安全的信心。为了消除负面影响，企业和管理者使用品牌和标签来发出质量安全信息[1]。但质量安全信息的传递会增加成本，质量安全信息传递后，消费者和生产者以及销售者的福利也会相应变动。对于食品质量安全与消费者的行为和福利问题，学者已从不同角度进行了分析。Crespi 和 Marette 研究了认证费用的收取方式如何影响消费者和生产者的福利，发现按照认证食品的数量进行收费可以提高安全食品销售者的竞争力，同时也为消费者提供了食品质量安全信息[2]。Masters 和 Sanogo 研究了婴儿食品认证的福利问题，发现母亲对通过认证的婴儿食品的支付意愿大大高于广告支付成本，而采用认证体系可以增加消费者剩余或福利[3]。Sexton 研究发现质量安全信息的不充分将引起消费者福利的下降，并对鸡肉市场进行了实证分析，估计了福利下降的程度[4]。Teisl、Radas 和 Roe 通过研究消费者对转基因食品的反应行为，发现不同消费者群体对转基因食品的认知和购买可能性都有所不同，从而影响了市场主体的福利[5]。对于安全食品选择行为，Mussa 和 Rosen 构造了开创性模型（M - R 模型），比较了垄断和完全竞争下的质量选择行为。他们通过净效用函数分析了质量选择行为，认为只要净效用为正，每个消费者就购买使他获得最大净效用的 1 个单位的产品，否则消费者就不购买产品[6]。Giannakas 在 M - R 模型的基础上，加入了消费者对食品质量安全的偏好变量，对有机食品虚假标签问题进行了分析，结果发现，虚假标签欺骗了消费者，影响了消费者对有机标签的信任[7]。基于对中国食品质量安全认证的现实问题和现有理论模型的思考，本文的创新体现在以下四个方面：第一，分析了消费者的不同认证食品的消费行为与福利变动情况；第二，消费者对认证食品（如无公害认证、绿色认证与有机认证）的偏好越强，其对传统食品的偏好将会越弱；第三，虚假标签主要由检测与认证机构滥用职权引起，消费者对检测与认证机构的信任将转移到效用感知上；第四，引入了时间变量，分析认证制度的发展趋势。

二 理论模型

无公害认证对食品生产标准做了基本要求，绿色与有机认证对食品生产标准做了严格设定。当前中国消费者仍以传统食品为主，认证食品的市场份额逐年增加，但占市场主体地位的仍为无公害食品，食品消费正处于从传统食品向无公害食品过渡的阶段。本文将无公害食品设定为低质量安全要求的认证食品，将绿色与有机食品（绿色 AA 级与有机认证标准相近）设定为高质量安全要求的认证食品，进而分析消费者对不同质量安全要求的认证食品和传统食品的购买行为与其福利变动情况。其中传统食品、无公害食品、绿色与有机食品分别用 C、F 和 GO 表示。传统食品、无公害食品、绿色与有机食品的实物价格分别为 p_C、p_F 和 p_{GO}。由于食品生产标准的逐渐提高以及认证费用的增加，传统食品、无公害食品、绿色与有机食品的生产成本逐渐增加，其价格也相应提高，即 $p_C < p_F < p_{GO}$，假设 $p_i(t) = p_i \cdot (1 + \beta)^t$（$i = C$、$F$、$GO$），其中 β 为价格的增长率。消费者对认证食品的偏好呈均匀分布，其偏好程度表示为 λ（$0 \leq \lambda \leq 1$），而消费者对传统食品的偏好为 $1 - \lambda$。由于检测与认证机构在食品监测方面发挥关键作用，因此检测与认证机构工作的好坏直接关系到消费者对检测与认证机构的信任与否，消费者对检测与认证机构的信任度表示为 ρ（$0 \leq \rho \leq 1$）。

由于食品支出占总支出的比重较低，因此假设消费者购买 1 个质量单位食品〔$x_i(t) = 1$〕。由于拟线性效用函数具有良好的性质，便于福利问题分析，因此假设消费者的效用函数为拟线性。在理想情况下（$\lambda = 1$ 且 $\rho = 1$），居民消费 1 个质量单位的不同食品将获得不同效用 $\{V_i[w(t)]$，$i = C$、F、$GO\}$，随着居民实物收入水平 $w(t) = B \cdot (1 + a)^t$ 的上涨（B 为初期收入，a 为工资增长率），其效用 $V_i[w(t)]$ 增加。同时，A_i 为居民消费不同级别的食品所获得效用的权重（$A_C < A_F < A_{GO}$）。另外，依据现实经验，假设消费者实物收入水平的增长速度大于食品价格的增长速度，即 $\alpha > \beta \geq 0$。消费者行为模型如下：

$$\text{Max } U_i(t) = U[x_i(t)] + y(t) \ (i = C、F、GO) \tag{1}$$

$$s.t. \ w(t) = p_i(t) \cdot x_i(t) + y(t) \tag{2}$$

当消费者购买不同级别的认证食品（$i = F$、GO）时，

$$U[x_i(t)] = V_i[w(t)] \cdot x_i(t) \cdot \rho \cdot \lambda = A_i \cdot w(t) \cdot x_i(t) \cdot \rho \cdot \lambda$$

$$= A_i \cdot B \cdot (1+a)^t \cdot 1 \cdot \rho \cdot \lambda \tag{3}$$

$$p_i(t) = p_i \cdot (1+\beta)^t \tag{4}$$

当消费者购买传统食品 ($i=C$) 时，

$$U[x_C(t)] = V_C[w(t)] \cdot x_C(t) \cdot (1-\lambda) = A_C \cdot w(t) \cdot x_C(t) \cdot (1-\lambda)$$

$$= A_C \cdot B \cdot (1+a)^t \cdot 1 \cdot (1-\lambda) \tag{5}$$

$$p_C(t) = p_C \cdot (1+\beta)^t \tag{6}$$

将式（2）、式（3）和式（5）代入式（1）得：

$$U_C(t) = w(t) - p_C(t) + V_C[w(t)] - V_C[w(t)] \cdot \lambda \tag{7}$$

$$U_F(t) = w(t) - p_F(t) + V_F[w(t)] \cdot \rho \cdot \lambda \tag{8}$$

$$U_{GO}(t) = w(t) - p_{GO}(t) + V_{GO}[w(t)] \cdot \rho \cdot \lambda \tag{9}$$

消费者将从不同质量安全级别的食品中选择能带来最大效用的食品。

三 消费行为模型与认证制度选择分析

消费者对不同质量安全认证食品的选择行为，一方面表现出消费者的偏好，另一方面也反映出消费者从各质量级别的食品中所获净效用的大小，即反映了居民消费认证食品时的福利情况。本部分主要分析在不同认证制度下消费者对不同质量安全级别食品的消费行为与其福利变动之间的关系，例如自愿性认证、自愿性认证转换为强制性认证，并对中国食品质量安全认证制度的发展趋势进行了分析。

（一）消费者自愿性认证食品购买行为与福利分析

依据上述消费者行为模型，消费者效用为偏好 λ 的反应函数。当 $\lambda = 0$ 时，消费者消费传统食品、无公害食品、绿色与有机食品的效用分别为 $w(t) - p_C(t) + V_C(t)$、$w(t) - p_F(t)$ 和 $w(t) - p_{GO}(t)$，由于 $p_C < p_F < p_{GO}$，所以 $w(t) - p_{GO}(t) < w(t) - p_F(t) < w(t) - p_C(t) + V_C(t)$。当 $\lambda = 1$ 时，消费者消费传统食品、无公害食品、绿色与有机食品的效用分别为 $w(t) - p_C(t)$、$w(t) - p_F(t) + V_F(t)$ 和 $w(t) - p_{GO}(t) + V_{GO}(t)$，其大小随着 $V_i[w(t)]$ 而改变。消费者消费传统食品、无公害食品、绿色与有机食

品的效用函数分为三种情况：一是消费者的无公害食品效用函数线和绿色与有机食品效用函数线的交点 H 在传统食品效用函数线的上方；二是消费者的无公害食品效用函数线和绿色与有机食品效用函数线的交点 H 在传统食品效用函数线的下方；三是消费者的无公害食品效用函数线和绿色与有机食品效用函数线没有交点。

$$当 U_C = U_F 时, \lambda_{CF} = \frac{V_C[w(t)] - p_C(t) + p_F(t)}{V_C[w(t)] - V_F[w(t)] \cdot \rho} \tag{10}$$

$$当 U_C = U_{GO}时, \lambda_{CGO} = \frac{V_C[w(t)] - p_C(t) + p_{GO}(t)}{V_C[w(t)] + V_{GO}[w(t)] \cdot \rho} \tag{11}$$

$$当 U_F = U_{GO}时, \lambda_{FGO} = \frac{p_{GO}(t) - p_F(t)}{V_{GO}[w(t)] \cdot \rho - V_F[w(t)] \cdot \rho} \tag{12}$$

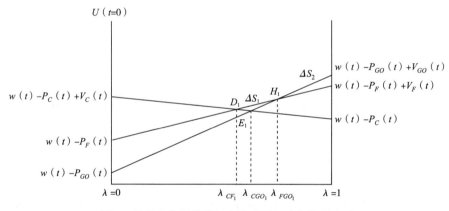

图 1　消费者自愿性认证食品购买行为与福利变动

（1）点 H 在消费者的传统食品效用函数线的上方

如图 1 所示，当消费者认证食品偏好 $0 \leqslant \lambda < \lambda_{CF_1}$ 时，较低认证食品偏好的消费者将从消费传统食品中获得最大效用；当 $\lambda_{CF_1} \leqslant \lambda \leqslant \lambda_{FGO_1}$ 时，中等认证食品偏好的消费者将从消费无公害食品中获得最大效用；当 $\lambda_{FGO_1} < \lambda \leqslant 1$ 时，高等认证食品偏好的消费者将从消费绿色与有机食品中获得最大效用。传统食品、无公害食品、绿色与有机食品的市场份额分别为 λ_{CF_1} 和 $\lambda_{FGO_1} - \lambda_{CF_1}$ 和 $1 - \lambda_{FGO_1}$。中等和高等认证食品偏好的消费者将从消费更高认证食品中获得更多效用，分别为 ΔS_1 和 ΔS_2，消费者福利水平得到提高。

（2）点 H 在消费者的传统食品效用函数线的下方

如图 2 所示，当消费者认证食品偏好 $0 \leqslant \lambda \leqslant \lambda_{CGO_2}$ 时，较低认证食品偏好的消费者将从消费传统食品中获得最大效用；当 $\lambda_{CGO_2} < \lambda \leqslant 1$ 时，较高认证食品偏好的消费者将从消费绿色与有机食品中获得最大效用。传统食品和绿色与有机食品的市场份额分别为 λ_{FGO_2} 和 $1 - \lambda_{FGO_2}$，无公害食品的市场份额为 0。高等认证食品偏好的消费者将从消费绿色与有机食品中获得更多效用 ΔS_3，消费者福利水平得到提高。

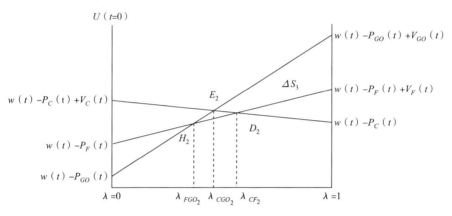

图 2　消费者自愿性认证食品购买行为与福利变动

（3）消费者的无公害食品效用函数线和绿色与有机食品效用函数线没有交点

如图 3 所示，当消费者认证食品偏好 $0 \leqslant \lambda < \lambda_{CF_3}$ 时，较低认证食品

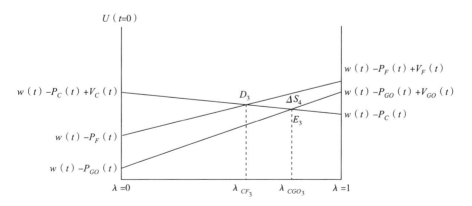

图 3　消费者自愿性认证食品购买行为与福利变动

偏好的消费者将从消费传统食品中获得最大效用；当$\lambda_{CF_3} \leq \lambda \leq 1$时，较高认证食品偏好的消费者将从消费无公害食品中获得最大效用。传统食品和无公害食品的市场份额分别为λ_{CF_3}和$1 - \lambda_{CF_3}$，绿色与有机食品的市场份额为0。高等认证食品偏好的消费者将从消费无公害食品中获得更多效用ΔS_4，消费者福利水平得到提高。

（二）消费者对检测与认证机构的信任与自愿性认证食品购买行为和福利变动分析

无公害认证是由地方政府的专门机构安排人员进行现场检测或抽检，绿色与有机认证是委托专门检测机构进行质量检测或由第三方认证机构进行检测认定。检测与认证机构的业务能力、职业道德将会影响认证食品的质量水平，进而影响到消费者对检测机构和认证机构的信任[8]。

如图4所示，随着消费者对检测与认证机构的信任度ρ的下降，认证食品消费者效用函数的斜率下降，无公害食品和绿色与有机食品的市场份额随之减少，消费者的福利也在减少。消费者对检测与认证机构的信任度直接关系到认证食品的市场份额以及消费者消费认证食品的福利水平。

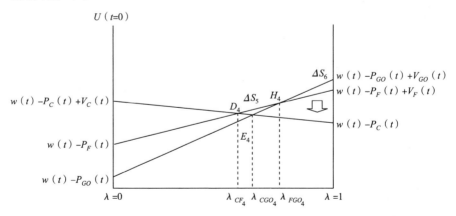

图4 检测与认证机构的信任与消费者自愿性认证食品购买行为和福利变动

当消费者完全不信任检测与认证机构时，认证本身的价值消失，认证食品市场份额将为0，此时，消费者仅消费传统食品（见图5）。

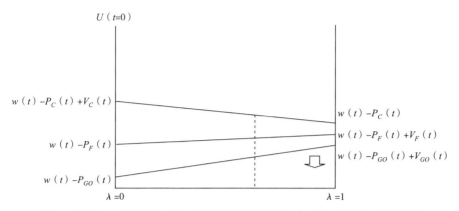

图 5   检测与认证机构的信任与消费者自愿性认证食品购买行为和福利变动

由图 5 可知，认证食品的生产成本高于传统食品，其价格也相应高于传统食品。当检测与认证机构不具备检测和认证功能时，认证不能实现质量信号的传递，认证食品市场瘫痪。可见，检测与认证机构在整个认证食品产业链中的作用十分关键。

（三） 消费者对自愿、强制性认证食品购买行为与福利分析

提高食品的生产标准，需要对普通食品实行强制性无公害认证制度，逐渐以无公害食品替代传统食品。对普通食品实行强制性无公害认证制度，其检测和认证成本 C 普遍提高，此时，消费者效用函数为：

$$U_F(t) = w(t) - p_F(t) + V_F(t) - V_F(t) \cdot \lambda - C \tag{13}$$

$$U_{GO}(t) = w(t) - p_{GO}(t) + V_{GO}(t) \cdot \rho \cdot \lambda \tag{14}$$

$$当 \ U_F = U_{CO} 时，\lambda_{FGO} = \frac{V_F[w(t)] - p_F(t) + p_{GO}(t) - C}{V_F[w(t)] + V_{GO}[w(t)] \cdot \rho} \tag{15}$$

$$当 \ U_C = U_{GO} 时，\lambda_{CGO} = \frac{V_C[w(t)] - p_C(t) + p_{GO}(t)}{V_C[w(t)] + V_{GO}[w(t)] \cdot \rho} \tag{16}$$

由图 6 可知，当消费者认证食品偏好 $0 \leqslant \lambda \leqslant \lambda_{FGO_5}$ 时，较低认证食品偏好的消费者将从消费无公害食品中获得最大效用；当 $\lambda_{FGO_5} < \lambda \leqslant 1$ 时，较高认证食品偏好的消费者将从消费绿色与有机食品中获得最大效用。无公害食品和绿色与有机食品的市场份额分别为 λ_{FGO_5} 和 $1 - \lambda_{FGO_5}$。高等认证食品偏好的消费者从消费绿色与有机食品中获得更多效用。但是，消费者

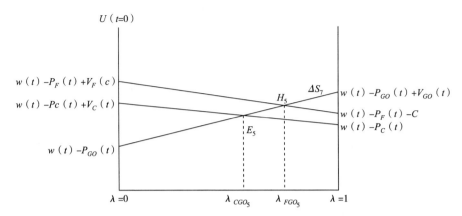

图6　自愿性变为强制性认证时的消费者食品购买行为与福利变动

的福利水平是否提高，需要观察无公害食品的消费效用函数是否高于传统食品的消费效用函数。当 $p_c(t) - p_F(t) + V_F(t) - V_C(t) - C > 0$ 时，消费者的福利水平提高，这也是对传统食品实行强制性无公害认证制度的重要条件。

农业部农产品质量安全中心主管无公害食品认证工作，地方政府设有专门机构从事无公害食品认证管理工作。对无公害食品实行强制性认证制度将会增加大量技术人员和检测设备，成本势必提高。实行强制性无公害认证制度后，消费者会逐渐将无公害食品视为普通食品，从中获得的效用将逐渐减弱，例如，Flandria 地区对土豆统一实行原产地质量标签制度，10 年后消费者感觉其与普通土豆无差别[9]。如果增加的生产成本转移到食品的价格上或者无公害认证的检测成本通过税收进行间接支付，那么消费者的福利水平将会下降。

（四）消费者食品购买行为与未来福利分析

随着收入水平的提高，人类的福利水平将会不断提高。一方面，收入的增加会引起福利水平的提高；另一方面，由于物质水平日益提高，消费者更加重视食品质量安全，从高质量食品消费中获得的效用逐渐增加（提高了效用函数的斜率），从而提高了消费者的福利水平。

由图 7 可知，由收入增加引起的福利水平的提高部分为 ΔS_{10}，由认证食品消费者效用函数斜率的上升引起的福利增加部分为 ΔS_8 和 ΔS_9。

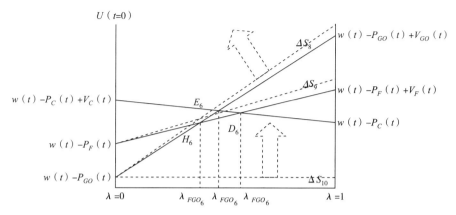

图7 消费者自愿性认证食品购买决策行为、福利变动时间趋势

四 小结

通过上述分析，本文得出的结论如下：食品认证标准的提高不一定能够提高消费者的福利，只有当认证标准与经济水平相适应时，食品认证制度才能在满足消费者的质量需求和提高消费者的福利方面发挥作用；消费者对检测与认证机构的信任关系到实行认证制度的有效性，增强对检测与认证机构的监管十分必要；是否实行强制性认证制度，一方面需要考虑消费者的需求，另一方面还要考虑到实行强制性认证制度会引起食品生产成本的增加；随着社会经济的不断发展，应逐渐提高食品质量安全认证标准以满足消费者对食品的更高质量需求。

参考文献

[1] Roosen, J., Lusk, J. L., Fox, J. A., "Consumer Demand for and Attitudes toward Alternative Beef Labeling Strategies in France, Germany, and the UK," *Agribusiness*, 2003, 19 (1):77 - 90.

[2] Crespi, J. M., Marette, S., "How Should Food Safety Certification be Financed?" *American Journal of Agricultural Economics*, 2001, 83 (4):852 - 861.

[3] Masters, W. A., Sanogo, D., "Welfare Gains from Quality Certification of Infant Foods: Results from a Market Experiment in Mali," *American Journal of Agricultural Economics*, 2003, 84 (4):974 – 989.

[4] Sexton, R., "Welfare Loss from Inaccurate Information: An Economic Model with Application to Food Labels," *Journal of Consumer Affairs*, 2005, 15 (2):214 – 231.

[5] Teisl, M. F., Radas, S., Roe, "B. Struggles in Optimal Labelling: How Different Consumers React to Various Labels for Genetically Modified Foods," *International Journal of Consumer Studies*, 2008, 32: 447 – 456.

[6] Mussa, M., Rosen, S., "Monopoly and Product Quality," *Journal of Economic Theory*, 1978, 18 (2):301 – 317.

[7] Giannakas, K., "Information Asymmetries and Consumption Decisions in Organic Food Product Markets," *Canadian Journal of Agricultural Economics*, 2002, 50: 35 – 50.

[8] 陈雨生、乔娟、李秉龙:《消费者对认证食品购买意愿的实证研究》,《财贸研究》2011 年第 3 期, 第 121 ~ 128 页。

[9] Verbeke, W., Velde, L. V., Mondelaers, K., "Consumer Attitude and Behavior towards Tomatoes after 10 Years of Flandria Quality Labeling," *International Journal of Food Science and Technology*, 2008, 43: 1593 – 1601.

影响消费者对食品添加剂风险感知的各种关键因素的识别研究：基于模糊集理论的 DEMATEL 方法*

山丽杰　徐玲玲　钟颖琦**

摘　要：本文尝试运用模糊集理论与决策实验分析方法，研究影响消费者对食品添加剂风险感知的各种因素间的相互关系并识别关键因素。研究显示，消费者对食品安全状况的关注度、消费者的健康意识与识别能力、消费者从外界获取的信息、消费者的科学素养和政府的监管力度是 5 个最关键的因素。研究结论的政策含义是，政府部门、企业和舆论应当通过各种宣传方式提高消费者对食品添加剂的认知水平，强化食品安全消费基本知识的普及与教育，提升公众的科学素养、健康意识与识别能力；政府的监管力度是关键因素之一，强化政府监管机制是当务之急，同时要及时发布政府监管的信息与所进行的努力，恢复公众对食品市场的信心。

关键词：食品添加剂　关键因素　模糊集理论　DEMATEL 方法　使用行为

一　引言

食品工业是关系国计民生的生命工业，食品安全是广大民众极为关注

* 本文受到 2013 年国家软科学计划项目"中国食品安全消费政策研究"（项目批准号：2013GXQ4B158）、2011 年江苏省高校人文社会科学重大招标项目"江苏省食品安全风险与公共政策研究"（项目批准号：2011ZDAXM018）、江苏省哲学社会科学优秀创新团队项目"中国食品安全风险防控管理研究"（项目编号：2013-011）的资助。
** 山丽杰（1978~），女，博士，江南大学商学院副教授，研究方向为食品安全管理；徐玲玲，（1981~），女，江南大学商学院副教授，研究方向为食品安全管理；钟颖琦，江南大学江苏省食品安全研究基地商学院。

的问题之一。近年来食品安全事件屡有发生，尤其是在现阶段的中国，由于非常复杂的原因，人为滥用食品添加剂①所引发的食品安全事件持续不断，已成为公众最担心的食品安全风险[1]。滥用食品添加剂已在不同程度上引发了消费者的食品安全恐慌[2]。因此，研究影响消费者对食品添加剂风险感知的关键因素，并有重点地进行食品安全的风险交流，引导消费者准确认识食品添加剂就显得特别重要。

目前国内关于消费者对食品安全风险感知影响因素的诸多研究中，大部分学者主要是运用计量模型来展开，也得出了一些有价值的结论，但这些研究均建立在消费者对食品安全知识了解得比较充分的基础上[3~5]。事实上，由于科学素养的缺失，国内消费者对食品安全尤其是名目繁多的食品添加剂知之甚少。因此，上述研究难免存在不足。为此，本文尝试运用模糊集理论（Fuzzy Set Theory）的决策实验分析方法（Decision Making Trial and Evaluation Laboratory，DEMATEL），依靠训练有素的专家群体的参与，试图系统地回答影响消费者对食品添加剂的安全风险感知的各种因素间的相互关系并识别关键的因素。

二 文献回顾与研究假设

近年来，随着食品安全事件的频繁爆发，食品安全问题受到越来越多消费者的关注。相对于农药、致病微生物等可能影响食品安全的因素，食品添加剂是最有争议的食品安全话题之一[1]。本研究在前人研究的基础上，从消费者自身特征、添加剂的提取原料、政府的监管力度、从外界获取的信息、健康意识与识别能力和科学素养六个方面总结影响消费者对食品添加剂风险感知的主要因素，并对影响消费者食品添加剂风险感知的因素做出相应的研究假设。

（一）消费者自身特征

公众对食品安全风险的感知存在明显的个体差异，影响消费者对食品

---

① 滥用食品添加剂是指超限量、超范围使用食品添加剂以及使用伪劣、过期的食品添加剂的行为。

添加剂风险感知的因素主要有以下几种。

（1）年龄。Sonti（2003）在研究消费者对用于鲜切果蔬包装的可食用保护膜（一种储藏类添加剂）的感知时发现，不同年龄段的消费者对该添加剂的风险感知水平不同。相对于年老的消费者而言，年轻的消费者对用于鲜切果蔬包装的可食用性保护膜的风险感知更为敏感[6]。

（2）性别。个体的性别特征因素对其食品安全认知水平具有一定的影响。Lee（2009）研究表明，男性被访者认为食品的营养价值最重要，而女性被访者则认为食品的安全性更重要[7]。Shim 等学者（2011）研究发现，女性对食品添加剂的信任程度低于男性[8]。Kariyawasam（2007）在调查消费者对具有不同安全信息属性的鲜牛奶的接受程度时也发现，女性消费者更倾向于购买添加剂含量低的牛奶[9]。

（3）家庭收入。部分学者研究发现，高收入家庭对食品质量安全风险感知的敏感度高于其他群体，特别是养育孩子的高收入家庭[9~10]。

（4）受教育程度。影响公众个体对食品安全感知的因素包括其受教育程度以及收入等特征[11~12]。Kariyawasam（2007）在调查消费者对具有不同安全信息属性的鲜牛奶的接受程度时发现，受教育程度高的受访者更倾向于购买添加剂含量低的牛奶[9]。

（5）家庭是否有未成年孩子。Baker（2003）的研究结果表明，被调查个体的家庭是否养育 12 岁以下孩子也影响其对食品安全的认知水平[13]。

由此假设：消费者的年龄（C_1）、性别（C_2）、家庭收入（C_3）、受教育程度（C_4）和家庭是否有未成年孩子（C_5）影响消费者对食品添加剂的风险感知。

（二）添加剂的提取原料

Varela 和 Fiszman（2013）研究发现，当消费者对添加剂的提取原料比较熟悉的时候，会认为该种添加剂更接近天然，从而相应地降低对该种添加剂的担忧程度[14]。

由此假设：消费者对不同原料来源的添加剂认知（C_6）影响消费者对食品添加剂的风险感知。

（三）政府的监管力度

政府管制因素也可能影响公众对食品安全风险的感知。有研究表明，政府的食品安全监管措施越有力，受访者就越信任由添加剂饲料喂养的动物产品的安全性[15]。

由此假设：政府的监管力度（C_7）影响消费者对食品添加剂的风险感知。

（四）从外界获取的信息

消费者如何选择食品，在很大程度上受到他们如何理解和判断所获取的信息的影响。有学者通过调研发现，超过 2/3 的消费者认为无法获取全面的有关食品添加剂的信息，因而消费者对食品中的防腐剂、稳定剂和甜味剂等添加剂感到非常担忧[8]。此外，消费者对不同来源的信息的信任程度影响其对食品的安全感知[16]。

由此假设：消费者从外界获取的信息（C_8）影响消费者对食品添加剂的风险感知。

（五）健康意识与识别能力

在食品交易中，买卖双方对食品质量和安全存在突出的信息不对称问题。消费者缺乏对食品安全有效监管的信息，难以及时识别可能看不见的威胁，这是食品安全领域的一个重大挑战[8]。一般来说，消费者对食品添加剂的信息了解不足，只能根据标签来关注食品添加剂。可见，消费者的鉴别能力的缺失为企业滥用添加剂提供了条件[8]。

由此假设：消费者的健康意识与识别能力（C_9）影响消费者对食品添加剂的风险感知。

（六）科学素养

公众对食品添加剂的安全风险的感知与其科学素养密切相关。Kim 等学者（2007）对消费者的调查表明，59% 的被访者不了解添加剂的功能[17]。经济社会发展的水平不同，消费者对食品添加剂的安全风险的感知水平也相应地有所差异。在经济社会发展水平较高的城市，居民群体的总体科学素养相对较高[18]。在公众科学素养不高且对食品添加剂持有偏见的情况下，极易引发公众食品安全恐慌[19]。

由此假设：消费者的科学素养（C_{10}）影响消费者对食品添加剂的风险感知。

（七） 对食品安全状况的关注度

消费者对食品安全风险的感知取决于一系列因素，包括消费者对关于健康风险或食品安全类事件的信息的关注及理解程度[5]。越关注食品安全类事件信息的消费者，越能积极地感知和关注违规使用食品添加剂所可能产生的风险。

由此假设：消费者对食品安全状况的关注度（C_{11}）影响消费者对食品添加剂的风险感知。

三 研究方法

（一） DEMATEL 方法

由于 DEMATEL 方法可用于分析复杂系统中各因素的重要程度及相互之间的影响程度，并依据矩阵工具对影响因素进行重要程度排序，确定各因素间的主次关系，因此该方法在诸多研究领域得到应用[20]。运用 DEMATEL 方法研究影响消费者对食品添加剂的风险感知因素间相互关系的步骤如下。

步骤一：组织一个专家群体，通过专家打分法确定各因素间的直接影响程度，生成初始直接影响矩阵 $A = [a^{ij}]$。

步骤二：通过变换，将直接影响矩阵 A 转换为标准化影响矩阵 D，如式（1）所示。

$$D = \frac{1}{\max\limits_{1 \leqslant i \leqslant 11} \sum\limits_{j=1}^{11} a_{ij}} A \tag{1}$$

步骤三：对标准化影响矩阵 D 进行变换，获得矩阵 T，如式（2）

所示。

$$T = D (I - D)^{-1} \tag{2}$$

步骤四：计算 T 矩阵的各行（r_i）和各列（c_j）之和。r_i 表明 i 因素对所有其他因素的综合影响值，称为影响度（D）；而 c_j 表示 j 因素受到所有其他因素的综合影响值，称为被影响度（R）。当 $i = j$ 时，$r_i +$ c_i 代表 i 因素在整个系统中所起作用的大小，称为中心度（$D + R$）。$r_i - c_i$ 称为原因度（$D - R$）。当 $r_i - c_i > 0$ 时，i 因素对其他因素影响大，称为原因因素；当 $r_i - c_i < 0$ 时，i 因素受其他因素影响大，称为结果因素。

$$r_i = \sum_{j=1}^{11} t_{ij} \tag{3}$$

$$c_j = \sum_{i=1}^{11} t_{ij} \tag{4}$$

（二）模糊集理论

本文将模糊集理论以及三角模糊数结合起来，量化分析专家群体对影响消费者对食品添加剂风险感知各因素的主观判断，并采用 Opricovic 和 Tzeng（2004）将模糊数转化成准确数值的方法[21]。假设 $z_{ij}^k = (l_{ij}, m_{ij}, r_{ij})$，其中 $1 \le k \le K$，表示第 k 个专家评定的 i 因素对 j 因素的影响值，步骤如下。

步骤一：按照式（5）、式（6）和式（7）标准化处理三角模糊数，从而降低不同专家之间可能存在的主观差异性。

$$xl_{ij}^k = (l_{ij}^k - \min_{1 \le k \le K} l_{ij}^k)/\Delta_{\min}^{\max} \tag{5}$$

$$xm_{ij}^k = (m_{ij}^k - \min_{1 \le k \le K} l_{ij}^k)/\Delta_{\min}^{\max} \tag{6}$$

$$xr_{ij}^k = (r_{ij}^k - \min_{1 \le k \le K} l_{ij}^k)/\Delta_{\min}^{\max} \tag{7}$$

其中 $\Delta_{\min}^{\max} = \max_{1 \le k \le K} r_{ij}^k - \min_{1 \le k \le K} l_{ij}^k$

步骤二：按照式（8）和式（9）计算左右标准值。

$$xls_{ij}^k = xm_{ij}^k/(1 + xm_{ij}^k - xl_{ij}^k) \tag{8}$$

$$xrs_{ij}^k = xr_{ij}^k / (1 + xr_{ij}^k - xm_{ij}^k) \tag{9}$$

步骤三：计算综合的标准化值。

$$x_{ij}^k = [xls_{ij}^k(1 - xls_{ij}^k) + xrs_{ij}^k xrs_{ij}^k] / [1 - xls_{ij}^k + xrs_{ij}^k] \tag{10}$$

步骤四：获得第 k 个专家评定的 i 因素对 j 因素量化的影响值。

$$w_{ij}^k = \min_{1 \leqslant k \leqslant K} l_{ij}^k + x_{ij}^k \Delta_{\min}^{\max} \tag{11}$$

步骤五：按照式（12），计算 K 个专家评估 i 因素对 j 因素影响的量化值，完成整个模糊数据的量化过程。

$$w_{ij} = \frac{1}{K} \sum_{k=1}^{K} w_{ij}^k \tag{12}$$

（三）基于模糊集理论的 DEMATEL 方法的计算

运用模糊集理论的 DEMATEL 方法研究影响消费者对食品添加剂风险感知各因素间的相互关系并识别关键因素的主要计算过程如下。

第一，问卷的设计及专家群体的评定。根据 Wang 等学者（1995）设定的专家群体使用的语言变量[22]设计问卷（见表 1）。为解决由消费者实证调查而获得的结论可能受其利益诉求等因素影响这一问题，笔者在江南大学食品学院和商学院邀请了 8 位熟悉食品添加剂研发、生产和食品安全管理方面的专家共同组成专家群体。依据表 1 的语言变量，由每个专家分别判定 11 个影响因素间的相互影响度，从而获得直接影响矩阵 A。

表 1　语言变量与模糊数的转换关系

语言变量	相对应的三元模糊数（TFN）
No 没有影响（No Influence）	(0, 0.1, 0.3)
VL 影响很小（Very Low Influence）	(0.1, 0.3, 0.5)
L 影响不大（Low Influence）	(0.3, 0.5, 0.7)
H 影响较大（High Influence）	(0.5, 0.7, 0.9)
VH 影响很大（Very High Influence）	(0.7, 0.9, 1.0)

注：表格中语言变量设计及其相对应的三元模糊数参见 Wang 等（1995）。

第二，专家语言变量的去模糊化处理。根据表1所列的语言变量与三元模糊数之间的转换关系，将每个专家的判断结果转化成三角模糊数（l_{ij}，m_{ij}，r_{ij}）。利用式（5）～式（11）将其去模糊化处理，并最终得到表2的影响消费者对食品添加剂风险感知的11个因素的直接影响矩阵。

表2　影响消费者对食品添加剂风险感知因素的直接影响矩阵 A

	C_1	C_2	C_3	C_4	C_5	C_6	C_7	C_8	C_9	C_{10}	C_{11}
C_1	0.0000	0.1217	0.5466	0.2730	0.6450	0.3556	0.1693	0.6450	0.6450	0.6450	0.6941
C_2	0.1217	0.0000	0.5000	0.2345	0.1217	0.2108	0.1217	0.3190	0.5025	0.2730	0.6941
C_3	0.1217	0.1217	0.0000	0.6481	0.1693	0.6481	0.6000	0.6450	0.7478	0.6450	0.7893
C_4	0.1217	0.1217	0.7893	0.0000	0.3190	0.6000	0.6450	0.7478	0.8308	0.8308	0.8308
C_5	0.1217	0.1217	0.2108	0.1217	0.0000	0.1217	0.7478	0.6000	0.7000	0.3190	0.7893
C_6	0.1217	0.1217	0.1217	0.2730	0.1217	0.0000	0.6450	0.6450	0.4034	0.2108	0.7893
C_7	0.1217	0.1217	0.1217	0.1217	0.1217	0.7893	0.0000	0.2108	0.2108	0.1693	0.6000
C_8	0.1217	0.1217	0.1217	0.2730	0.1217	0.3115	0.7893	0.0000	0.7478	0.7000	0.8308
C_9	0.1217	0.1217	0.2108	0.2108	0.1217	0.7893	0.7000	0.7893	0.0000	0.6941	0.8783
C_{10}	0.1217	0.1217	0.7000	0.3550	0.1217	0.7478	0.7000	0.6450	0.8783	0.0000	0.7893
C_{11}	0.1217	0.1217	0.2345	0.1217	0.1217	0.8308	0.7478	0.7893	0.6000	0.5550	0.0000

第三，因素间相互关系的 DEMATEL 方法的计算。利用式（1）将直接影响矩阵 A 转换为标准化影响矩阵 D，使用 Matlab（R2010b）进行矩阵计算，得到如表3所示的影响度（D）、被影响度（R）、中心度（$D + R$）和原因度（$D - R$）的求解值。

表3　消费者对食品添加剂风险感知影响因素的各求解值

	D	R	$D + R$	$D - R$
C_1	2.9419	0.7799	3.7218	2.1620
C_2	1.9637	0.7799	2.7437	1.1838
C_3	3.1245	1.8998	5.0243	1.2247
C_4	3.5271	1.5753	5.1024	1.9519
C_5	2.2737	1.0447	3.3184	1.2290
C_6	2.0499	3.6101	5.6600	- 1.5603
C_7	1.5409	3.8008	5.3416	- 2.2599

续表

	D	R	$D + R$	$D - R$
C_8	2.4783	3.6392	6.1175	-1.1609
C_9	2.7215	3.5843	6.3058	-0.8628
C_{10}	3.0918	3.0058	6.0976	0.0860
C_{11}	2.4739	4.4672	6.9412	-1.9933

四　结果与讨论

（一）因素间的相互关系

借鉴吴泓怡、张洧铭和周佳蓉（1995）的研究[23]，本文对总影响矩阵 T 中的数据进行四分位统计，选取数据的第二和第三个四分位点的平均值 0.2891 作为较低门槛值①，第三个四分位点和矩阵 T 中数据最大值的平均值 0.4442 为较高门槛值②。结果发现，消费者的性别 C_2 所在行和列的数值基本都低于较低门槛值（0.2891）；除对添加剂的原料来源、从外界获取的信息、健康意识与识别能力、对食品安全的关注度的影响值略高于较低门槛值外，是否有未成年孩子 C_5 所在的行和列的其他数据均低于较低门槛值。可见 C_2、C_5 两个因素与其他 9 个因素的关系比较疏远，其他 9 个因素间则形成了紧密而复杂的影响关系（见图 1）。

计算结果清晰地显示，C_1、C_2、C_3、C_4、C_5 和 C_{10} 属于原因因素。消费者的受教育程度（C_4）具有最大的影响度，但被影响度在 11 个因素中仅居第 8 位，表明消费者的受教育程度能强烈地影响其他因素，但自身却很难受其他因素的影响，表现出强烈的主动性。与此类似，消费者的家庭收入（C_3）也是主动性较强的因素之一。消费者的性别（C_2）、家中是否有未成年孩子（C_5）在 11 个因素中影响度和被影响度均较低，说明这两个因素与其他因素关系比较疏远。

---

① 较低门槛值指因素间的影响关系在整个系统中显著。
② 较高门槛值指因素间的影响关系在整个系统中非常显著。

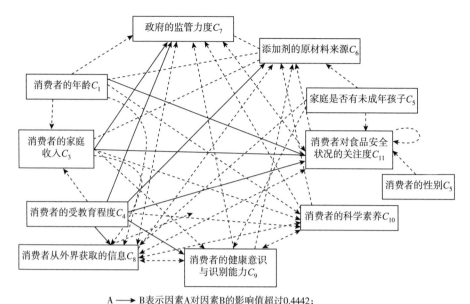

A —→ B表示因素A对因素B的影响值超过0.4442；
A ---→ B表示因素A对因素B的影响值为0.2891~0.4442。

图1　消费者对食品添加剂风险感知影响因素间的主要影响关系

C_6、C_7、C_8、C_9和C_{11}属于结果因素。消费者对食品安全状况的关注度（C_{11}）具有最大的被影响度，影响度则居第7位，表明C_{11}与其他10个因素是最为紧密的因素；消费者对不同原料来源添加剂的认知（C_7）的被影响度居第2位，但其影响度居倒数第1位，在本质上表现出强烈的被动性；消费者从外界获取的信息（C_8）的被影响度居第3位，影响度居第6位，体现出强烈的被动性；消费者的健康意识和识别能力（C_9）的影响度和被影响度分别居第5位和第4位，消费者的科学素养（C_{10}）的影响度和被影响度分别居第3位和第6位，表明这两个因素与其他因素的关系也较为紧密。

（二）关键因素的识别

图2显示了影响消费者对食品添加剂风险感知的12个因素间的因果关系。参照胡秀媛（2008）对关键因素的判断标准[24]，可以分别从中心度（D + R）和原因度（D + R）两方面来确定影响消费者对食品添加剂风险感知的关键因素。因素的中心度越大，表示该因素在系统中越重要，原因度则反映了该因素对整个体系中其他因素的影响程度。

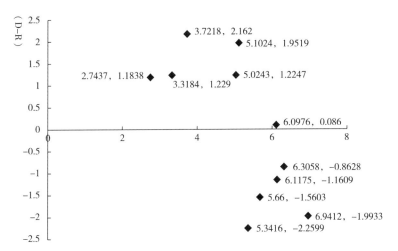

图 2　消费者对食品添加剂风险感知影响因素的因果关系

第一，消费者对食品安全状况的关注度（C_{11}）具有最高的中心度（6.9412）和较低的原因度（-1.9933），表明 C_{11} 在整个系统中发挥的作用最大，处于核心位置，但对其他因素的影响有限，可以认为 C_{11} 是关键因素之一；第二，消费者的健康意识与识别能力（C_9）的中心度值为6.3058，在所有因素中居第 2 位，原因度略小于 0，因此可以判定 C_9 是关键因素；第三，消费者从外界获取的信息（C_8）的中心值为 6.1175，在所有因素中居第 3 位，原因度为 -1.1609，说明其在系统中容易受到其他因素的影响，但也是关键因素之一；第四，消费者的科学素养（C_{10}）的中心度值为 6.0976，在所有因素中居第 4 位，原因度大于 0，说明其在系统中具有重要的驱动作用，也可以认为是关键的一个因素；第五，政府的监管力度（C_6）的中心度为 5.6600，在所有因素中居第 5 位，原因度为 -1.5603，说明其在体系中也具有重要影响，且容易受到其他因素的影响，也可以认为是关键因素之一。

根据因素间的相互关系可知，消费者的性别（C_2）、家庭是否有未成年孩子（C_5）与体系中其他因素的关系疏远。由于这两个因素是消费者的特有属性，难以受其他因素的影响，可以确定为非关键因素。消费者的年龄（C_1）尽管具有较高的原因度，但是它的中心度仅排第 9 位，在体系中的重要程度很低，并不是关键因素。添加剂的原料来源（C_7）的原因度最低，中心度也较低，不是关键因素。消费者的受教育程度（C_4）和家庭收入（C_3）两个因素的共同特点是具有一定的被动性，同时各自的中心度并不高，可以认为不是关键因素。

五　主要结论与政策含义

本文的主要研究结论是：（1）影响消费者对食品添加剂风险感知的 11 个因素交织在一起，共同构成一个非常复杂的系统。（2）不同因素的影响程度、方式与机理各有不同，消费者的年龄、性别、科学素养、受教育程度、家庭收入、家庭是否有未成年孩子 6 个因素为原因因素，在系统中主动影响其他因素；政府的监管力度、添加剂的原料来源、消费者从外界获取的信息、消费者的健康意识与识别能力和对食品安全状况的关注度 5 个因素属于结果因素，在系统中更多的是受其他因素影响的因素。（3）在 11 个影响因素中，消费者对食品安全状况的关注度、消费者的健康意识与识别能力、从外界获取的信息、消费者的科学素养和政府的监管力度是影响消费者对食品添加剂风险感知的 5 个最关键的因素。

本文的研究结论具有如下政策含义：（1）政府部门、企业和舆论应当通过各种宣传方式提高消费者对食品添加剂的认知水平，强化食品安全消费基本知识的普及教育，提升公众的科学素养、健康意识与识别能力。（2）消费者对食品安全状况的关注度和从外界获取的信息在很大程度上影响消费者对食品添加剂风险的感知，如何正确引导消费者的观念尤为重要。对此，我国政府应采取公开信息、建设诚信体系等措施，向公众提供及时、准确和充分的食品安全信息。（3）政府的监管力度是关键因素之一，强化政府的监管是当务之急，同时要及时发布政府监管的信息与所进行的努力，恢复公众对食品市场的信心。

参考文献

[1] 欧阳海燕：《近七成受访者对食品没有安全感——2010～2011 年消费者食品安全信心报告》，《小康》2011 年第 1 期，第 42～45 页。

［2］徐玲玲、山丽杰、钟颖琦、吴林海：《食品添加剂安全风险的公众感知与影响因素研究——基于江苏的实证调查》，《自然辩证法通讯》2013 年第 2 期，第 78～85页。

［3］周应恒、彭晓佳：《江苏省城市消费者对食品安全支付意愿的实证研究》，《经济学》2006 年第 4 期，第 1319～1342 页。

［4］王锋、张小栓、穆维松、傅泽田：《消费者对可追溯农产品的认知和支付意愿分析》，《中国农村经济》2009 年第 3 期，第 68～74 页。

［5］Shan, L. J., Wu L. H., Zhong, Y. Q., "Public Panic Behavior Based on Food safety Incidents: A Case of Additive," *Advances in Information Sciences and Service Sciences*, 2013, 5 (5):200 – 209.

［6］Sonti, S., "Consumer Perception and Application of Edible Coatings on Fresh – cut Fruits and Vegetables," USA, Louisiana State: A Thesis of Louisiana State University, The Department of Food Science, 2003: 33 – 34.

［7］Lee, J. S., "Perception on Nutrition Labeling of the Processed Food among Elementary School Teachers in Busan," *Korean Journal of Community Nutrition*, 2009, 14 (4):430 – 440.

［8］Shim, S. M., Seo, S. H., Lee, Y., et al., "Consumers' Knowledge and Safety Perceptions of Food Additives: Evaluation on the Effectiveness of Transmitting Information on Preservatives," *Food Control*, 2011, 22 (7):1054 – 1060.

［9］Kariyawasam, S., Jayasinghe, M. U., Weerahewa J., "Use of Caswell's Classification on Food Quality Attributes to Assess Consumer Perceptions towards Fresh Milk in Tetra – packed Containers," *The Journal of Agricultural Sciences*, 2007, 3 (1):43 – 54.

［10］Dosman, D. W., Adamowicz W. L., Hrudey, S. E., "Socioeconomic Determinants of Health and Food Safety Related Risk Perceptions," *Risk Analysis*, 2001, 21 (2):307 – 317.

［11］Cook, A. J., Kerr, G. N., Moore, K., "Attitudes and Intentions towards Purchasing GM Food," *Journal of Economic Psychology*, 2002, 23 (5):557 – 572.

［12］刘军弟、王凯、韩纪琴：《消费者对食品安全的支付意愿及其影响因素研究》，《江海学刊》2009 年第 3 期，第 86～89 页。

［13］Baker, G. A., "Food Safety and Fear: Factors Affecting Consumer Response to Food Safety Risk," *Food and Agribusiness Management Review*, 2003, 6 (1):1 – 11.

［14］Varela, P., Fiszman, S. M., "Exploring Consumers' Knowledge and Perceptions of Hydrocolloids Used as Food Additives and Ingredients," *Food Hydrocolloids*, 2013, 30 (1):477 – 484.

[15] Brewer, M. S., Rojas, M., "Consumer Attitudes toward Issues in Food Safety," *Journal of Food Safety*, 2008, 28（1）:1 – 22.

[16] Petrie, K. J., Sivertsen, B., Hysing, M., et al., "Thoroughly Modern Worries: The Relationship of Worries about Modernity to Reported Symptoms, Health and Medical Care Utilization," *Journal of Psychosomatic Research*, 2001, 51（1）:395 – 401.

[17] Kim, E. J., Na, H. J., Kim, U. N., "Awareness on Food Additives and Purchase of Processed Foods Containing Food Additives in Middle School Students," *Korean Journal of Human Ecology*, 2007, 16（1）:205 – 218.

[18] 刘奕、张帆:《我国居民高等教育支付能力及学费政策的实证研究》,《中国软科学》2004 年第 2 期,第 14~20 页。

[19] 吴林海、黄卫东:《中国食品安全网络舆情发展报告（2012）》,人民出版社,2012,第 77 页。

[20] Lin, C. J, Wu W. W., "A Causal Analytical Method for Group Decision Making under Fuzzy Environment," *Expert Systems with Applications*, 2008, 34（1）:205 – 213.

[21] Opricovic, S., Tzeng G. H., "Compromise Solution by MCDM Methods: A Comparative Analysis of Vikor and Topsis," *European Journal of Operational Research*, 2004, 156（2）:445 – 455.

[22] Wang, M. J. J, Chang, T. C., "Tool Steel Materials Selection under Fuzzy Environment," *Fuzzy Sets and Systems*, 1995, 72（3）:263 – 270.

[23] 吴泓怡、张洧铭、周佳蓉:《应用决策实验分析法于运动休闲鞋消费者之购买决策关键评估因素分析》,第十二届全国品质管理研讨会,1995,第 89~97 页。

[24] 胡秀媛:《运用 Kano Model 与 DEMATEL 于赢得订单条件的改善:以台湾工业电脑制造业为案例》,中华大学科技管理研究所,2008,第 32~41 页。

消费者可追溯信息偏好研究：
基于可追溯猪肉的真实选择实验研究[*]

朱　淀　王红沙[**]

摘　要：基于食品可追溯体系建设的现实与猪肉供应链体系安全风险的主要环节，本文设置养殖信息、屠宰加工信息、配送销售信息、政府认证信息等可追溯信息属性及价格属性，以江苏无锡209个消费者为样本，运用真实选择实验方法，借助潜类别模型研究了消费者对可追溯信息的偏好及支付意愿以及相关影响因素。研究结论显示，消费者偏好存在群体性差异。本文把消费者分为普通型、养殖风险感知型、价格敏感型以及高风险感知型四类。普通型消费者比例最高，其次为高风险感知型消费者，两者的偏好次序相同，且均愿为政府认证信息支付最高溢价。养殖风险感知型消费者愿意为养殖信息支付最高溢价。消费者年龄越大，成为价格敏感型的可能性越大。据此，本文提出发展差异化的可追溯体系，为中国政府完善市场治理提供有益的决策参考。

关键词：可追溯信息　支付意愿　真实选择实验　潜类别模型

　　尽管食品安全已为我国各级政府所重视，而且政府加大了监管力度，然而"瘦肉精""黄浦江死猪"等食品安全事件的爆发，反映出我国当前

　　[*]　教育部2012年人文社会科学研究青年基金项目（12YJC630326）；国家自然科学基金项目（71273117）；高校博士学科点专项科研基金项目（20110093110007）；2013年国家软科学项目（2013GXQ4B158）；江苏省高校哲学社会科学优秀创新团队建设项目（2013~011）；2012年江苏省六大高峰人才资助项目（2012-JY-002）。

[**]　朱淀（1973~），男，毕业于上海财经大学经济学院，博士，苏州大学副教授，江南大学食品科学与工程博士后，研究方向为食品安全；王红沙，江南大学江苏省食品安全研究基地。

食品安全风险治理所面临的困境。当政府治理囿于物质与技术水平而无法获得足够支持，市场治理作为补充手段发挥的作用又极为有限时，食品安全将会出现政府和市场治理的"双失灵"，这就是长期以来我国食品安全风险治理的基本状况。因此，突破单一依靠政府治理的视角，从食品供应链全过程运作的内在规律出发，借鉴国际经验，基于中国国情，充分发挥市场机制在食品安全治理中的决定作用，就具有了强烈的时代紧迫性和重要的现实意义。

食品可追溯体系通过在供应链上形成可靠且连续的安全信息流，能够监控食品生产过程与流向，因而被认为是有效消除信息不对称，从根本上预防食品安全风险的重要工具之一[1]。建设可追溯体系也是当前我国政府治理食品安全风险的重要手段之一。我国于2000年开始实施食品可追溯体系，10多年来，我国的可追溯食品市场体系建设并未取得实质性进展[2]。以猪肉可追溯体系为例，在提供安全信息方面仍然存在可追溯信息不完整、信息的可追溯性不强、可追溯猪肉生产的信息技术规范与标准不统一等诸多问题。究其原因，主要是目前政府主导的食品可追溯体系并未充分考虑消费者的信息偏好与需求，难以充分满足多数消费者对可追溯食品的多样化市场需求[3]，也并未考虑引入政府认证机制以加强对食品供应链诸多环节参与者的监督。

基于上述背景，本文立足于消费者偏好的群体差异，以可追溯猪肉为案例，采用真实选择实验（Real Choice Experiment）设定养殖信息、屠宰加工信息、配送销售信息与政府认证信息等可追溯信息与价格的随机组合，获得消费者对具有不同层次可追溯信息组合的猪肉的偏好数据，研究消费者对可追溯猪肉的现实需求，为政府食品监管部门在全国范围内逐步推广和普及可追溯食品、构建安全食品市场体系提供决策依据。

一 文献评述

"只要消费者肯多付2美元，我们就可以生产出更安全的食品。"① 这

---

① 源自电视纪录片《食品公司》（River Road Entertainment 2009年出品）对沃尔玛销售人员的采访实录。

句话说明，需求决定供给，消费者对安全食品的额外支付意愿是防范食品安全风险的重要因素。因此，消费者的支付意愿成为相关文献重点关注的领域。目前，基于以随机效用理论为出发点，并具有成熟的微观基础[4]，选择实验法已成为国际学界研究消费者对商品属性偏好的主流工具。国外学者运用选择实验法对消费者的食品安全属性偏好进行了普遍研究[5~8]。

然而，上述文献在实验设计过程中并不涉及真实支付环节，本质上这些文献所采纳的选择实验法仍为假想性实验（Hypothetical Experiments，后文把不包含真实支付环节的选择实验称为假想选择实验）。在假想性环境中，由于缺乏揭示真实价值的经济激励以及可能存在社会期望偏差[9]，参与者往往夸大或不真实地表述自己的支付意愿[10~12]。相比而言，真实选择实验通过模拟现实购买环境并引入真实支付环节，能引导参与者根据自己的实际偏好进行选择[9]，因此能够克服假想性选择实验高估支付意愿的问题[13]。Moser 对自然情境（Natural Setting）中的假想性选择实验、附有廉价交谈（Cheap Talk）的假想性选择实验以及真实选择实验的结果进行比较后认为，与真实选择实验相比，假想性选择实验确实存在偏差[14]。

Lusk 研究了消费者对牛肉质量安全属性的支付意愿，结果表明，在假想性选择实验中消费者对牛肉质量安全属性的支付意愿更高，是真实选择实验估计结果的 1.2 倍[10]。而 Chang、Aoki 同时运用假想性选择实验与真实选择实验研究了消费者的碎牛肉购买行为以及对不含亚硝酸钠食品添加剂火腿三明治的支付意愿，获得了与 Lusk 相似的结论[15~16,10]。Loomis 发现估计的假想性支付意愿超出真实支付意愿的 7.1 倍[17]，Chowdhury 研究得出假想性支付意愿为真实支付意愿的 2 倍之多[18]，Yue 研究显示，假想性偏差为非假想性选择实验支付意愿溢价的 7%~9.5%[12]。

基于真实选择实验激励相容的特性，应用真实选择实验开始在相关研究文献中逐步流行开来[1,9,19]。然而国内学者在食品安全领域中的相关研究仍局限于假想性实验法[20~21]，进一步分析研究内容发现，学者们大多直接将可追溯作为单独属性进行研究，对消费者具体偏好问题的相关研究极为有限[3,22]。基于上述分析，本文以可追溯猪肉为例，采用真实选择实验研究消费者对具有不同可追溯信息组合的猪肉的支付意愿，分析消费者对可追溯猪肉的偏好，为政府监管部门推进可追溯食品市场体系建设提供决策依据。

二　研究框架

Lancaster 认为，效用并非来自商品本身，而是来自商品拥有的属性[23]。本文所研究的可追溯猪肉可以被视为养殖信息、屠宰加工信息、配送销售信息、政府认证信息、价格属性的组合。消费者将在预算约束下选择可追溯猪肉的属性组合，以实现其自身效用的最大化。真实选择实验通过组合可追溯猪肉各种属性的不同层次，模拟可供消费者选择的不同轮廓，满足 Lancaster 的效用理论假设[24]，是模拟消费者对可追溯猪肉的实际偏好与购买决策的合适方法。

对此，假设 U_{nit} 为消费者 n 在 t 情形下从选择空间 C 的 J 子集中选择第 i 个可追溯猪肉产品所获得的效用，U_{nit} 由确定项 V_{nit} 和随机项 ε_{nit} 构成：

$$U_{nit} = V_{nit} + \varepsilon_{nit} \tag{1}$$

消费者 n 将会选择第 i 个可追溯猪肉产品是基于 $U_{nit} > U_{njt}$ 对 $\forall j \neq i$ 成立。选择概率可表示为：

$$P_{nit} = \text{Prob}(V_{nit} + \varepsilon_{nit} > V_{njt} + \varepsilon_{njt}; \forall j \in C, \forall j \neq i) \tag{2}$$

$$= \text{Prob}(\varepsilon_{nit} - \varepsilon_{njt} > V_{njt} - V_{nit}; \forall j \in C, \forall j \neq i) \tag{3}$$

根据 Maddala，残差项相互独立且均服从类型 I 的极值分布[25]，即：

$$F(\varepsilon_{nit}) = \exp[-\exp(-\varepsilon_{nit})] \tag{4}$$

消费者 n 在 t 情形下，购买第 i 个可追溯猪肉产品的概率可表示为条件 Logit 模型：

$$P_{nit} = \frac{\exp(V_{nit})}{\sum_j \exp(V_{njt})} \tag{5}$$

其中，$V_{nit} = \beta' X_{nit}$，β 是效用分值向量；X_{nit} 是第 i 个可追溯猪肉产品的属性向量。由于条件 Logit 模型需以消费者偏好同质为前提，这与消费者偏好存在异质性的实际不符[26~27]，可能会导致偏误[28]。

对此，本文假设各属性的层次系数由样本个体的一组参数决定，并服从某种特定的分布，并设 $f(\beta)$ 为参数分布的密度函数。消费者 n 在 t 情形下购买第 i 个可追溯猪肉产品轮廓的概率可表示为：

$$P_{nit} = \int \frac{\exp(V_{nit})}{\sum_j \exp(V_{njt})} f(\beta)\, d\beta \qquad (6)$$

式（6）称为混合 Logit 模型（Mixed Logit，ML）。混合 Logit 模型被认为是研究消费者消费行为决策时偏好异质性较为合适的方法[29]。Ortega 等曾提出，可用混合 Logit 模型模拟任何随机效用模型，对需要同一个参与者做出多次重复的选择时尤为有效[30~31]。真实选择实验正好具备上述特征。

若 $f(\beta)$ 为离散的，并假设 β 有 S 个取值，则消费者 n 落入第 s 个类别并选择了第 i 个可追溯猪肉产品轮廓的概率可表示为潜类别模型（Latent Class Model，LCM）[32]：

$$P_{nit} = \sum_{s=1}^{S} \frac{\exp(\beta_s X_{nit})}{\sum_j \exp(\beta_s X_{njt})} R_{ns} \qquad (7)$$

其中，β_s 是第 s 类别消费者群体的协变量参数向量，R_{ns} 是消费者 n 落入 s 类别的概率。此概率可用式表（8）示[33]：

$$R_{ns} = \frac{\exp(\alpha_s Z_n)}{\sum_r \exp(\alpha_r Z_n)} \qquad (8)$$

Z_n 是影响某一类别中消费者 n 的一系列观测值，α_s 是在 s 类别中消费者的参数向量。LCM 可以测定消费者群体偏好的异质性，也是目前研究消费者支付意愿的流行方法。

三　实验设计

（一）属性与层次设定

考虑到消费者对猪肉不同部位的偏好具有差异性，为保持数据的可比性，本研究统一选取猪后腿肉作为实验标的物。本文对可追溯猪后腿肉设置养殖信息、屠宰加工信息、配送销售信息、政府认证信息、价格 5 个属性。相关属性与层次具体描述见表 1。需要说明的是：第一，价格属性层次的设定是，基于吴林海等研究认为无锡消费者能够接受可追溯猪肉价格上浮 20% ~ 30%[3]，并结合实验地无锡市的猪肉市场价格，将可追溯猪后腿肉的价格水平设置为表 2 中的 4 个层次；第二，本研究中所指的政府认证信息是指政府对全程猪肉供应链体系中生产者和经营者的养殖、屠宰加工与配送销售 3 个环节相关信息的真实性进行认证。

表 1 可追溯猪后腿肉属性与层次设定

属性内容	层　　次	描　　述
价　　格	10 元、12 元、14 元、16 元	每 500 克猪肉，用人民币表示
养 殖 信 息	有、无	提供生猪原产地、出栏时间、生猪供应商、兽药饲料使用是否符合规定、生猪检疫等信息
屠宰加工信息	有、无	提供宰前检疫、猪肉检疫、屠宰时间等信息
配送销售信息	有、无	提供运输方式、运输车辆、批次、销售地、销售人员等信息。
政府认证信息	有、无	附带政府对猪肉包含的养殖信息、屠宰加工信息、配送销售信息的真实性进行的认证信息

（二）选择任务设计

对于真实选择实验，应用完全因子设计法（Full Factorial Design）是最佳选择[4]。进一步分析，表 1 可追溯猪后腿肉不同层次的属性组合的轮廓，共有 4 × 2 × 2 × 2 = 32 种。基于无可追溯信息与政府认证可追溯信息组合并无实际意义，本文在排列过程中采用限制条件以避免上述组合，因此实际上有 28 种不同形态的组合方式，消费者需要在 28 × 27 个即 756 个选择集中做出比较选择，这在实际实验过程中难以对消费者进行一一测试。一般而言，消费者辨别轮廓超过 15 个将会产生疲劳[34]，为此本文将问卷任务数减少至 12 个（表 2 为选择实验任务的样例），并利用 SSIWeb 7.0 设计 8 个不同的版本来保证整体的问卷具有较高的设计功效（见表 3）。

表2　真实选择实验单任务样例

选项 A		选项 B		选项 C
12 元/500 克		14 元/500 克		
养　殖　信　息	有	养　殖　信　息	无	猪肉 A 和猪肉 B
屠宰加工信息	有	屠宰加工信息	有	我均不会选择
运输销售信息	无	运输销售信息	有	
政府认证信息	无	政府认证信息	有	

表3　随机法设计检验

属　　性	层　　次	频率	实际标准差	理想标准差	效　　率
价　　格	10 元	64	—	—	—
	12 元	64	0.2043	0.2037	0.9985
	14 元	64	0.2043	0.2037	0.9985
	16 元	64	0.2043	0.2037	0.9985
养　殖　信　息	有	96	—	—	—
	无	96	0.1444	0.1443	0.9991
屠宰加工信息	有	96	—	—	—
	无	96	0.1443	0.1443	1.0000
运输销售信息	有	96	—	—	—
	无	96	0.1444	0.1443	0.9991
政府认证信息	有	96	—	—	—
	无	96	0.1444	0.1443	0.9991

（三）实验组织

实验前期我们在无锡城区各大超市招募猪肉购买者参与本次实验，共招募247位参与者，实到226位参与者，实验共分10组进行，每组包括20～25位参与者，在2014年2～3月完成所有调查。江苏省食品安全研究基地研究人员对实验猪肉的全程信息进行了跟踪，保证所有猪后腿肉包装上不同的可追溯标签均可以提供不同的养殖信息、屠宰加工信息、配送销售信息和政府认证信息。实验场景模仿现实的购买环境设置，并给每位参与者30元参与费。如果参与者把猪肉包装上的可追溯码输入电脑中的可追溯信息查询系统，则可以获取相关可追溯信息。最终通过随机数字发生器随机选择一个选择集使之生效，参与者以选择集中对应的金额进行实际购买（参与者如果选择了"不买"选项则无须支付）。实验完成之后，每位参与者要填写一份反映个体特征的表格。

四 样本的统计特征

实验最终获得 209 份有效问卷，表 4 描述了参与者的基本统计特征。女性比例略高于男性，为 57.42%，这与中国家庭食品购买者以女性为主的实际相符合；年龄分布以 26 ~ 40 岁为主体，占比 41.15%；家庭人口数为 3 人、本科学历和家庭年收入为 6 万元及以上 10 万以下等特征的参与者在总体样本中所占比例最高，分别为 43.54%、33.01% 和 39.23%。

表 4 实验参与者特征的统计性分析

统计指标	分类指标	样本量（个）	百分比（%）
性 别	男	89	42.58
	女	120	57.42
年 龄	18 ~ 25 岁	52	24.88
	26 ~ 40 岁	86	41.15
	41 ~ 64 岁	56	26.79
	65 岁及以上	15	7.18
家庭人口数	1 ~ 2 人	18	8.61
	3 人	91	43.54
	4 人	62	29.67
	5 人及以上	38	18.18
学 历	初中及以下	26	12.44
	高中或职业高中	62	29.66
	大专	32	15.31
	本科	69	33.01
	研究生及以上	20	9.57

统计指标	分类指标	样本量（个）	百分比（%）
家庭年收入	3万元以下	18	8.61
	3万元及以上，6万元以下	36	17.22
	6万元及以上，10万元以下	82	39.23
	10万元及以上，15万元以下	46	22.01
	15万元及以上	28	13.40

此外，样本的统计表明，参与者每周购买猪肉的频率以 2～3 次为主，占 53.59%；36.36% 的参与者购买猪肉时首要考虑的因素是安全性，27.75% 的参与者则首要考虑猪肉的外观，只有 8.60% 的参与者满意当前的食品安全状况；44.23% 与 17.22% 的参与者分别对当前的食品安全状况感到不满意、非常不满意；5.74% 的参与者没听说过"黄浦江死猪事件"；39.71% 的参与者对是否买到过病死猪猪肉不清楚，而 6.22% 的参与者则肯定自己买到过病死猪猪肉。

五　模型分析

根据式（7），本文对属性采用效应代码（Effects Code），将年龄作为连续变量①和协变量，同时假设"不选择"变量、价格和交叉项的系数固定，其他属性的参数呈正态分布[35]。应用 NLOGIT5.0，使用 1000halton 抽取评估模拟。通过计算发现，当类别数为 4 时，AIC 值最小，表示模型适配情形最好，因此选择类别数为 4 作为 LCM 的类别数。最终 LCM 回归结果见表 5。

根据表 5，类别 1 的参与者没有明显的特征，本文称为普通型；由于养殖信息的边际效用明显高于其他属性，本文称类别 2 的参与者为养殖风险感知型；类别 3 的参与者的价格属性的边际效用绝对值最高，本文称为

---

①　本文同时尝试了其他变量，如学历、收入等，但研究发现只有年龄变量是显著的。

价格敏感型；由于除价格属性外，类别 4 的参与者的每个可追溯信息类属性的边际效用在所有组别中均最高，本文称为高风险感知型。3 普通型、养殖风险感知型、价格敏感型、高风险感知型 4 个类别的参与者，分别占样本总数的 44.40%、18.60%、9.00% 和 28.10%。需要指出的是，只有价格敏感型参与者的年龄变量在 5% 的水平上显著，表明年龄越大成为价格敏感型参与者的可能性越大。原因在于，年龄大的参与者具有充分的购买时间，更了解猪肉的市场价格，所以对价格更敏感。

表 5 LCM 参数估计

属性/协变量	类别							
	类别 1：普通型		类别 2：养殖风险感知型		类别 3：价格敏感型		类别 4：高风险感知型	
	系数	标准差	系数	标准差	系数	标准差	系数	标准差
价格	− 0.1756***	0.0208	− 0.3922***	0.0628	− 2.0152***	0.2201	− 0.1628***	0.0310
养殖信息	0.4945***	0.0436	2.0353***	0.2676	0.5318**	0.2032	1.1198***	0.0982
屠宰加工信息	0.2792***	0.0372	0.8701***	0.1995	0.8570**	0.3386	0.9075***	0.1048
运输销售信息	0.1856***	0.0408	0.5607***	0.1594	0.3865**	0.1656	0.5749***	0.1122
政府认证信息	0.5362***	0.0285	0.7295***	0.1287	0.0561	0.2001	1.4378***	0.1262
常数项	0.8486	1.3257	1.5854	1.7203	− 5.9334*	3.5385	—	—
年龄	0.1985	0.2378	0.2005	0.3528	1.4146***	0.4790	—	—
类别概率	0.4440		0.1860		0.0900		0.2810	

注：*代表在 1% 水平上显著，**代表在 5% 水平上显著；− 2LL = 1647.7958；McFadden R^2 = 0.4005；AIC = 3373.6。

以表 5 为基础，进一步利用 Krinsky 建议的拔靴法（Bootstrap），将潜在类别模型的估计结果转化为各类别参与者对可追溯信息的支付意愿[36]，结果见表 6。表 6 显示，在所有类型的参与者中，高风险感知型参与者对所有属性的支付意愿最高。普通型与高风险感知型的参与者的支付意愿从高到低的次序完全相同，依次为政府认证信息、养殖信息、屠宰加工信息、配送销售信息，表明比重合计占 72.50% 的参与者更偏好政府认证信息与养殖信息。

这一方面说明当前多数参与者对猪肉生产经营者传递的信息不信任，希望获取政府认证信息；另一方面说明由于近年来爆发的食品安全事件主要来自养殖环节，所以多数参与者愿意为养殖信息支付较高溢价。后者同样可以解释，养殖风险感知型参与者为何愿意为养殖信息支付高价格。价格敏感型的参与者，对养殖信息、屠宰加工信息、配送销售信息和政府认证信息的支付意愿分别为 0.7260 元、0.9339 元、0.4324 元和 0.1860 元，其中屠宰加工信息最高。如果横向比较，其对屠宰加工信息的支付意愿仅高于养殖风险感知型参与者的 0.2820 元，对其他属性的支付意愿在所有类型参与者中是最低的。尽管近年来爆发的食品安全事件主要来自养殖环节，但屠宰加工实际上是供应链检疫关键环节，因此基于丰富的购买经验，价格敏感型参与者可能更愿意为屠宰加工信息支付更高的溢价。

表 6　可追溯信息的支付意愿

单位：元

属　　性	类　　别			
	类别 1： 普通型	类别 2： 养殖风险感知型	类别 3： 价格敏感型	类别 4： 高风险感知型
养　殖　信　息	2.2144 [1.8442, 2.6097]	1.5976 [1.5828, 1.6126]	0.7260 [0.6596, 0.8076]	4.7945 [4.5780, 5.0359]
屠宰加工信息	1.4065 [1.1773, 1.7488]	0.2820 [0.2754, 0.2887]	0.9339 [0.8960, 0.9872]	3.7645 [3.5688, 3.9675]
配送销售信息	0.8888 [0.7383, 1.0996]	0.4526 [0.4475, 0.4579]	0.4324 [0.4068, 0.4651]	2.2695 [2.1589, 2.3874]
政府认证信息	2.6263 [2.2454, 3.6770]	0.8030 [0.7895, 0.8165]	0.1860 [0.1192, 0.2809]	5.6263 [5.4251, 5.9367]

注：方括号中为 95% 的置信区间。

六　主要结论与政策内涵

本文以商务部肉菜流通追溯体系的试点城市（无锡市）的 209 位消费者为案例，对可追溯猪后腿肉设置了养殖信息、屠宰加工信息、配送销售信息、政府认证信息、价格 5 种属性与相应层次，引入真实选择实验并结合 LCM，研究了消费者对具有不同可追溯信息组合的猪肉的偏好以及相应的支付意愿。主要研究结论是：参与者的偏好存在群体性差异，大致可以分为普通型、养殖风险感知型、价格敏感型以及高风险感知型 4 种类型。其中，占总样本数 72.50% 的普通型与高风险感知型参与者，在所有属性中对政府认证信息的支付意愿最高，其次为养殖信息，并且高风险感知型参与者对所有属性的支付意愿在所有类型的参与者中最高；养殖风险感知型参与者对养殖信息具有较高的支付意愿；年龄越大成为价格敏感型参与者的可能性越大，这类参与者只对屠宰加工信息具有较高的支付意愿。

上述结论揭示了以下政策含义：基于食品安全零风险并不存在，消费者会在风险与价格之中寻找均衡点。因此在食品安全风险治理过程中，如果政府武断地设定过高或过低的食品安全风险标准，可能反而会降低社会福利，只有立足于消费者的偏好，结合市场治理才有可能使政府治理达到事半功倍的效果。在具体的猪肉市场中，当前政府应积极引导食品生产者生产同时具有养殖信息和政府认证信息的可追溯猪肉，并逐步发展差异化信息组合的可追溯猪肉，以在满足消费者差异化需求的基础上，达到提高生产者收益的目的。这是防范猪肉安全风险、推动政府治理与市场治理结合的有效路途。

在未来的研究中，实验设计应考虑如何避免赌资效应（House Money Effect），并尝试在自然情境而非实验环境中进行实验，以使研究结果更加贴近消费者的真实偏好；同时应考虑引入外观、品牌、第三方认证等属性进行进一步研究，构建更加完备的可追溯猪肉信息属性体系，基于消费者需求为政府监管市场、完善可追溯食品体系提供政策建议，为生产者拓宽市场提供有益借鉴。

参考文献

[1] Volinskiy, D., Adamowicz, W. L., Veeman, M., et al., "Does Choice Context Affect the Results from Incentive – Compatible Experiments? The Case of Non – GM and Country – of – Origin Premia in Canola Oil," *Canadian Journal of Agricultural Economics*, 2009, 57 (2):205 – 221.

［2］ 吴林海、徐玲玲、王晓莉：《影响消费者对可追溯食品额外价格支付意愿与支付水平的主要因素——基于 Logistic Interval Censored 的回归分析》，《中国农村经济》2010 年第 4 期，第 77～86 页。

［3］ 吴林海、王淑娴、徐玲玲：《可追溯食品市场消费需求研究——以可追溯猪肉为例》，《公共管理学报》2013 年第 3 期，第 119～128 页。

［4］ Louviere, J. J., Flynn, T. N., Carson, R. T., "Discrete Choice Experiments Are Not Conjoint Analysis," *Journal of Choice Modelling*, 2010, 3 (3):57 - 72.

［5］ Loureir, M. L., Umberger, W. J., "A choice Experiment Model for Beef: What US Consumer Responses Tell us About Relative Preferences for Food Safety, Country of Origin Labeling and Traceability," *Food policy*, 2007, 32 (4):496 - 514.

［6］ Tonsor, G. T., Schroeder, T. C., Pennings, J. M. E., et al., "Consumer Valuations of Beef Steak Food Safety Enhancement in Canada, Japan, Mexico, and the United States," *Canadian Journal of Agricultural Economics/*Revue Canadienne D'agroeconomie, 2009, 57 (3):395 - 416.

［7］ Olynk, N. J., Tonsor, G. T., Wolf, C. A., "Consumer Willingness to Pay for Livestock Credence Attribute Claim Verification," *Journal of Agricultural and Resource Economics*, 2010, 35 (2):261 - 280.

［8］ Morkbak, M. R., Christensen, T., Gyrd Hansen, D., "Consumers' Willingness to Pay for Safer Meat Depends on the Risk Reduction Methods - A Danish Case Study on Salmonella Risk in Minced Pork," *Food Control*, 2011, 22 (3):445 - 451.

［9］ Olesen, I., Alfnes, F, Rora, M. B., et al., "Eliciting Consumers' Willingness to Pay for Organic and Welfare Labelled Salmon in a Non - hypothetical Choice experiment," *Livestock Science*, 2010, 127 (2):218 - 226.

［10］ Lusk, J. L., Schroeder, T. C., "Are Choice Experiments Incentive Compatible? A Test with Quality Differentiated Beef Steaks," *American Journal of Agricultural Economics*, 2004, 86 (2):467 - 482.

［11］ Lusk, J. L., Coble, K. H., "Risk Perceptions, Risk Preference, and Acceptance of Risky Food," *American Journal of Agricultural Economics*, 2005, 87 (2):393 - 405.

［12］ Yue, C., Tong, C., "Organic or Local? Investigating Consumer Preference for Fresh Produce Using a Choice Experiment with Real Economic Incentives," *Hort Science*, 2009, 44 (2):366 - 371.

［13］ Van Loo, E. J., Caputo, V. et al., "Consumers' Willingness to Pay for Organic Chicken Breast: Evidence from Choice Experiment," *Food Quality and Preference*,

2011，22（7）：603 - 613.

［14］ Moser, R. , Raffaelli, R. , Notaro, S. , "Testing Hypothetical Bias with a Real Choice Using Respondents' Own Money," *European Review of Agricultural Economics*, 2014，41（1）：25 - 46.

［15］ Chang, J. B. , Lusk, J. L. , Norwood, F. B. , "How Closely Do Hypothetical Surveys and Laboratory Experiments Predict Field Behavior?" *American Journal of Agricultural Economics*, 2009，91（2）：518 - 534.

［16］ Aoki, K. , Shen, J. , Saijo, T. , "Consumer Reaction to Information on Food Additives: Evidence from an Eating Experiment and a Field Survey," *Journal of Economic Behavior & Organization*, 2010，73（3）：433 - 438.

［17］ Loomis, J. , Bell, P. , Cooney, H. , et al. , "A Comparison of Actual and Hypothetical Willingness to Pay of Parents and Non - parents for Protecting Infant Health: The Case of Nitrates in Drinking Water," *Journal of Agricultural And Applied Economics*, 2009，41（3）：697 - 712.

［18］ Chowdhury, S. , Meenakshi, J. V. , Tomlins, K. I. , et al. , "Are Consumers in Developing Countries Willing to Pay More for Micronutrient - dense Biofortified Foods? Evidence from a Field Experiment in Uganda," *American Journal of Agricultural Economics*, 2011，93（1）：83 - 97.

［19］ Chen, Q. , Anders, S. , An, H. , "Measuring Consumer Resistance to a New Food Technology: A Choice Experiment in Meat Packaging," *Food Quality and Preference*, 2013，28（2）：419 - 428.

［20］ 张振、乔娟、黄圣男：《基于异质性的消费者食品安全属性偏好行为研究》，《农业技术经济》2013 年第 5 期，第 95 ~ 104 页。

［21］ Zhang, C. , Bai, J. , Wahl, T. I. , "Consumers' Willingness to Pay for Traceable Pork, Milk, and Cooking Oil in Nanjing, China," *Food Control*, 2012，27（1）：21 - 28.

［22］ 朱淀、蔡杰、王红纱：《消费者食品安全信息需求与支付意愿研究——基于可追溯猪肉不同层次安全信息的 BDM 机制研究》，《公共管理学报》2013 年第 3 期，第 129 ~ 136 页。

［23］ Lancaster, K. J. , "A New approach to Consumer Theory," *The Journal of Political Economy*, 1966，74（2）：132 - 157.

［24］ Ortega, D. L. , Wang, H. H. , Wu, L. , et al. , "Modeling Heterogeneity in Consumer Preferences for Select food Safety Attributes in China," *Food Policy*, 2011，36

(2):318 - 324.

[25] Maddala, G. S., Trost, R. P., Li, H., et al., "Estimation of Short - run and Long - run Elasticities of Energy Demand from Panel Data Using Shrinkage Estimators," *Journal of Business & Economic Statistics*, 1997, 15 (1):90 - 100.

[26] Chang, K., Siddarth, S., Weinberg, C. B., "The Impact of Heterogeneity in Purchase Timing and Price Responsiveness on Estimates of Sticker Shock Effects," *Marketing Science*, 1999, 18 (2):178 - 192.

[27] Bell, D. R., Lattin, J. M., "Looking for Loss Aversion in Scanner Panel Data: The Confounding Effect of Price Response Heterogeneity," *Marketing Science*, 2000, 19 (2):185 - 200.

[28] Rousseau, J. J., *A Discourse on Political Economy* [M]. John Wiley & Sons, Inc., 2013.

[29] Hu, W., Veeman. M. M., Adamowicz, W. L., "Labelling Genetically Modified Food: Heterogeneous Consumer Preferences and the Value of Information," *Canadian Journal of Agricultural Economics*, 2005, 53 (1):83 - 102.

[30] Ortega, D. L., Wang, H. H., Wu, L., et al., "Modeling Heterogeneity in Consumer Preferences for Select Food Safety Attributes in China," *Food Policy*, 2011, 36 (2):318 - 324.

[31] Brownstone, D., Train, K., "Forecasting New Product Penetration with Flexible Substitution Patterns," *Journal of Econometrics*, 1998, 89 (1): 109 - 129.

[32] Boxall, P. C., Adamowicz, W. L., "Understanding Heterogeneous Preferences in Random Utility Models: A Latent Class Approach," *Environmental and Resource Economics*, 2002, 23 (4):421 - 446.

[33] Ouma, E., Abdulai, A., Drucker, A., "Measuring Heterogeneous preferences for Cattle Traits among Cattle - keeping Households in East Africa," *American Journal of Agricultural Economics*, 2007, 89 (4):1005 - 1019.

[34] Allenby, G. M., Rossi, P. E., "Marketing Models of Consumer Heterogeneity," *Journal of Econometrics*, 1998, 89 (1):57 - 78.

[35] Ubilava, D., Foster, K., "Quality Certification vs. Product Traceability: Consumer Preferences for Informational Attributes of Pork in Georgia," *Food Policy*, 2009, 34 (3):305 - 310.

[36] Krinsky, I., Robb, A. L., "On Approximating the Statistical Properties of Elasticities," *The Review of Economics and Statistics*, 1986, 68 (4):715 - 19.

消费者对食品安全标识的支付意愿：
以有机番茄为例[*]

尹世久　徐迎军　高　杨[**]

摘　要：本文以番茄为例，基于山东省868个消费者的选择实验数据，运用随机参数 Logit 模型测度了消费者对不同类型食品安全标识的支付意愿，并进一步分析了消费者食品安全风险感知与环境意识对消费者偏好的影响。结果表明，消费者对有机标识具有较高支付意愿，且对欧盟有机标识的支付意愿远高于中国有机标识，而对绿色标识与无公害标识的支付意愿相差不大。具有不同食品安全风险感知的消费者的支付意愿相差较大，而具有不同环保意识的消费者的支付意愿则较为接近。

关键词：食品安全标识　支付意愿　选择实验　随机参数 Logit 模型

一　引言

食品安全是一个全球性难题，发展中国家更是饱受困扰，处于社会转型时期的中国，食品安全风险尤为严峻[1]。导致食品安全问题的重要原因在于信息不对称带来的市场失灵未能得到有效解决，供应商往往利用其与消费者之间的信息不对称而做出欺骗等机会主义行为[2]。相对于供应商，消费者对独立的第三方认证机构往往更加信任[3]。因此，一般而言，食品

---

[*]　国家社科基金重大项目（编号：14ZDA069）；国家自然科学基金资助项目（编号：71203122）。

[**]　尹世久（1977～），男，曲阜师范大学山东新农村建设研究中心副教授，博士，研究方向为食品安全与消费者行为；徐迎军，曲阜师范大学经济学院；高杨，曲阜师范大学经济学院。

安全认证可以在一定程度上减轻信息不对称[4]。建立食品安全认证制度，在食品上加贴认证标识成为厂商向消费者证明食品品质的有效手段[5]。

20 世纪末期以来，我国逐步构建起由无公害认证、绿色认证和有机认证组成的食品安全认证体系。安全认证食品市场能否得到健康、持续的发展，归根到底取决于能否得到消费者的认可[6]。准确估计消费者的支付意愿（Willingness to Pay，WTP）不仅是供应商制定最优定价策略和政府公共消费政策的基本依据，也是学者们长期关注的学术问题[7]。学者们采用不同的方法（如假想价值评估法、拍卖实验或选择实验等）研究了消费者对不同安全认证食品的支付意愿[8~10]。根据 Lancaster[11]的效用理论，商品并不是效用的直接客体，消费者的效用来源于商品的具体属性。基于这一理论，开始有学者运用选择实验（Choice Experiment，CE）研究消费者对食品标识等具体属性的偏好[12]。Van Loo 等和 Janssen 等更是进一步将 CE 应用于有机标识的消费者偏好研究[13,5]。

从笔者查阅的文献来看，虽有大量学者对安全认证食品的消费者偏好展开了深入研究[14]，但大都仅以某一类安全认证食品为研究对象[15]，比较不同类型安全认证食品（无公害食品、绿色食品或有机食品）的消费者偏好的研究较为少见，运用选择实验围绕该问题展开的研究尚未见报道。本文的主要贡献在于以番茄为例，运用选择实验获取数据并借助随机参数Logit（Random Parameter Logit，RPL）模型对食品安全标识的消费者偏好展开研究，并特别关注我国消费者食品安全风险感知居高不下和环境保护意识在迅速提高但仍相对薄弱背景下不同消费者群体的异质性偏好。

二 实验设计与数据来源

（一）选择实验设计

选择实验可以用来测量消费者对产品不同属性的支付意愿，相比于条件价值评估法等方法，选择实验更接近于真实购买环境[16]，且其基本原理符合随机效用理论（Random Utility Theory），具有成熟的微观理论基础，成为消费者偏好研究的前沿工具[17]。

本文重点关注不同类型食品安全标识的消费者偏好，在选择实验中设定食品安全标识和价格两个属性。将食品安全标识属性设置为 5 个层次：无标识、无公害标识、绿色标识、中国有机标识和欧盟有机标识（见表1）。引入欧盟有机标识的原因在于，本研究组织的焦点小组访谈结果表明，欧盟有机标识是我国消费者最熟知的国外有机标识。

表 1　选择实验属性与属性层次设置

属　性	属性层次
标　识	无公害标识（H - FREE），绿色标识（GREEN），中国有机标识（CNORG），欧盟有机标识（EUORG），无标识
价　格	3 元/500 克，6 元/500 克，9 元/500 克

为避免层次数量效应[13]，并依据所调研地区番茄的实际市场价格，本文把价格属性设置为高（9 元/500 克）、常规（6 元/500 克）和低（3 元/500 克）3 个层次。

基于本文属性与层次的设定，番茄可组合成 5 × 3 = 15 个虚拟产品轮廓。让被调查者在 15 个任务中进行比较选择是不现实的，因此本文引入部分因子设计，利用 SAS 软件设计产生 3 个版本，每个版本 15 个任务，每个任务均包括两个产品轮廓与一个不选项，用来估计主效应和双向交叉效应。借鉴相关研究开展选择实验的做法[18~20]，本研究以彩色图片方式向被调查者展示要选择的产品集合（即选择实验任务，样例如图 1 所示），并以文字进一步解释说明不同番茄的标识与价格等信息，告知被调查者除这些属性外，展示的番茄在外观等方面没有差别。

（二）调查设计

我国是蔬菜生产和消费大国，2011 年蔬菜产量达到 67929.67 万吨。① 其中，番茄是我国居民常食用的蔬菜品种，2011 年全国产量达到 4845 万吨，约占世界总产量的 30.4%。② 因此，本文选择番茄为研究对象可望具有较好的代表性。

---

① 国家统计局：《中国统计年鉴》（2012），http：//data. stats. gov. cn。
② FAO 网站，http：//faostat. fao. org/DesktopDefault. aspx？PageID = 339&lang = en&country = 351。

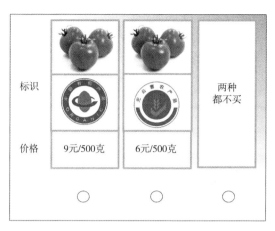

图 1　选择实验任务样例

实验地点选择在山东省。山东省位于东部沿海地区，是我国的人口和经济大省，东部沿海地区与中西部内陆地区形成较大的发展差异，可近似视为我国东西部经济发展不均衡状态的缩影。笔者分别在山东省东部、中部和西部地区各选择 3 个城市（东部：青岛、威海、日照；中部：淄博、泰安、莱芜；西部：德州、聊城、菏泽）实施调查。具体调研分为两个阶段。

第一阶段采取典型抽样法在每个城市选择被调查者进行焦点小组访谈[13]，目的在于了解消费者的基本情况、蔬菜购买习惯等。2013 年 4 ~ 7 月，在上述城市先后组织 9 次焦点小组讨论。每个讨论小组的人数为 8 ~ 10 人（共 81 人）。所有被调查者均为经常购买蔬菜的家庭成员，且年龄为 18 ~ 65 岁。

第二阶段于 2014 年 1 ~ 3 月，在上述城市的超市及农贸市场招募被调查者进行选择实验及相应的问卷调研。焦点小组访谈与实验研究表明，超市和农贸市场是我国居民购买蔬菜最主要的场所[21]。实验由经过训练的调查员通过面对面直接访谈的方式进行，并共同约定以进入视线的第三个消费者作为采访对象，以提高样本选取的随机性[22]。首先于 2014 年 1 月在山东省青岛市选取约 100 个消费者样本展开预调研，对实验方案和调查问卷进行调整与完善。之后于 2014 年 2 ~ 3 月在上述 9 个城市展开正式实验，共有 912 位消费者（每个城市约 100 位）参加了选择实验调查，有 868 位被调查者完成了全部问卷和选择实验任务，有效样本回收率为 95. 18%。样本中女性有 492 位（57%），男性有 376 位（43%），这与我国家庭食品购买者多为女性的实际情况相符。该阶段调研样本的基本统计特征见表 2。

表 2　调研样本基本统计特征

变　量	分类指标	样本数	比重（%）
性　别	男	376	43. 32
	女	492	56. 68
年　龄	18 ~ 34 岁	231	26. 61
	35 ~ 49 岁	316	36. 41
	50 ~ 65 岁	321	36. 98
教育水平	大学及以上	271	31. 22
	中学或中专	436	50. 23
	小学及以下	161	18. 55
家庭年收入	5 万元及以下	289	33. 29
	5 万 ~ 10 万元	349	40. 21
	10 万元及以上	230	26. 50

三　计量模型

依据 Luce 不相关独立选择（Independence from Irrelevant Alternatives, IIA）的假设[23]，令 U_{imt} 为消费者 i 在 t 情形下从选择空间 C 的 J 个番茄轮廓中选择第 m 个产品轮廓所获得的效用，包括两个部分[24]：第一是确定部分 V_{imt}，第二是随机项 ε_{imt}，即：

$$U_{imt} = V_{imt} + \varepsilon_{imt} \tag{1}$$

$$V_{imt} = \beta'_i X_{imt} \tag{2}$$

其中，β_i 为消费者 i 的分值向量，X_{imt} 为消费者 i 第 m 个选择的属性向量。消费者 i 选择第 m 个轮廓是基于 $U_{im} > U_{in}$ 对任意 $n \neq m$ 成立。从而在 β_i 已知的条件下，消费者 i 选择第 m 个轮廓的概率可表示为：

$$L_{imt}(\beta_i) = \mathrm{prob}(V_{imt} + \varepsilon_{imt} > V_{int} + \varepsilon_{int}; \forall n \in C, \forall n \neq m)$$

$$= \mathrm{prob}(\varepsilon_{\mathrm{int}} < \varepsilon_{imt} + V_{imt} - V_{\mathrm{int}}; \forall n \in C, \forall n \neq m) \tag{3}$$

如果假设 ε_{imt} 服从类型 I 的极值分布，且消费者的偏好是同质的，即所有的 β_i 均相同，则式（1）和式（2）可以转化为多项 Logit（Multinomial Logit，MNL）模型[25]，即：

$$L_{imt}(\beta_i) = \frac{e^{\beta'_i X_{imt}}}{\sum_j e^{\beta'_i X_{ijt}}} \tag{4}$$

理论上消费者知道自己的 β_i 与 ε_{imt}，但不能被观测。对此，假设每个消费者服从相同的分布，从而可以通过观测 X_{imt} 并对所有的 β_i 值进行积分从而得到无条件概率如下：

$$P_{imt} = \int \left(\frac{e^{\beta' X_{imt}}}{\sum_j e^{\beta' X_{ijt}}} \right) f(\beta) \, d\beta \tag{5}$$

其中，$f(\beta)$ 是概率密度。式（5）是 MNL 模型的一般形式，称为随机参数 Logit 模型。假设消费者在 T 个时刻做选择，其中选择方案序列为 $I = \{i_1, \cdots, i_T\}$，则消费者选择序列的概率为：

$$L_{iT}(\beta) = \prod_{t=1}^{T} \left(\frac{e^{\beta'_i X_{ii_t t}}}{\sum_{t=1}^{T} e^{\beta_i' X_{ii_t t}}} \right) \tag{6}$$

无约束概率是关于所有 β 值的积分：

$$P_{iT} = \int L_{iT}(\beta) f(\beta) \, d\beta \tag{7}$$

基于消费者偏好异质性假设更符合实际且 MNL 模型可能不满足 IIA，因此 RPL 模型在食品安全研究领域中成为研究消费者偏好的前沿模型。

四　结果与讨论

（一）模型估计结果

对表 1 的属性与层次参数采用效应编码，并假设"不选择"变量和价格的系数是固定的，其他属性的参数是随机的并呈正态分布[26]。价格系数固定的假设有如下建模优势：（1）由于价格系数是固定的，WTP 的分布与相关联的属性参数的分布相一致，而非两个分布之比，从而避免了 WTP 分布不易估计的难题；（2）价格系数分布的选定存在困难，在需求理论的框架下，价格系数应该取负值，若假设价格系数是正态的，则其系数的负性无法得到保证[27]。应用 NLOGIT 5.0 对随机参数 Logit 模型进行估计，结果见表 3。

表 3　RPL 模型估计结果

变　　量	估计系数	标准误	T 值	95% 置信区间
PRICE	- 0.073 ***	0.013	- 5.46	[- 0.099, - 0.047]
OPT OUT	- 1.213 ***	0.120	- 10.12	[- 1.448, - 0.978]
EUORG	0.362 ***	0.067	5.42	[0.231, 0.492]
CNORG	0.308 ***	0.071	4.34	[0.169, 0.448]
GREEN	0.251 ***	0.062	4.06	[0.130, 0.373]
H - FREE	0.127 **	0.059	2.15	[0.011, 0.243]
交叉效应				
FSRP × CNORG	- 0.072 ***	0.022	- 3.27	[- 0.115, - 0.029]
FSRP × EURORG	0.223 ***	0.063	3.55	[0.100, 0.347]
FSRP × GREEN	- 0.025	0.029	- 0.85	[- 0.084, - 0.033]
FSRP × H - FREE	- 0.120 ***	0.032	- 3.76	[- 0.182, - 0.057]
EA × CNORG	0.006	0.023	0.26	[- 0.040, 0.052]
EA × EURORG	0.155 **	0.062	2.51	[0.034, 0.276]
EA × GREEN	0.007	0.021	0.33	[- 0.035, 0.049]
EA × H - FREE	- 1.163 ***	0.130	- 8.96	[- 1.418, - 0.909]
交叉矩阵的对角线值				
EUORG	0.413 ***	0.050	8.33	[0.316, 0.510]
CNORG	0.456 ***	0.053	8.68	[0.353, 0.559]
GREEN	0.281 ***	0.070	4.00	[0.143, 0.419]
H - FREE	0.773 ***	0.075	10.27	[0.625, 0.920]
Log Likelihood	- 2053.219	McFadden R^2		0.274
AIC	4146.4	—	—	—

注：*、**、*** 分别表示在10%、5%、1%的显著性水平上显著。

　　如表 3 所示的 RPL 模型回归结果表明，相较于无认证标识，欧盟有机标识的分值最高（0.362），其次为中国有机标识（0.308），再次为绿色标识（0.251），最后是无公害标识（0.127），各种认证标识皆提升了消费者的分值效用。这说明食品安全标识对缓减食品市场的信息不对称、提高消费者的支付意愿具有积极作用。

基于表 3 的估计结果以及主效应序数效用特征，进一步应用式（8）计算支付意愿：

$$WTP_k = -\frac{2\beta_k}{\beta_p} \qquad (8)$$

在式（8）中，WTP_k 是对第 k 个属性的支付意愿，β_k 是第 k 个属性的估计参数，β_p 是估计的价格系数。在分析中，由于使用了效应编码，支付意愿的计算要乘以 2[28]。对支付意愿 95% 置信区间的估算运用 Krinsky 和 Robb[29] 提出的参数自展技术（Parametric Bootstrapping Technique，PBT）创建，即首先假设每个随机变量为正态分布，由于价格系数假设为固定的，则支付意愿为正态分布，然后利用模型估计出的均值与标准差构建每个支付意愿分布的具体表达式，再从此正态分布中进行大量重复抽取，从而构建支付意愿的置信区间。该方法所得结果与用 Delta 方法估计标准误差从而获取置信区间的结果相类似，但其优势在于放松了关于支付意愿是对称分布的假设[30]。每一个模型中属性的支付意愿估计平均值和 95% 的置信区间情况具体详见表 4。

表 4 支付意愿的 RPL 模型估计结果

属性层次	系 数	标准误	95% 置信区间
EUORG	11.918 ***	0.390	[11.273, 12.802]
CNORG	8.438 ***	0.570	[7.441, 9.676]
GREEN	3.877 ***	0.469	[3.077, 4.916]
H - FREE	3.479 ***	0.341	[2.931, 4.268]

注：*、**、*** 分别表示在 10%、5%、1% 的显著性水平上显著。

从表 4 可以看出，与无标识相比，消费者愿意为欧盟有机标识多支付 11.918 元，且其支付意愿远高于中国有机标识（8.438 元）。其原因可能是近年来我国食品行业尤其是食品认证领域屡屡曝出丑闻，降低了消费者对国内认证标识的信心[6]。

值得注意的是，消费者对中国有机标识的支付意愿虽低于欧盟有机标识，但仍远高于绿色标识（3.877 元）和无公害标识（3.479 元）。研究同时表明，消费者对绿色标识与无公害标识的支付意愿相差不大（仅差0.398 元），其原因可能主要在于两点：一是消费者对有机食品禁止使用化学投入品等标准较为清晰，而对绿色食品和无公害食品皆为限制使用化学品等方面存在的差别难以把握；二是绿色认证和无公害认证在我国市场起步较早，虽然消费者更为熟知，但认可度不高，厂商投机与认证造假等事件严重影响了消费者的支付意愿，而有机食品在国内市场刚刚起步，作为一种价格较为昂贵的新兴高端食品，消费者的认可度总体较高[1]。

总体来看，消费者对有机标识具有较高的支付意愿，且对欧盟有机标识的支付意愿远高于中国有机标识，而对绿色标识与无公害标识的支付意愿较为接近。因此，应加强对国内有机认证的监管，国内有机认证机构应加强与欧盟认证机构等的国际合作，提升公信力。此外，随着常规食品标准的不断提升，可以考虑取消无公害认证。实际上，我国目前食品安全认证过多的层次设置，也给很多消费者造成不同程度的混淆[6]。

（二）消费者食品安全风险感知与支付意愿

近年来，我国屡屡发生的食品安全事件大大提高了消费者的食品安全风险感知[31]。食品安全风险感知对认证食品的消费者偏好可能产生复杂影响：一方面，那些食品安全风险意识更强的消费者可能更倾向于购买认证食品以替代常规食品；另一方面，过高的风险感知也会影响消费者对认证食品的信任，从而降低其支付意愿[32]。本文借鉴 Ortega 等的研究[33]，对消费者的食品安全风险感知分值（Food Safety Risk Perception Scores，FS-RP）通过被调查者自我感知判断（采用 7 级语义差别量表测度）的方式获得，据以测算不同风险感知水平的消费者偏好的差异。调研结果表明，消费者风险感知得分均值为 5.352，标准差为 1.077，超过一半的消费者的FSRP 在 5.0 分以上，消费者的风险感知度较高。本文进一步按照消费者风险感知分值的大小对样本进行分组，然后利用 PBT 计算不同风险感知组的消费者对不同认证标识的支付意愿[29]，计算结果见表 5。

表 5 食品风险感知与消费者支付意愿估计结果

低风险感知组（1≤FSRP≤3）			
认证标识	系　数	标准误	95%置信区间
EUORG	10.473***	0.612	[9.394, 11.792]
CNORG	7.394***	0.568	[6.401, 8.627]
GREEN	3.563***	0.310	[3.075, 4.291]
H－FREE	3.082**	0.318	[2.579, 3.825]
中等风险感知组（4≤FSRP≤5）			
认证标识	系　数	标准误	95%置信区间
EUORG	11.082***	0.238	[10.736, 11.668]
CNORG	8.338***	0.439	[7.598, 9.318]
GREEN	4.107***	0.285	[3.668, 4.786]
H－FREE	3.650***	0.367	[3.051, 4.489]
高风险感知组（6≤FSRP≤7）			
认证标识	系　数	标准误	95%置信区间
EUORG	12.287***	0.582	[11.266, 13.548]
CNORG	8.879**	0.351	[8.311, 9.687]
GREEN	3.921***	0.196	[3.657, 4.425]
H－FREE	3.516***	0.468	[2.719, 4.553]

注：*、**、***分别表示在10%、5%、1%的显著性水平上显著。

表 5 中的数据表明，总体而言，消费者的食品安全风险感知越高，对认证标识的 WTP 也越高。这与 Ma 和 Zhang 关于消费者风险感知程度影响消费者对食品质量信息属性支付意愿的研究结论基本一致[34]。但也应注意到，随着 FSRP 的提高，消费者对不同认证标识的 WTP 变化幅度存在较大差异。具体表现为：（1）随着 FSRP 的提高，消费者对 EUORG 的支付意愿呈现较大幅度的增长，且与从低风险感知组到中等风险感知组相比，从中等风险感知组到高风险感知组的支付意愿的增长幅度更大。（2）对于 CNORG、GREEN 和 H－FREE 而言，当从低风险感知组到中等风险感知组时，消费者对三种认证标识的 WTP 皆有较大提高。但从中等风险感知组到高风险感知组，消费者对 CNORG 的支付意愿的增长幅度较小，对绿色标识和无公害标识的支付意愿甚至出现微弱下降。原因可能主要在于如下两

点：一是那些风险感知水平极高的消费者，对食品安全的信心已降至极低水平，其对我国国内认证食品的信任也受到影响，尤其是对绿色标识和无公害标识持怀疑态度；二是高风险感知组对食品的安全性有更高要求，绿色标识和无公害标识所代表的安全水平已经不能满足高风险感知消费者的需求。这一结果表明，如果我国消费者的食品安全风险感知持续上升到较高水平，将可能给绿色认证和无公害认证的发展带来较大的负面影响。

（三）消费者的环保意识与支付意愿

由于安全认证食品会对环境保护产生积极影响，环保意识往往是很多消费者购买安全认证食品的重要原因[35]。本文仍通过被调查者自我感知判断（采用 7 级语义差别量表测度）的方式调研其环保意识分值（Environmental Awareness Scores，EA），据以测算不同环保意识消费者偏好的异质性。调研结果表明，消费者环保意识的得分均值为 5.14，标准差为 0.873，超过一半的消费者的 EA 在 5.0 分以上，消费者的环保意识总体较高。本文进一步按照消费者 EA 大小对样本进行分组，然后利用 PBT 计算不同环保意识的消费者对不同认证标识的支付意愿[29]，计算结果见表 6。

表 6　环保意识与消费者支付意愿估计结果

低环保意识组（1≤EA≤3）			
认证标识	系　数	标准误	95% 置信区间
EUORG	11.562 * * *	0.103	[11.480, 11.884]
CNORG	7.876 * * *	0.341	[7.328, 8.664]
GREEN	3.025 * * *	0.382	[2.396, 3.894]
H－FREE	2.716 * * *	0.298	[2.252, 3.420]
中等环保意识组（4≤EA≤5）			
认证标识	系　数	标准误	95% 置信区间
EUORG	11.817 * * *	0.482	[10.992, 12.882]
CNORG	8.358 * * *	0.353	[7.986, 9.370]
GREEN	3.241 * * *	0.305	[2.763, 3.959]
H－FREE	2.950 * * *	0.591	[1.912, 4.228]

高环保意识组（6≤EA≤7）			
认证标识	系　　数	标准误	95％置信区间
EUORG	12.228＊＊＊	0.271	[11.817, 12.879]
CNORG	9.094＊＊＊	0.206	[8.810, 9.618]
GREEN	4.223＊＊＊	0.416	[3.528, 5.158]
H－FREE	3.816＊＊＊	0.386	[3.179, 4.693]

注：＊、＊＊、＊＊＊分别表示在10％、5％、1％的显著性水平上显著。

表6中的数据显示，不同环保意识组的消费者的支付意愿差别不大，尤其是低环保意识组和中等环保意识组的支付意愿非常接近。对于 EUORG 和 CNORG 两种有机认证标识的支付意愿，高环保意识组的消费者的支付意愿略高于其他组；而对于 GREEN 和 H－FREE 的支付意愿，高环保意识组的支付意愿明显高于其他两组。其原因可能在于：一是我国消费者的生态补偿支付意愿可能普遍不足，消费者更多的是出于对食品安全而非环境保护的追求购买认证食品；二是消费者可能普遍认为，无公害食品和绿色食品生产对于生态环境的保护作用已经可以达到要求，而对环境要求更为严格的有机食品，消费者认为并不符合我国国情，本文所进行的焦点小组访谈结果也证明了这一点；三是采用自我感知判断的方式测定的消费者环保意识，可能难以准确反映消费者对环境问题的真实态度。通过道德劝说与社会舆论引导等手段，提升我国公众的环保意识尤其是消费者的生态支付意愿，可能尤为必要。

五　结论

本文以番茄为例，基于山东省868个消费者样本的选择实验数据，运用随机参数 Logit 模型研究了消费者对不同类型安全认证标识的支付意愿，并进一步分析了食品安全风险感知与环保意识对消费者偏好的影响，得出如下主要结论。

（1）消费者对有机认证标识具有较高的支付意愿，且对欧盟有机标识的支付意愿远高于中国有机标识，对绿色标识与无公害标识的支付意愿相差不大。因此，应严格管理中国国内的有机认证机构，推动认证国际合作，提升公信力。随着公众对食品安全性要求的提高，可以考虑取消无公害认证。

（2）消费者对食品安全风险的感知普遍居于较高水平。消费者对食品安全风险的感知越高，对认证标识的 WTP 也越高。但也应注意到，随着FSRP 的提高，消费者对不同认证标识的 WTP 变化幅度存在较大差异。应该注意到消费者的食品安全风险感知持续上升可能给安全认证尤其是绿色认证和无公害认证发展带来不利影响。

（3）消费者的环保意识虽然可能普遍较高，但不同环保意识组的消费者对安全认证标识的支付意愿相差不大，尤其是低环保意识组和中等环保意识组的支付意愿非常接近。通过道德劝说与社会舆论引导等手段，提升我国消费者的生态支付意愿，可望具有积极意义。

参考文献

［1］ 吴林海、王建华、朱淀：《中国食品安全发展报告（2013）》，中国社会科学出版社，2013。

［2］ Darby, M., Karni, E., "Free Competition and the Optimal Amount of Fraud," *Journal of Law and Economics*, 1973, 16 (1):67 – 88.

［3］ Albersmeier, F., Schulze, H., Spiller, A., "System Dynamics in Food Quality Certifications: Development of an Audit Integrity System," *International Journal of Food System Dynamics*, 2010, 1 (1):69 – 81

［4］ Golan, E., Kuchler, F., Mitchell, L., "Economics of Food Labeling," *Journal of Consumer Policy*, 2001, 24 (2):184 – 117.

［5］ Janssen, M., Hamm, U., "Product Labelling in the Market for Organic Food: Consumer Preferences and Willingness – to – pay for Different Organic Certification Logos," *Food Quality and Preference*, 2012, 25 (1):9 – 22.

［6］ 尹世久：《信息不对称、认证有效性与消费者偏好：以有机食品为例》，中国社会科学出版社，2013。

［7］ Gao, Z., Schroeder, T. C., "Effects of Label Information on Consumer Willingness – to – pay for Food Attributes," *American Journal of Agricultural Economics*, 2009, 91 (3):

795 – 809..

[8] Akaichi, F., Gil, J. M., "Assessing Consumers' Willingness to Pay for Different U-nits of Organic Milk: Evidence from Multiunit Auctions," *Canadian Journal of Agricultural Economics*, 2012, 60 (4):469 – 494.

[9] Napolitano, F., Braghieri, A., Piasentier, E. et al., "Effect of Information about Organic Production on Beef liking and Consumer Willingness to Pay," *Food Quality and Preference*, 2011, 21 (2):207 – 212.

[10] 黄季伸、徐家鹏：《消费者对无公害蔬菜的认知和购买行为的实证分析》，《农业技术经济》2008 年第 6 期，第 62 ~ 66 页。

[11] Lancaster, K. J., "A New Approach to Consumer Theory," *The Journal of Political E-conomy*, 1966, 74 (2):132 – 157.

[12] Olesen, I., Alfnes. F., Rora, M. B., et al., "Eliciting Consumers' Willingness to Pay for Organic and Welfare – labelled Salmon in a Non – hypothetical Choice Experi-ment," *Livestock Science*, 2010, 127 (2/3):218 – 226.

[13] Van Loo, E. J., Caputo, V. et al., "Consumers' Willingness to Pay for Organic Chicken Breast: Evidence from Choice Experiment," *Food Quality and Preference*, 2011, 22 (7):603 – 613.

[14] Liu, R. D., Pieniak, Z., Verbeke, W., "Consumers' Attitudes and Behaviour towards Safe Food in China: A Review," *Food Control*, 2013, 33 (1):93 – 104.

[15] 孙剑、李崇光、黄宗煌：《绿色食品信息、价值属性对绿色购买行为影响实证研究》，《管理学报》2010 年第 1 期，第 7 ~ 63 页。

[16] Louviere, J. J., Hensher, D. A., Swait, J. D., *Stated Choice Methods: Analysis and Applications* [M]. Cambridge University Press, 2000.

[17] Breidert, C., Hahsler, M., Reutterer, T., "A Review of Methods for Measuring Willingness – to – pay," *Innovative Marketing*, 2006, 2 (4):8 – 32.

[18] Lusk, J. L., Schroeder, T. C., "Are Choice Experiments Incentive Compatible? A Test with Quality Differentiated Beef Steaks," *American Journal of Agricultural Economics*, 2004, 86 (2):482 – 467.

[19] Lockshin, L., Jarvis, W., D' Hauteville, F., Perrouty, J. P., "Using Simula-tions from Discrete Choice Experiments to Measure Consumer Sensitivity to Brand, Re-gion, Price, and Awards in Wine Choice," *Food Quality and Preference*, 2006, 17 (3/4):166 – 178.

[20] Loureiro, M. L., Umberger, W. J., "A Choice Experiment Model for Beef: What

US Consumer Responses Tell Us about Relative Preferences for Food Safety, Country - of - origin Labeling and Traceability," *Food Policy*, 2007, 32 (4):496 - 514.

[21] 张磊、王娜、赵爽:《中小城市居民消费行为与鲜活农产品零售终端布局研究: 以山东省烟台市蔬菜零售终端为例》,《农业经济问题》2013 年第 6 期, 第 74 ~ 81 页。

[22] Wu, L. H., Xu, L. L., Zhu, D., et al., "Factors Affecting Consumer Willing-ness to Pay for Certified Traceable Food in Jiangsu Province of China," *Canadian Journal of Agricultural Economics*, 2012, 60 (3):317 - 333.

[23] Luce, R. D., "On the Possible Psychophysical Laws," *Psychological Review*, 1959, 66 (2):81 - 95.

[24] Ben - Akiva, M., Gershenfeld, S., "Multi - featured Products and Services: Analy-sing Pricing and Bundling Strategies," *Journal of Forecasting*, 1998, 17 (3/4):175 - 196.

[25] Train, K. E., *Discrete Choice Methods with Simulation* (Second Edition) [M]. Cam-bridge University Press, 2009.

[26] Ubilava, D., Foster, K., "Quality Certification vs. Product Traceability: Consumer Preferences for Informational Attributes of Pork in Georgia," *Food Policy*, 2009, 34 (3):305 - 310.

[27] Revelt, D., Train, K. E., "Customer - specific Taste Parameters and Mixed Logit," University of California, Berkeley, 1999.

[28] Lusk, J. L., Roosen, J., Fox J., "Demand for Beef from Cattle Administered Growth Hormones or Fed Genetically Modified Corn: A Comparison of Consumers in France, Germany, the United Kingdom, and the United States," *American Journal of Agricultural Economics*, 2003, 85 (1):16 - 29.

[29] Krinsky, I., Robb, A. L., "On Approximating the Statistical Properties of Elastic-ities," *The Review of Economics and Statistics*, 1986, 68 (4):715 - 719.

[30] Hole, A. R., "A Comparison of Approaches to Estimating Confidence Intervals for Willingness to Pay Measures," *Health Economics*, 2007, 16 (8):827 - 840.

[31] 王俊秀、杨宜音:《中国社会心态研究报告 (2013 版)》, 社会科学文献出版社, 2013。

[32] Falguera, V., Aliguer, N, Falguera, M., "An integrated Approach to Current Trends in Food Consumption: Moving toward Functional and Organic Products," *Food Control*, 2012, 26 (2):274 - 281.

[33] Ortega, D. L, Wang, H. H., Wu, L. et al., "Modeling Heterogeneity in Con-

sumer Preferences for Select Food Safety Attributes in China," *Food Policy*, 2011, 36 (2):318 - 324.

［34］ Ma, Y., Zhang, L., "Analysis of Transmission Model of Consumers' Risk Perception of Food Safety Based on Case Analysis," *Research Journal of Applied Sciences*, *Engineering and Technology*, 2013, 5 (9):2686 - 2691.

［35］ Chen, J., Lobo, A., "Organic Food Products in China: Determinants of Consumers'Purchase Intentions," *The International Review of Retail*, *Distribution and Consumer Research*, 2012, 22 (3):293 - 314.

食品安全法与舆情研究

论我国食品安全犯罪刑事立法之完善[*]

梅　锦[**]

摘　要： 当前的食品安全形势总体较为严峻，这与我国对危害食品安全犯罪"严而不周"的刑事立法密切相关。对此，有必要将生产、销售不符合安全标准的食品罪由"危险犯"修改为"行为犯"；在刑法中增设危害食品安全的过失犯罪；增设资格刑，剥夺危害食品安全犯罪的犯罪人再次从事食品行业的资格；同时调整体系，将危害食品安全的犯罪由"破坏社会主义市场经济秩序罪"一章移至"危害公共安全罪"一章。如此，才可以实现刑事立法"既严又周"的效果。

关键词： 食品犯罪　行为犯　刑罚完善　外国立法

食品安全是关系国计民生的大事。在 2011 年全国人民代表大会召开期间，有代表提出关于制定食品、药品安全犯罪法，以严刑峻法惩治食品、药品领域严重犯罪的议案，得到 12 个省、自治区、直辖市 439 名人大代表的联名呼应[1]，这从一个侧面反映了我国当前食品安全的严峻形势以及民众迫切要求加以改善的愿望。自 2003 年"阜阳奶粉事件"引发民众对食品安全的空前关注以来，十余年间，我国的食品安全状况有所改善，但总体安全形势仍不容乐观。有学者总结，我国当下的食品安全问题主要表现为以下几个方面：产地环境污染严重；食品生产加工水平较低；食品安全标准和检测技术

---

　*　江苏省食品安全基地研究项目"江苏食品安全黑名单制度及其合法性研究"的阶段性研究成果（编号：13JDB025）。

**　梅锦，（1984~），男，江苏扬州人，刑法学博士，江南大学讲师，主要从事刑法基础理论、比较刑法方面的研究。

与发达国家差距较大；食品安全违法行为广泛、违法手段呈现恶意性、严重危害性和多变性特点；假冒伪劣食品严重损害群众身体健康[2]。

从应然角度而言，随着我国经济的高速发展，食品健康状况也会得到大幅度改善。但我国当下的食品安全却呈现出如此之怪状，本文认为这与我国刑事立法的不完善有很大的关系。对此，本文首先从刑法对食品安全犯罪的立法现状进行阐述。

一　我国食品安全犯罪的立法现状

食品安全犯罪有广义和狭义之分。狭义的食品安全犯罪是由生产、销售行为所直接引发的犯罪，特指刑法中的"生产、销售不符合安全标准的食品罪"和"生产、销售有毒、有害食品罪"；而广义的食品安全犯罪除包括狭义的食品安全犯罪行为外，还包括因食品添加剂的生产经营，用于食品的包装材料、容器、洗涤剂、消毒剂和用于食品生产经营的工具、设备的生产经营，以及与食品安全监督管理等相关的一系列犯罪，具体表现为刑法中的"生产、销售伪劣产品罪""非法经营罪""以危险方法危害公共安全罪""食品监管渎职罪""徇私舞弊不移交刑事案件罪""商检徇私舞弊罪""动植物检疫徇私舞弊罪""放纵制售伪劣商品犯罪行为罪"等。在这一系列行为中，与食品安全联系最紧密的当属"生产、销售"行为，故本文主要从狭义的层面来探讨我国食品安全犯罪的刑事立法完善。

随着经济的发展，民众对食品安全的要求在逐步提高，我国刑法对食品安全犯罪的修改也较为频繁：1979年的刑法中，并没有规定食品安全犯罪；1993年颁行的《关于惩治生产、销售伪劣商品犯罪的决定》的单行法中，明确将"生产、销售不符合卫生标准的食品，造成严重食物中毒事故或者其他严重食源性疾患，对人体健康造成严重危害的"或"在生产、销售的食品中掺入有毒、有害的非食品原料的"行为认定为犯罪。随着1997年刑法的颁布，食品安全犯罪首次被明文规定在刑法条文中，内容沿袭了1993年单行法的规定。但相对于之前的单行法，1997年刑法将"生产、销售不符合安全标准的食品罪"的基本犯罪构成由"实害犯"（或结果犯）修改为"危险犯"，即只要生产、销售不符合安全标准的食品，"足以造成严重食物中毒事故或者其他严重食源性疾患的"就构成犯罪。

随着 2011 年刑法修正案（八）的颁布，我国刑法对食品安全犯罪又做了重大的修改，集中表现为两个方面：其一，扩大了重罪的处罚范围。刑法修正案（八）对生产、销售有毒、有害食品罪加重刑的犯罪构成做了修改，在原有的"对人体健康造成严重危害"的基础上增加了"或者有其他严重情节的"规定，使得那些尽管未对人体健康造成严重危害但具有其他严重情节的行为也可以适用"5 年以上 10 年以下有期徒刑"。其二，加大了犯罪的处罚力度。首先，刑法修正案（八）取消了单处罚金的规定，即对于食品安全犯罪都要判处主刑并处罚金，实行"打罚并重"的政策；其次，刑法修正案（八）取消了生产、销售有毒、有害食品罪中"拘役"刑的规定，将该罪的处罚起点升格为有期徒刑；最后，刑法修正案（八）修改了对罚金的规定，1997 年刑法对食品安全犯罪单处或并处"销售金额百分之五十以上二倍以下罚金"，修正案（八）则将其直接规定为"并处罚金"，如此就取消了罚金的数额限制，使司法机关能够根据案件的具体情况确定合理的罚金数额。

综观我国历次刑法关于食品安全犯罪的修改，一方面，从犯罪构成来看，生产、销售不符合安全标准的食品罪的规定由"未规定"→"实害犯"→"危险犯"，生产、销售有毒、有害食品罪的规定由"未规定"→"行为犯"→"加重刑范围扩大的行为犯"；另一方面，从刑罚处罚来看，取消了拘役在生产、销售有毒、有害食品罪的适用，将单处或并处罚金一律改为并处罚金，同时取消了罚金的数额限制。不难发现，我国刑事立法对于危害食品安全的犯罪采取的是一种"从严打击"的态度。再结合刑法对生产、销售不符合安全标准的食品罪"拘役并处罚金→无期徒刑并处罚金或没收财产"，生产、销售有毒、有害食品罪"五年以下有期徒刑并处罚金→死刑并处罚金或没收财产"的法定刑配置来看，我国刑法对食品安全犯罪的处罚力度是十分大的，也比世界上多数国家的处罚要重。如意大利刑法对"销售有毒食品罪"的处刑为"6 个月至 3 年有期徒刑和 10 万里拉以上罚金"；土耳其刑法对"交易腐败变质食品罪"的处刑为"1 年以上 5 年以下监禁"；喀麦隆刑法对"食品掺假罪"，只处以"3 个月以上 3 年以下的监禁并处 5000 以上 50 万以下法郎的罚金"。

二 我国食品安全犯罪立法之不足

从前文的分析中可知，我国刑法对于食品安全犯罪的处罚力度不可谓不大，但为什么食品安全状况并没有明显的好转呢？本文认为，我国当下的食品安全刑事立法存在着"严而不周"的问题，大大制约了刑法打击危害食品安全犯罪的作用的发挥。

（一）对生产、销售不符合安全标准的食品罪"危险犯"的立法规定

生产、销售不符合安全标准的食品罪和生产、销售有毒、有害食品罪的主要区别在于：前者使用的是"不符合安全标准的食品性原料"，而后者使用的是"有毒、有害的非食品性原料"。显然，从生产、经营的合理角度看，实践中生产、销售不符合安全标准食品的行为出现的可能性更大。但由于我国刑法将生产、销售不符合安全标准的食品罪的基本犯罪构成规定为"危险犯"，即必须"足以造成严重食物中毒事故或者其他严重食源性疾病"的，才能认定为犯罪①，如此规定直接导致如下的不合理。

其一，认定"足以造成严重食物中毒事故或者其他严重食源性疾病"（以下简称"足以"）有一定难度。由于食品安全对人体健康的危害很可能是长期的、潜在的、隐藏的，普通民众或司法人员用日常的生活经验往往难以断定。对此，最高人民法院联合最高人民检察院于 2013 年 4 月 28 日颁布了《关于办理危害食品安全刑事案件适用法律若干问题的解释》，对"足以"的认定做了如下规定：（一）含有严重超出标准限量的致病性微生物、农药残留、兽药残留、重金属、污染物质以及其他危害人体健康的物

---

① 在刑法中，犯罪的成立不等同于犯罪的既遂。因此从应然刑法理论角度而言，只要行为人在主观故意的支配下，实施了客观的危害行为即构成相关的犯罪。至于行为人是否造成一定的危险状态或客观的危害结果只关涉到犯罪是否既遂的问题。但实践中，司法机关为了防止犯罪认定的泛化，对于多数故意犯罪，尤其是对危害经济类犯罪、妨害社会管理秩序类犯罪的未遂行为不作为犯罪处理。通常情况下，对于行为人生产、销售不符合安全标准的食品的行为若没有"足以造成严重食物中毒事故或者其他严重食源性疾病"危险的，都不作为犯罪处理。

质的；（二）属于病死、死因不明或者检验检疫不合格的畜、禽、兽、水
产动物及其肉类、肉类制品的；（三）属于国家为防控疾病等特殊需要明
令禁止生产、销售的；（四）婴幼儿食品中生长发育所需营养成分严重不
符合食品安全标准的；（五）其他足以造成严重食物中毒事故或者严重食
源性疾病的情形。从司法解释的规定来看，司法机关对"足以"的认定采
用的是"有限列举＋概括规定"的方式。尽管此"概括性规定"有助于法
律调整的周延性，但如何认定上述 5 种列举之外的情形属于"足以"，仍
是一个比较复杂的问题。对此，司法解释第 21 条规定："足以造成严重食
物中毒事故或者其他严重食源性疾病""有毒、有害非食品原料"难以确
定的，司法机关可以根据检验报告并结合专家意见等相关材料进行认定。
必要时，人民法院可以依法通知有关专家出庭做出说明。该条指出了"足
以"的认定方法，即通过"检验报告"和"专家意见"相结合的方法，
但这实际上也从另一个层面表明了实践中对"足以"认定的困难性。

其二，难以有效打击许多危害食品安全的行为。实践中存在许多生产、
销售的食品并没有达到"足以"的危险程度，但同样具有严重社会危害性的
情形，诸如生产、销售"腐败变质、油脂酸败、霉变生虫、污秽不洁的食
品""未经动物卫生监督机构检疫的食品""营养成分不符合食品安全标准
的成人食品""被包装材料、容器、运输工具等污染的食品""超过保质期
的食品""滥用食品添加剂的食品"。对此类行为，现有法律难以认定为犯
罪。现有的《食品安全法》也仅规定"没收违法所得、违法生产经营的食品
和用于违法生产经营的工具、设备、原料等物品；违法生产经营的食品货值
金额不足一万元的，并处二千元以上五万元以下罚款；货值金额一万元以上
的，并处货值金额五倍以上十倍以下罚款；情节严重的，吊销许可证"。从
行政处罚规定来看，主要是偏重于"经济罚"和"资格罚"，甚至连"行政
拘留"都没有加以规定，明显达不到惩治、预防此类危害行为发生的效果。
可见，我国刑法对于生产、销售不符合安全标准的食品罪"危险犯"的构成
要件设置，已经大大制约了对危害食品安全行为的打击。实际上，从最高司
法机关对"足以"的解释中也似乎可以看出其希冀摆脱该规定束缚的端倪，
如司法解释将"属于病死、死因不明或者检验检疫不合格的畜、禽、兽、水
产动物及其肉类、肉类制品的"认定为"足以造成严重食物中毒事故或者其

他严重食源性疾病"。但是，"死因不明的、检疫不合格的肉类制品"是否"足以造成严重食物中毒事故或者其他严重食源性疾病"呢？恐怕值得怀疑。这样的司法解释，也难免有陷入不合理的"扩大解释"甚至"类推解释"之嫌①。既然如此，我国刑事立法就应当去除生产、销售不符合安全标准食品罪"危险犯"的构成要求。

从国外的立法经验看，多数国家将危害食品安全的犯罪规定为"行为犯"，只要行为人实施了危害食品安全的行为，无论其是否造成一定的危险或危害结果，都构成犯罪。如《德国刑法典》第 314 条第 2 款规定："在被用于公共销售或消费的物品中，掺入危害健康的有毒物质，或者销售、陈列待售或以其他方式将第 2 项被投毒或掺入危害健康的有毒物质的物品投入使用的，处 1 年以上 10 年以下自由刑。"《古巴刑法典》在 227 条规定："有下列行为的，处 6 个月以上 2 年以下剥夺自由或者 300 份以上 1000 份以下罚金：a）将成分不全、重量不足、变质的、处于恶劣保存状态的商品向公众销售或者待售的。"《意大利刑法典》第 444 条规定："为销售而持有、销售或者为消费而分发虽不是变质的或掺假的，但对公众健康具有危险的食用品的，处以 6 个月至 3 年有期徒刑和 10 万里拉以上罚金。"《印度刑法典》第 273 条规定："无论何人，明知或有理由相信是已成为或已变质成为有害食品，或已经是不宜食用的物品，当饮食品出售或出售要约或陈列的，处可达 6 个月的监禁或 1000 卢比以下的罚金，或二者并处。"

（二）没有对危害食品安全的过失犯罪加以规定

我国刑法分别在 143 条、144 条规定了"生产、销售不符合安全标准的食品罪"和"生产、销售有毒、有害食品罪"。对此二罪，我国刑法理论界都将其认定为故意犯罪，"生产、销售不符合安全标准的食品罪和生产、销售有毒、有害的食品罪的主观方面表现为故意"[3]。从刑法条文本身来看，立法者对生产、销售不符合安全标准的食品罪"危险犯"和最高

---

① 对于扩大解释，我国有学者认为，虽然扩大解释本身并不违背罪刑法定原则，但不合理的扩大解释会超出国民的预期可能性，侵犯国民自由，故也最终违背罪刑法定原则。参见张明楷《刑法分则的解释原理》，中国人民大学出版社，2004，第 17 页。

刑"无期徒刑"的规定，对生产、销售有毒、有害食品罪"明知"和最高刑"死刑"的规定，都表明此二罪确是故意犯罪①。但立法者仅将危害食品安全的行为规定为故意犯罪而忽略了危害食品安全的过失行为。本文认为，此种立法规定，至少存在以下两点不合理之处。

其一，放纵了严重危害食品安全的过失行为。根据我国刑法的规定，故意犯罪是指行为人对危害结果的发生持"希望"或"放任"的态度；过失犯罪则是行为人对危害结果没有认识或有认识但"轻信能够避免"。结合危害食品安全的行为而言，从事食品生产、销售的主体都是从事商事活动的主体。尽管刑法并没有将"以牟利为目的"作为法定的构成要件，但行为人实施此类犯罪"往往具有非法牟利的目的"[4]。这也成为生产、销售有毒、有害食品罪和投放危险物质罪的重要区别。如此来看，行为人在从事不符合安全标准食品或有毒、有害食品的生产、销售时，其主观上持"希望消费者造成危险状态或危害结果"态度的可能性并不大。从合理的角度看，多数情形下，应是生产者、经营者出于牟利的目的，对其生产、销售的不符合安全标准或有毒、有害食品所造成的危害结果持"放任"甚至"轻信能够避免"的态度。当然，在某些情形下，也存在因为疏忽大意而没有预见到其上述行为可能造成危害结果的可能。因此，从危害行为发生的可能性来看：行为人出于过失，尤其是出于"自信过失"的心态去从事违法生产、销售行为的可能性最大。然而，对行为人出于过失的心态从事上述行为造成危害后果的是否应当用刑罚加以处罚呢？本文对此持肯定态度。生产、销售不符合安全标准或有毒、有害食品的行为具有严重的社会危害性，刑法也将其规定为重罪（最高可判无期徒刑或死刑）。因此，过失从事上述行为并造成严重后果的，自然也应当认定为犯罪。尤其在当前食品安全形势较为严峻的社会背景下，若仅将故意行为规定为犯罪，将大大放纵现实中占多数的严重危害食品安全的过失行为。

---

① 根据刑法总则的规定，过失犯罪必须以危害结果的出现为前提，故不存在过失的危险犯；而"明知"也是故意犯罪的立法用语；同时根据罪刑相适应原则，对于过失犯罪是不可能判处"无期徒刑"或"死刑"的，故立法本意也是将此二罪规定为故意犯罪。

其二，放纵了某些危害食品安全的故意犯罪行为。在我国的罪过形式中，间接故意和过于自信的过失两种罪过是较容易混淆的，其区分的关键在于行为人对危害结果的发生是持"放任"还是"轻信能够避免"的态度。许多情况下，要明确区分两种态度是较为困难的。为此，有学者提出了"第三种罪过形式"，即复合罪过形式，"它包含间接故意与过失的复合"[5]。但该理论在我国刑法学界未获得普遍接受，尤其是在刑法条文未明确规定的前提下，不区分行为人的主观心态，直接以复合罪过来认定行为人的刑事责任是不合理的。本着事实问题"存疑时有利于被告人的原则"，"对于罪过之性状本来就模糊不清的疑难案件，只能退而求其次将之认定为过失犯罪，并在相应刑罚幅度内适当从重处罚"[6]。由于我国刑法对危害食品安全的犯罪只规定了故意犯罪，而没有规定过失犯罪，对那些行为人主观上是间接故意但又难以查证的情形，只能认定为无罪，这无疑放纵了许多危害食品安全的故意犯罪。

从世界各国的刑事立法看，将严重危害食品安全的过失行为认定为犯罪，是多数国家的通行做法。《葡萄牙刑法典》第282条规定，"b）对作为前项所列活动的对象的物质、在已过有效期仍将被使用的物质或者因时间作用或受某些药剂的作用而变坏、腐败、变质的物质，予以进口、隐藏、出售、为出售而展示……2.如果前款所指的危险是因为过失而造成的，处不超过5年监禁"；《俄罗斯刑法典》第238条规定，"以销售为目的生产、保管运送或者销售不符合消费者生命或健康安全要求的商品、完成不符合这种要求的工作或提供不符合这种要求的服务……过失造成人员健康的严重损害或过失造成人员死亡的，处数额为10万卢布以上50万卢布以下……"；《挪威一般公民刑法典》则在第362条规定，对故意或者过失实施危害食品安全的行为都要判处罚金；《冰岛刑法典》第172条规定"任何人兜售或者出于分售的目的而制造由于变质或者其他原因而有害人体健康的消费品……过失地实施本条规定的犯罪的，处罚金或者不超过1年的监禁"；《巴西刑法典》第272条规定，"污染、掺杂、伪造、变造供消费的食品原料或者食品，使之有害健康或者降低其营养价值……如果是过失实施犯罪的：刑罚——1年以上2年以下拘役，并处罚金"。

（三）缺乏对食品安全犯罪资格刑的设定

我国刑法中的资格刑包括"剥夺政治权利"和"驱逐出境"。对于本国人而言，资格刑实际只有"剥夺政治权利"一种。从我国现有刑法对生产、销售不符合安全标准的食品罪和生产、销售有毒、有害食品罪的法定刑设置来看，刑罚的种类包括"拘役"、"有期徒刑"、"无期徒刑"、"死刑"、"罚金"和"没收财产"，其中没有任何资格刑的设定。这就意味着，仅从刑罚的角度看，危害食品安全犯罪的犯罪人在刑罚执行完毕之后，可以继续从事食品交易的商事活动。刑法之所以未能在该类犯罪中规定附加适用资格刑，源于我国刑法中资格刑适用范围的局限性。剥夺政治权利是"剥夺犯罪分子参加国家管理和一定社会政治生活权利的刑罚方法"[7]，将其适用于商事领域的食品安全犯罪明显是不合适的。

当然，现有法律对从事危害食品安全活动的行为人并非不剥夺任何资格。根据《食品安全法》的规定，对于危害食品安全、情节严重的行为，可以"责令停产停业直至吊销许可证"。显然，"责令停产停业""吊销许可证"是一种资格罚。"当一个行为同时违反了行政法律规范和其他法律规范时，由有权机关依据各自的法律规范实行多重处罚"[8]，因此，对危害食品安全的行为在适用刑罚的同时，补充适用相应的行政处罚并不违背行政法中的"一事不两罚"原则。但应当注意，即使是行政处罚中含有"责令停产停业""吊销许可证"的规定，其作用对象也主要是针对单位的，并没有剥夺违法者个人进一步从事食品生产、销售等商事活动的资格。况且行政处罚的追诉时效也远较刑罚的追诉时效短。根据我国《行政处罚法》第20条的规定，"违法行为在二年内未被发现的，不再给予行政处罚"，而刑法对犯罪的追诉时效为"五年至二十年"甚至更长。如此，就可能出现对犯罪人适用刑罚，但不能对其适用剥夺资格的行政处罚。

可见，完善我国刑法中的资格刑设置是十分必要的。对此，国外的立法经验可以借鉴，如《意大利刑法典》第19条规定，"针对重罪的附加刑是：……2）禁止从事某一职业或技艺"；《荷兰刑法典》第9条规定，刑罚包括"主刑"和"附加刑"，其中附加刑包括"剥夺特定权利"；第28条规定，"在判决中可以剥夺罪犯的下列权利：（1）担任公职或特定职务……（5）从事特定职业"；《希腊刑法典》第 67 条规定，"如果行为人严重地违反其所从事的需要有权机关给予特别授权的职业之义务实施重罪或轻罪，并且被判处的刑罚不轻于 3 个月监禁的，法院可以同时剥夺其从事该职业的资格 1 至 5 年。剥夺资格也包括永久地剥夺所被授予的职业的资格"。

（四）危害食品安全犯罪在刑法中的体系排列不合理

我国刑法分则有 450 多项罪名，而罪名的排列顺序主要依据其客体，即所保护的社会关系的重要程度进行排列。通常情况下，保护客体越重要排名越靠前。当某个犯罪具有双重或多重客体时，则依据其主要客体进行分类和排列。危害食品安全犯罪为复杂客体，即"食品卫生管理秩序和消费者的健康权、生命权等合法权益"[9]。从犯罪分类上看，1997 年刑法将危害食品安全犯罪置于"破坏社会主义市场经济秩序罪"章中的"生产、销售伪劣商品罪"一节，这表明了立法者认为危害食品安全罪的主要客体为"食品卫生管理秩序"，次要客体为"不特定公众的健康生命权"。随着我国市场经济体制的逐步完善，公众对食品安全更加关注。本文认为，将食品安全犯罪置于"破坏社会主义市场经济秩序罪"一章，对违法者难以起到足够的警示作用，不利于对食品安全的保护。

考察国外的立法经验，不难发现多数国家也没有将危害食品安全的犯罪行为置于经济类犯罪一章。如《德国刑法典》将危害食品安全的犯罪规定在第 28 章的"危害公共安全"，而非第 26 章的"妨害竞争"；《俄罗斯刑法典》则将其置于第 9 编的"危害公共安全和社会秩序的犯罪"，而非第 8 编的"经济领域的犯罪"；《塞尔维亚共和国刑法典》将其置于第 23 章"侵犯人类健康的犯罪"，而非第 22 章"侵犯经济利益的犯罪"；《意大利刑法典》在第 6 章的"危害公共安全罪"中规定了"销售变质的或掺假的食品罪"和"销售有毒食品罪"，而未将其列入第 8 章的"妨害公共经济、工业和贸易罪"；《土耳其刑法典》在"危害社会罪"一章中的"危害公共卫生罪"一节中规定了"交易腐败变质食品、药品罪"；《喀麦隆刑法典》在"危害公共卫生罪"而非"危害经济罪"一章中规定了"食品掺假罪"。

三　我国食品安全刑事立法之完善

通过前文对我国危害食品安全犯罪立法"严而不周"的状况所进行的分析可知，要更有效地打击危害食品安全的犯罪行为、完善食品安全秩序，必须完善我国的刑事立法，使得对危害食品安全行为的打击"既严又周"。对如何完善刑事立法，有学者建议"在刑法中增设'危害食品安全罪'，对食品安全从种植、养殖、原材料供应、加工、包装、贮藏、运输、销售等进行全过程的保护，从而适应现代社会对食品安全的需要"[10]。虽然增设一个具有概括性的"危害食品安全罪"对扩大食品安全犯罪打击范围具有积极的意义，但同时也应当认识到上述"种植、养殖、原材料供应、加工、包装、贮藏、运输"等过程相对于"生产、销售"而言，其距离危害的发生尚较远。根据食品安全管理制度，生产、销售环节需要对食品加以检验、检疫等。因此，即使之前的"种植、供应、运输"等环节存在危害食品安全的可能，也并不必然导致危害结果的发生，其危害性明显较"生产、销售"行为小。因此，增设一个概括性的"危害食品安全罪"会导致刑法的打击面过泛，不具有合理性。本文认为，应比照前文对食品安全犯罪刑事立法不足之分析，做如下之完善。

（一）将生产、销售不符合安全标准的食品罪由"危险犯"改成"行为犯"

要将生产、销售不符合安全标准的食品罪由"危险犯"修改为"行为犯"，就必须去除现行刑法第 143 条"足以造成严重食物中毒事故或者其他严重食源性疾病的"的规定。如此，则只要行为实施了生产、销售不符合安全标准的行为，即使未造成"严重食物中毒事故或其他严重食源性疾病"危险的，也可以构成犯罪。这一方面解决了实务部门对"足以"认定难的问题，便于司法操作；另一方面也扩大了刑法的处罚范围，有利于更好地实现刑罚与行政处罚的衔接。由于我国的《食品安全法》对各类违反食品安全的违法行为的行政处罚方式偏于"财产罚"和"资格罚"，没有规定剥夺人身自由的"拘留"，其调控力度明显不足，而现行刑法对于生产、销售不符合安全标准的食品罪又有"危险犯"的入罪要求。如此一来，对那些生产、销售不符合安全标准的食品但尚未达到"足以"危害程度的，既不能定罪也不能进行适度的行政处罚。只有将生产、销售不符合安全标准的食品罪修改为行为犯，才可以使刑罚与行政处罚有效衔接。

但将生产、销售不符合安全标准的食品罪修改为行为犯，是否会导致刑罚扩大的问题？本文认为，只要合理地理解了刑法条文，是完全可以避免此种现象的发生的。即使生产、销售不符合安全标准的食品罪是行为犯，也不意味着只要实施了"生产、销售不符合安全标准的食品行为"就一概构成犯罪。原因在于，我国刑法第13条明确规定"但是情节显著轻微危害不大的，不构成犯罪"，而刑法总则的规定适用于包括分则在内的一切有刑罚规定的法律。由于"我国刑法采用了立法既定性又定量的立法模式"[11]，即犯罪的认定是"定性与定量"的统一，对于生产、销售不符合安全标准的食品罪而言，仍然需要行为人实施的生产、销售行为达到一定的危害程度才可以定罪。对此，司法机关可以综合案件的具体情况加以认定，而最高司法机关也可以通过制定"立案标准"的方式加以解决。

（二）在刑法中增设危害食品安全的过失犯罪

对于在刑法中增设危害食品安全的过失犯罪，有学者认为食品领域是一个专业性强、科技含量高的领域，存在隐发的风险，故以"新过失犯罪论"中的"危惧感说"为基础，认为"对于某些难以认定的过失犯罪，可以不必过于查证行为人是否有结果预见可能性，只要行为人负有避免结果发生义务而没有履行，且发生了危害结果，即可构成过失犯罪"[12]。虽然以"新过失犯罪论"为基础增设过失犯罪有助于扩大刑法对此类行为的处罚范围，但该理论本身却面临着诸多的批评，正如有学者指出的，若行为人"对结果预见可能性只需要危惧感的程度就够了的话，就会过于扩大过失犯的成立范围，有时与客观责任没有大的差别"[13]。因此，本书认为，在刑法理论界未能普遍接受的情况下，"新过失犯罪论"可以作为认定行为人承担"民事责任"甚至"行政责任"的根据，但不能据此认定构成犯罪。本文所主张的过失犯罪，是指行为人已经预见其生产、销售不符合安全标准的食品或有毒、有害食品的行为可能产生危害结果，但轻信能够避免或因为疏忽大意而没有预见，并因此产生危害后果的过失犯罪。此种意义上的过失犯罪和"行为与责任同在"的刑法理论完全符合。

对于如何将危害食品安全的过失行为认定为犯罪，国外刑法有三种立法例。其一，有危害结果的出现，方构成过失犯罪。如《俄罗斯刑法典》第238条第2款规定，"过失造成人员健康的严重损害或过失造成人员死亡的，处数额为10万卢布以上50万卢布以下或被判人1年以上3年以下的工资或其他收入的罚金……"；其二，有危险状态的出现，方构成过失犯罪。如《葡萄牙刑法典》第282条第2款规定，"如果前款所指的危险是因为过失而造成的，处不超过5年监禁"；其三，只要实施了危害行为，即可构成过失犯罪。如《巴西刑法典》第272条规定，"如果是过失实施犯罪的：刑罚——1年以上2年以下拘役，并处罚金"。由于我国采用的是刑法与行政处罚法相分离的"二元制"的处罚模式，刑罚措施具有相当的严厉性，故在考虑某一行为入罪时应保持足够的谨慎。加之我国刑法总则对过失犯罪有"以致发生这种结果"的规定，本文认为将危害食品安全的过失行为认定为犯罪，应当参照国外的第一种立法例，即只有当危害食品安全的行为过失地造成客观的危害结果出现时，方构成犯罪。至于过失犯罪的法定刑，本文认为可以比照"危害公共安全罪"章中"失火罪"等罪名加以设定。

（三）完善我国刑法中的资格刑设置

要完善我国刑法中的资格刑，必须扩大资格刑的处罚范围，除了能够对犯罪人的政治权利加以剥夺外，还必须能够剥夺犯罪人从事某种特定的职业或进行某项活动的资格（如剥夺驾驶、对禁治产者不允许其处分财产）。如此，对于构成危害食品安全犯罪的行为人就可以附加资格刑的适用。对于如何完善我国的资格刑，本文认为有两种模式。其一，借鉴《希腊刑法典》的立法例，在附加刑中规定"剥夺政治权利"的同时，再规定"剥夺资格"，使"剥夺资格"与"剥夺政治权利"分别成为独立的附加刑种。其二，参照《荷兰刑法典》的立法例，在附加刑中只规定"剥夺特定权利"一种，但其剥夺的权利范围包括政治权利以及其他从事特定职业、活动的权利。

（四）将食品安全犯罪归于危害公共安全罪一章

随着我国市场经济体制的逐步完善，食品安全犯罪的主要矛盾已经从对市场经济秩序的破坏转变为对公众生命健康权的侵害。对此，本文认为应将食品安全犯罪归入"危害公共安全罪"一章。正如有学者指出的，"人们更多地认为，之所以将该种行为规定为犯罪，主要在于它侵害、威胁了社会的公共安全，即不特定多数人的生命、健康的安全"[14]。刑法如此修改，不但能够体现立法者对危害食品安全犯罪从严打击的态度，也有利于一般民众对危害食品安全的行为有更明确的认识，能起到更好的预防犯罪发生的效果。

参考文献

［1］张桂辉：《应出重拳打击食品犯罪》，《人民政坛》2011 年第 4 期，第 29 页。

［2］任端平、潘思轶、薛世军、何晖：《论中国食品安全法律体系的完善》，《食品科学》2006 年第 5 期，第 270～275 页。

［3］王作富：《刑法分则实物研究》（上），中国方正出版社，2009，第 256～260 页。

［4］高铭暄、马克昌：《刑法学》，北京大学出版社、高等教育出版社，2011，第 380 页。

［5］储槐植、杨书文：《复合罪过形式探析——刑法理论对现行刑法内含的新法律现象之解读》，《法学研究》1999 年第 1 期，第 50～57 页。

［6］冯亚东、杨睿：《间接故意不明时的过失推定》，《法学》2013 年第 4 期，第143～149 页。

［7］马克昌：《刑罚通论》，武汉大学出版社，1999，第 226 页。

［8］胡锦光：《行政法与行政处罚法》，高等教育出版社，2007，第 156 页。

［9］陈忠林：《刑法分论》，高等教育出版社，2007，第 70 页。

［10］肖元：《对食品安全刑法保护的思考》，《西南民族大学学报》（人文社科版）2006 年第 2 期，第 68～71 页。

［11］王政勋：《定量因素在犯罪成立条件中的地位——兼论犯罪构成理论的完善》，《政法论坛》2007 年第 4 期，第 152～163 页。

［12］ 毛乃纯：《论食品安全犯罪中的过失问题——以公害犯罪理论为根基》，《中国人民公安大学学报》（社会科学版）2010 年第 4 期，第 81～85 页。

［13］ 〔日〕大塚仁：《犯罪论的基本问题》，冯军译，中国政法大学出版社，1993，第245 页。

［14］ 许桂敏：《罪与罚的嬗变：生产、销售有毒、有害食品罪》，《法学杂志》2011 年第 12 期，第 78～81 页。

基于马尔可夫链的食品安全舆情热度预测[*]

洪小娟　赵倩楠　洪　巍[**]

摘　要： 当前，食品安全事件处于高发期，媒体和社会公众对食品安全事件高度关注，这对政府的食品安全管理提出了更严峻的挑战。针对食品安全舆情生命周期短、发展曲线较为规律等特点，本文认为基于熵权和马尔可夫链模型预测食品安全舆情热度趋势具有可行性。本文基于2013年的食品安全热点舆情事件，搜集舆情事件在主要微博、主流食品安全论坛中的发帖量、转载量以及回复量，运用熵权法计算评价指标权重，采用马尔可夫链构造状态转移矩阵，预测食品安全舆情事件的趋势变化区间。本文在对2013年20余项主要热点事件进行回溯后，发现基于熵权的马尔可夫链模型预测热度变化的准确性高，证明马尔可夫链适用于食品安全舆情事件的预测。

关键词： 食品安全　网络舆情　舆情热度　马尔可夫链　熵权法

一　问题的提出

食品安全舆情近年来一直处于公众舆论的风口浪尖上，究其原因，无

---

* 国家自然科学基金项目（编号：71303094）；江苏省高校哲学社会科学优秀创新团队建设项目（编号：2013 - 011）；江苏省自然科学基金项目"基于复杂网络的食品安全舆情的演化机理与动力学仿真研究"（BK2012126）；国家自然科学基金资助项目"互联网舆情演化中群体行为协同演进模型研究"（编号：71271120）；教育部人文社科基金项目"移动互联网舆情与线下集合行为的耦合性研究"（编号：11YJC630059）。

** 洪小娟（1975 ~ ），女，硕士，南京邮电大学管理学院副教授，研究方向为食品安全网络舆情；赵倩楠，匹兹堡大学信息学院；洪巍，江南大学江苏省食品安全研究基地。

外乎其涉及民生的重大问题，直接关系公众的身体健康和生命安全。在处于社会转型困境的当下中国，公众对食品安全的关注远超公共卫生的视域，已渐进地辐射到经济、政治领域，引发了管理层的高度重视。时至今日，公众对食品安全问题的担忧和焦虑的情绪，仍在高位徘徊，并呈现一个重要的特点：专业知识的匮乏引致过分反应，加之网络的催化，在食品安全领域负面舆情事件占比较大。我国正在成为世界上比较少见的食品安全舆论超强负磁场：某个食品安全事件一经曝光，即可迅速引发全国网民围观及参与。尤其是基于互联网的新型社交媒体如微博、微信等的快速发展，使食品安全舆情的扩散性正被无限放大，且通常会伴随群体性的抢购、停购等行为，危害行业发展，甚至引发影响社会安定的群体性事件。由此，研究食品安全舆情发展态势，找出合适的应对之策，已成为食品安全舆情研究的重要课题之一。

尽管由公众情绪、态度和意见集聚而成的食品安全网络舆情一直处于动态变化之中，但其运行必然要遵循某种特定规律。多数学者从定性角度研究舆情演变规律，少数学者使用定性与定量相结合的方法探究舆情的演变规律。如谢海光、陈中润探讨了舆情热点、焦点、敏点、频点等的计算方法，在定量研究上做出了有益的探索，但仍可归结于概念的探讨，缺乏具有可行性的实证研究[1]。综观现有的研究成果，学者们对食品安全网络舆情的发展规律，尤其对发展态势的预测是非常模糊的。为此，本文以2012年的两起热点食品安全舆情事件和2013年的20余起主要热点舆情事件为例，通过定量的研究来探讨食品安全网络舆情的发展态势，为相关管理部门把握食品安全舆情演变规律，掌握其发展态势，及时做好食品安全问题的预防和监测工作提供参考。

二 文献综述

（一）食品安全舆情综述

目前，学界大多从传媒、行政管理等领域，采用个案分析、对比研究等方法，聚焦在媒体对于食品安全事件的不当报道[2]、处理方式上[3]，以及我国食品安全监管体系相比欧美等发达国家存在的差距[4]、我国食品安全监管模式改革的政策建议等研究内容，但对于食品安全事件的社会危害性、网络媒体引致的食品安全事件的涟漪效应等缺乏关注。伴随着网络媒体、自媒体的介入，食品安全逐渐成为公众关注的热点问题。

食品安全网络舆情是网络舆情的一个子群，继承网络舆情的特性，由食品安全事件引发[6]，经过媒体、网民等主体对食品安全事件的报道、转载和评论，公众对食品安全形势、食品安全监管所产生的主观态度。较其他网络舆情，食品安全舆情波及范围广，具有瞬间爆发性。食品安全问题一旦出现，因其威胁到公众的身体健康，必然在短时间内产生巨大的负面影响，热度达到最高，影响也比较深远。值得注意的是，食品安全事件区别于一般的社会事件，容易引起联想。食品安全事件一旦发生，不但会在很长的时间内影响大众生活，引发公众的关注，往往还会与以往发生的食品安全问题产生联系。因此，对食品安全舆情的预警与引导，必须有合理科学的舆情热度测算方法做基础。

（二）热度评价指标研究述评

现有的舆情分析指标体系多采用分层分级指标体系。曾润喜认为可以构建警源、警兆、警情三类指标体系[7]。李雯静在指标的可操作性上做了较好的尝试，重点列出了网络舆情信息分析的指标和具体的指标计算方法[8]。但构建的指标体系主要聚焦于舆情主体，未突出舆情受众的能动性作用。张一文等[9]着重从非常规突发事件角度构建评价指标体系，喻国明[10]基于舆情分析平台，建立如同股市指数一样的"舆情指数"，以此研究舆情、民意的变化法则，但这两种体系主要从概念上进行阐述，并没有给出指标的详细计算方法。张一文等[11]又从事件舆情爆发力、网民作用力、媒体影响力以及政府疏导力四个维度来描述网络舆情热度，给舆情热度指标的构建贡献了非常好的思路。这些分层次的指标体系无疑增强了指标的完整性，提高了结果的有效性。但是，上述大部分指标都需要通过访问、问卷或者手工搜索的方式来获得，因而降低了这种方法的使用效率和实用性。

刘湛等认为，一个舆情事件成为热点的关键在于舆情主体对于热门事件的关注程度，可以通过点击数和回复数加以刻画[12]。通过搜集主要新闻网站、主要论坛、主要博客的回复数（A）、点击数（C）、回帖数（D）、转载数（B），以它们为评价指标，可以进行热度的计算。鉴于食品安全网络舆情的复杂性，加之移动终端的广泛应用，网络舆情的瞬间传播量特别大，所以宜以小时为计量单位，其与时间的对应关系如表 1 所示。

表 1　网络舆情事件数据统计表

主帖标题	新闻回复数（A）	主帖标题	博客/微博转载数（B）	主帖标题	论　坛		时间（T）
					点击数（C）	回帖数（D）	
M	A_1	N	B_1	P	C_1	D_1	1
M	A_2	N	B_2	P	C_2	D_2	2
…	…	…	…	…	…	…	…

表 1 可以直观地表示出每一舆情事件的被关注度，但无法体现出舆情事件的总体报道量。以论坛为例，每一舆情事件往往不止一个帖子对其进行报道，所以需要逐一统计每个主题帖的点击数（C）和回复数（D），无形中增加了操作难度。另外，表 1 在分类和布局上不够直观，不利于操作。如表 1 中有三个主帖标题的字样，指代不明确，而且每个主帖标题内容都应该不一样，因此要用 M_1、M_2 来表示，但是表 1 中全用 M 表示，与表 2 不能形成对应。此外，上述方法是以时间顺序作为依据的，因此需要突出时间序列。为便于数据搜集与处理，本着提高可操作性的原则，形成表 2。

表 2　论坛帖子点击数和回复数统计表

时间（T）	主题帖 P_1		主题帖 P_2		…		主题帖 P_n	
1	$c_1 - 1$	$d_1 - 1$	$c_2 - 1$	$d_2 - 1$	…	…	$c_n - 1$	$d_n - 1$
2	$c_1 - 2$	$d_1 - 2$	$c_2 - 2$	$d_2 - 2$	…	…	$c_n - 2$	$d_n - 2$
…	…	…	…	…	…	…	…	…

表 2 的方法对本文的研究启发性较大，因为指标比较容易获得，有较强的操作性。遗憾的是，表 2 在主题帖这一指标的选取上存在局限性，很

有可能使实验结果与现实产生较大偏差，但这种方法为本文的研究奠定了较好的基础。

（三）网络舆情热度预测方法

学界关于舆情热度的预测可以反映公众对舆情事件的关注程度的观点已取得了共识，已有许多学者在多学科领域研究了舆情热度的预测方法，并取得了一定成果。如张虹等[13~14]基于神经网络模型对舆情热度趋势进行预测。Xu Chen等[15]根据混沌理论提出了一种WEB舆情趋势预测方法。杨频等[16]提出了一种针对网络舆情意见倾向的分析方法。Watts等[17~19]研究了基于舆情的社会网络连接结构。钱爱兵[20]构建了不同的舆情分析算法。总体来讲，主要算法包括K-means算法、K近邻算法、BP神经网络算法、小波分析法和马尔可夫模型。

MacQueen[21]于1967年提出了K-means算法后，陆续有学者[22]对该模型进行了改进，提出凝聚K-means聚类算法和K近邻算法（K-Nearest Neighbors，KNN）。聂恩伦等[23]基于K近邻的新话题热度预测算法认为，内容相似的话题在热度和发展趋势上应该具有相似性。这种方法符合公众对于舆情的共性认识，即只需要找出类似的话题或者历史事件，新的热点事件的发展态势就可以很直观地表示出来。但仔细分析可以发现其存在如下问题：其一，新出现的热点事件，研究者是否能找出相关度较高的K个历史事件进行比较分析？如若相关人员找不到足够的数据来支持新话题的研究，则这个方法的普适性就较低；其二，聚类方法的计算量较大。因为K个邻近点需要计算每一个待分类的文本到全体已知样本的距离，这样繁复的运算无疑增加了工作的难度；其三，学界对于论文中选取的单纯点击数进行预测也存在质疑。一般来说，网络舆情爆发的周期比较短，同时间会有新的话题事件产生，公众一般会把注意力集中到新的事件上去，旧的事件被真正的关注者点击的可能性降低，而被漫游者点击的可能性增加，点击数的随机性变大，这也会使预测准确度降低。

张虹、赵兵、钟华[24]以论坛、微博数据为例研究了小波多尺度算法在舆情预测中的适用性，认为论坛、微博等是复杂的非线性系统，每个帖子所形成的时间序列，又呈现非线性升、降趋势，很难运用传统的时间序列模型加以描述。小波算法中通常采用的 ARIMA 时间序列分析方法虽然适合处理非平稳时间序列，但由于其参数是固定的，并不适应舆情发生发展过程中不确定性强的特性。

马尔可夫预测方法在水文、气象、地震、经济学等方面有广泛的应用，其核心是马尔可夫链特性运用。马尔可夫链[25]是指系统的演变是一个随机过程，未来状态与以前状态无关，仅与现在的状态有关，具有无后效性特点。马尔可夫预测的基本思想就是根据事件过去的发展规律来预测未来热度的发展趋势，即根据马尔可夫链原理，基于某些变量的当前状态及其变化趋向，预测其在未来某一特定期间内可能出现的态势。由此可见，马尔可夫链适用于离散的、随机的状态过程。

通过对 2012 年和 2013 年所发生的食品安全舆情事件的分析可以看出，食品安全事件形成期较短，短时间内过渡到爆发期，爆发期热度曲线平稳，直至缓解期热度逐渐下降，前三个阶段都处于规律性的变化当中，并且食品安全舆情事件总体呈现周期性较短特性，经常需要预测等时间间隔（如一小时）的时刻点上的热度分布情况。所以，食品安全舆情的演变过程契合马尔可夫过程的特征。另外，食品安全舆情发展的状态可以视为一个随机发展的过程，而它的发展受当前时间的影响非常强烈，即 $t+1$ 时刻的状态与 t 时刻的状态有关，与之前的其他状态无关，转移过程也只与当前热度值有关[11]。这些特点正好满足马尔可夫链的前提条件。并且，马尔可夫的预测只适合短期预测，因为长时间转移概率矩阵将发生变化。因此本文采用马尔可夫链方法进行食品安全网络舆情热度预测分析。

（四）指标权重计算方法综述

指标的权重分析也是一个重要的环节，不同的指标对结果的影响程度不同，因此需要对指标进行权重分析及重要性排序，这样有利于下一步的研究。食品安全网络舆情各个指标的权重分析结果如果出现误差，会直接影响事件热度值的计算，间接影响热度趋势预测分析，使整个分析结果出现偏差。鉴于此，为了更好地开展下面的工作，需要研究指标权重计算方法。指标权重的计算方法有很多，其中最主要的是 AHP[26] 层次分析法和熵值赋权法。其中层次分析法的优点自不待言，近来的研究倾向于关注 AHP

方法的不足，如过分依赖评价指标体系的建立、评价指标的选取，指标之间的关系取决于专家的意见。如果专家的选择不合理，含义混淆不清，或者指标之间的关系不确定，都会降低 AHP 方法的结果质量，甚至使决策失败。

熵权法[27]因是一种客观赋权法而日益受到重视，它的主要原理是依据指标数据所包含的信息量大小来确定指标的权重，即根据各指标值的变异程度所反映信息量的大小来确定指标的权重。熵值与权重呈现反向关系，某个指标的熵值越大，则说明指标信息的无序度越高，这个指标的利用价值越小，权重越小；反之，指标的熵值越小，指标信息反映的无序度越小，则这个指标的利用价值越高，权重也就越大。极端情况是，如果熵值等于1，则表明某个指标的数据完全无序，其对综合评价的效用值为0。

根据本文所选取的指标来看，4 个指标隶属于网民行为因素，不存在层次的划分，因此适合采用熵权法来计算食品安全舆情指标权重。

三 食品安全网络舆情热度分析

（一）指标选取

从指标可获取性、可操作性等维度考量，本文决定选取微博发帖量、论坛发帖量、论坛转载量以及论坛的回复量来作为食品安全网络舆情热度评价指标。因为网民在网上的发帖、转帖、评论、回复等行为本身就是受到舆情事件影响力、媒体作用力、政府疏导力等影响的结果呈现。鉴于现有的社交平台已成为舆情的主要发酵地，为此，本文构建了如下指标评价体系，见表 3。

表 3　网络舆情客观数据统计表

时间（T）	主帖标题	新　闻		博客/微博	论　坛	
		浏览数（A）	回复数（B）	转载数（C）	点击数（D）	回帖数（E）
1	M_1	A_1	B_1	C_1	D_1	E_1
2	M_2	A_2	B_2	C_2	D_2	E_2
…	…	…	…	…	…	…

从表3可以看出，统计的数据主要来自新闻客户端、微博、食品安全论坛三处。新闻网站尤其是新闻客户端，对于食品安全舆情的发生、发展起着助推作用，因此，新闻网站，尤其是门户网站提供的新闻必须引起关注。从网络舆情发生源来看，微博等社交平台已成为舆情的重要发生地。微博作为中国网民非常依赖的网络平台，通过统计其发布量，可以很快地了解一个事件的关注量及其变化趋势。尽管论坛的发展态势呈下滑的态势，但它在某些专业性食品安全事件上也产生较大的作用。在食品安全事件的传播中，凯迪社区、天涯论坛、强国社区这三个论坛较具影响力，这三个论坛也是比较具有代表性的论坛，注册用户较多，较为活跃。因此来自上述三处的数据可以代表网民在网络上呈现的情绪、态度等，并且真实有效，操作方便，数据易获取。

值得一提的是，本文指标的获取不是以小时作为计量单位的，因为网络舆情事件，小时与小时之间的变化不明显，这样统计所花费的工作量太大。而一天一天地进行统计，不仅能体现舆情事件的发展规律，而且数据变化趋势比较明显，还能够减少工作量，由此设计出如表4所示的食品安全舆情数据统计表。

表4　食品安全网络舆情数据统计表

日期（T）	微博发帖量（A）	论坛发帖量（B）	论坛回复量（C）	论坛访问量（D）
xx 月 xx 日	A_1	B_1	C_1	D_1
xx 月 xx 日	A_2	B_2	C_2	D_2
…	…	…	…	…
…	…	…	…	…
xx 月 xx 日	A_n	B_n	C_n	D_n

（二）指标权重计算

通过权重的计算，可以有效识别同层指标的作用力大小，体现各指标对舆情热度影响的重要程度，从而进行热度计算。基于熵权的指标权重计算原理如下。

（1）原始数据矩阵归一化。设 n 个评价指标，m 个评价对象的原始数

据矩阵为 $A = (a_{ij})_{n \times m}$，对其进行归一化处理后得到判断矩阵 $R = (r_{ij})_{n \times m}$，公式为：

$$r_{ij} = \frac{a_{ij} - \min\{a_{ij}\}}{\max\{a_{ij}\} - \min\{a_{ij}\}} \tag{1}$$

（2）定义熵：在有 m 个指标、n 个被评价对象的问题中，第 i 个对象评价的熵为：

$$h_i = -k \sum_{j=1}^{m} f_{ij} \ln f_{ij}, \quad i = 1, 2 \cdots, n \tag{2}$$

$$式中，f_{ij} = \frac{r_{ij}}{\sum_{i=1}^{n} r_{ij}} \tag{3}$$

假定当 $f_{ij} = 0$ 时，$f_{ij} \ln f_{ij} = 0$。选择 $k = \dfrac{1}{\ln_m}$ 对熵 h_i 进行标准化处理，则：

$$h_i = -\frac{1}{\ln_m} \sum_{j=1}^{m} f_{ij} \ln f_{ij} \tag{4}$$

（3）定义熵权：定义了第 i 个指标的熵权之后，可得到第 i 个指标的熵权：

$$W_i = \frac{1 - h_i}{m - \sum_{i=1}^{m} h_i} (0 \leqslant W_i \leqslant 1, \sum_{i}^{m} W_i = 1) \tag{5}$$

本文选取 2012 年和 2013 年发生的 25 例食品安全舆情事件，包括老酸奶、染血馒头、瘦肉精以及塑化剂等，基于前述步骤进行了权重赋值。微博发帖量的权重用 W_1 表示，论坛发帖总量权重用 W_2 表示，论坛回复总量权重用 W_3 表示，论坛浏览总量权重用 W_4 表示。为便于计算，结果取一位小数，分别为：$W_1 = 0.2$，$W_2 = 0.3$，$W_3 = 0.2$，$W_4 = 0.3$。

（三）热度计算

由前文分析可知，舆情热度（H）可用发帖量、回复数、浏览数进行描述。本文的数据统计主要来自微博和论坛。$\sum A_i$ 表示每天微博发帖总量，$\sum B_i$ 表示每天论坛发帖总量，$\sum C_i$ 表示每天论坛回复总量，$\sum D_i$ 表示每天论坛浏览总量。

由此，舆情热度（H）的表达式为：

$$H = \sum A_i \times W_1 + \sum B_i \times W_2 + \sum C_i \times W_3 + \sum D_i \times W_4 \qquad (6)$$

其中：$W_1 = 0.2$，$W_2 = 0.3$，$W_3 = 0.2$，$W_4 = 0.3$。

（四）马尔可夫热度预测

1. 状态划分

马尔可夫预测法实质上是预测对象未来的状态，首先对预测对象本身进行状态界限划分，且划分的状态间是相互独立的，预测对象在某一时间只处于当前状态。本文主要是依据马尔可夫模型原理，即用初始状态概率向量结合状态转移矩阵来预测对象未来的发展趋势。本文依据食品安全网络舆情热度进行状态界限划分。

$$热度值 H = \begin{bmatrix} H_1, H_2, H, \cdots, H_n \end{bmatrix} \qquad (7)$$

通过 $\bar{H}$ 来表示热度趋势值，表示为：

$$\bar{H} = H_{i+1} - H_i \qquad (8)$$

$$从而得到 \bar{H} = \begin{bmatrix} \bar{H}_1, \bar{H}_2, \cdots, \bar{H}_n \end{bmatrix} \qquad (9)$$

为便于分析，热度趋势划分一般为 4 个状态区间，以 0 为主要分界点，大于 0 的分为两个区间 S_1 和 S_2，其中 S_1 = 急速上升，S_2 = 缓慢上升；小于 0 的也分为两个区间 S_3 和 S_4，S_3 = 缓慢下降，S_4 = 快速下降。$S_1 = \begin{bmatrix} \bar{H}_{max/2}, \bar{H}_{max} \end{bmatrix}$；$S_2 = \begin{bmatrix} 0, \bar{H}_{max/2} \end{bmatrix}$；$S_2 = \begin{bmatrix} \bar{H}_{min/2}, 0 \end{bmatrix}$；$S_4 = \begin{bmatrix} \bar{H}_{min}, \bar{H}_{min/2} \end{bmatrix}$。

2. 状态转移矩阵

（1）状态转移数

状态转移数是热度趋势值从当前状态到下一刻状态的数目，如表 5 所示。当前状态为 S_1 的下一时刻也为 S_1 的有 N_{11} 个，为 S_2 的有 N_{12} 个。同理可以生成如表 5 所示的状态转移统计表。

表5 状态转移统计表

		下一时刻状态			
		S_1	S_2	S_3	S_4
当前状态	S_1	N_{11}	N_{12}	N_{13}	N_{14}
	S_2	N_{21}	N_{22}	N_{23}	N_{24}
	S_3	N_{31}	N_{32}	N_{33}	N_{34}
	S_4	N_{41}	N_{42}	N_{43}	N_{44}

其中，

$$P_{ij} = \frac{n_{ij}}{\sum\limits_{j=1}^{\infty} n_{ij}} \text{ 且 } \sum_{j=1}^{\infty} P_{ij} = 1 \ (i = 1, 2, 3, \cdots, n)，元素非负 P \geqslant 0 \qquad (10)$$

事件参数 n 以天为单位，按照发生的时间先后顺序进行统计，此时 X_n 为有限状态马尔可夫过程，其状态空间 $E = \{1, 2, 3, 4\}$。事件参数 $T = \{0, 1, 2, 3, 4, \cdots, n\}$。其中 $n = 0$ 表示为初始值。

$$P\{X(n+1) = j \mid X(n) = i\} = P_{ij}，(i, j = 1, 2, 3, 4) \qquad (11)$$

表示事件在 n 时刻处于状态 i 的前提下，下一时刻（即 $n+1$ 时刻）转移到状态 j 的一步转移概率。从而可以得到转移概率矩阵：

$$P = \begin{Bmatrix} P_{11} & P_{12} & P_{13} & P_{14} \\ P_{21} & P_{22} & P_{23} & P_{24} \\ P_{31} & P_{32} & P_{33} & P_{34} \\ P_{41} & P_{42} & P_{43} & P_{44} \end{Bmatrix}$$

该转移矩阵的性质为：

$$P_{ij} \geqslant 0，(i, j = 1, 2, 3, 4)，\sum_{j=1}^{4} P_{ij} = 1，(i = 1, 2, 3, 4)$$

矩阵 P 描述的系统由状态空间开始，下一时刻转移到状态 j 的概率分布状况。可以据此很直观地分析这个矩阵各个元素的数值大小和变化趋势。设：

$$P_{ij}^{(k)} = P\{X_{n+k} = j \mid X_n = i\}，(i, j = 1, 2, 3, 4) \qquad (12)$$

式（12）表示事件由状态 i 出发经过 k 步转移到状态 j 的 k 步转移概率。

$C-K$ 方程为：

设〔$X(n)$，$n=0$，1，2，3，…〕为一个马尔可夫链，它的状态空间为 $E=(0，\pm1，\pm2，…)$，则其 n 步转移概率满足：

$$P_{ij}^{(n)}(r) = \sum_{k \in E} P_{ik}^{(m)}(r) P_{kj}^{(n-m)}(r+m)，i,j \in E，1 \leqslant m \leqslant n，r \in T \quad (13)$$

根据 $C-K$ 方程并结合本文 n 步转移概率为：

$$P_{ij}^{(k+1)} = \sum_{m=1} P_{im}^{(k)} \cdot P_{mj}^{(1)} \quad (14)$$

也就是说，一步转移概率 P_{ij} 可以计算系统的任意 k 步转移概率矩阵：

$$P^{(k)} = \begin{cases} P_{11}^{(k)} & P_{12}^{(k)} & P_{13}^{(k)} & P_{14}^{(k)} \\ P_{21}^{(k)} & P_{22}^{(k)} & P_{23}^{(k)} & P_{24}^{(k)} \\ P_{31}^{(k)} & P_{32}^{(k)} & P_{33}^{(k)} & P_{34}^{(k)} \\ P_{41}^{(k)} & P_{42}^{(k)} & P_{43}^{(k)} & P_{44}^{(k)} \end{cases}$$

$$\text{用 } S(k) = [S_1^{(k)}, S_2^{(k)}, \cdots, S_3^{(k)}] \quad (15)$$

表示为第 k 个时期的状态概率向量。向量中的元素有以下的性质：

$$S_j^{(k)} \geqslant 0，(j=1，2，\cdots，n) \quad (16)$$
$$\sum S_{j(k)} = 1，(j=1，2，\cdots，n) \quad (17)$$

第 0 时期的状态概率 S_1^0，S_2^0，…，S_n^0 成为初始状态概率，相应的向量 $S^{(0)}$ 成为初始状态概率向量。

$$S^{(k)} = S^{(k-1)} \times P = S^{(0)} \times P^{(k)} \quad (18)$$

公式（18）就为马尔可夫预测模型，因此，在知道初始状态概率向量 $S^{(0)}$ 以及转移矩阵 P 时，就可以求出预测对象在任何一个时期处于任何一个状态的概率。

四　应用研究

2012 年 4 月 9 日，中央电视台主持人赵普在微博上爆料称，老酸奶很可能是破皮鞋制成的。这则加 V 的名人微博信息，在多名网络意见领袖的转发下，瞬间引燃了老酸奶舆情。鉴于其在食品安全舆情事件中的典型性，本文以此为例，来试算马尔可夫模型的热度预测过程。

（一）热度值、热度趋势值计算

本文主要数据来自新浪微博的发帖量，凯迪社区、天涯论坛、强国社区的发帖量、回复数以及访问量，并且可以根据式（6）、式（8）得出热度值、热度趋势值。结果如表 6 所示。

表 6　老酸奶事件指标值（2012 年）

日　　期	微博发帖量	论坛发帖量	论坛回复数	论坛访问量	热度值	热度趋势值
4 月 8 日	204	0	0	0	40.8	
4 月 9 日	73152	12	338	76819	37747.3	37706.5
4 月 10 日	25052	25	16	23648	12115.5	− 25631.8
4 月 11 日	10376	10	3	2224	2746	− 9369.5
4 月 12 日	4868	9	23	3649	2075.6	− 670.4
4 月 13 日	3125	4	1	867	886.5	− 1189.1
4 月 14 日	1855	2	0	42	384.2	− 502.3
4 月 15 日	5213	0	0	0	1042.6	658.4
4 月 16 日	8312	2	38	7345	3874.1	2831.5
4 月 17 日	6527	2	0	32	1315.6	− 2558.5
4 月 18 日	6541	1	0	24	1315.7	0.1
4 月 19 日	16942	4	1	91	3417.1	2101.4
4 月 20 日	13580	3	1	87	2743.2	− 673.9
4 月 21 日	11098	4	0	101	2251.1	− 492.1
4 月 22 日	5790	0	0	0	1158	− 1093.1
4 月 23 日	5586	0	0	0	1117.2	− 40.8
4 月 24 日	4956	0	0	0	991.2	− 126

（二）热度趋势状态区间

根据表 6 中的趋势值，大于 0 的为上升状态，小于 0 的为下降状态，为了细化上升或者下降的幅度，又分别在上升状态中选择平均值，大于均值的为快速上升，小于均值的为缓慢上升，在下降状态中也以相同的方法进行划分。

这样，根据表 6 的具体数值，选择 10000 作为分界值，从而得出下列 4 个状态区间：

$$S = [10000, \infty)$$
$$S_2 = [0, 10000]$$
$$S_3 = [-10000, 0]$$
$$S_4 = (-\infty, -10000]$$

（三）状态转移矩阵

一般来说，选择数据总量的前 90% 作为训练样本，剩余 10% 作为检测样本，选择 4 月 8～22 日作为训练样本，得出状态转移表、状态转移矩阵，从而预测 4 月 23 日、4 月 24 日所在的状态区间，如表 7 所示。

表 7　老酸奶状态转移统计表

状态转移		下一时刻状态			
		S_1	S_2	S_3	S_4
当前状态	S_1	0	0	0	1
	S_2	0	2	2	0
	S_3	0	2	5	0
	S_4	0	0	1	0

根据式（10）可以得出状态转移矩阵 P：

$$P = \begin{pmatrix} 0 & 0 & 0 & 0.077 \\ 0 & 0.154 & 0.154 & 0 \\ 0 & 0.154 & 0.385 & 0 \\ 0 & 0 & 0.077 & 0 \end{pmatrix}$$

（四）预测

设置 4 月 21 日热度为初始值，初始向量为 $V_0 = (0, 0, 1, 0)$，根据马尔可夫的预测结果为 $V_1 = V_0 \times P = (0, 1/6, 1/4, 0)$，由此可以看出 4 月 22 日处于 S_3 的概率较大。

$V_2 = V_1 \times P = $（0，5/72，13/144，0），由此可以预测 4 月 23 日在 S_3 的概率较大。

$V_3 = V_2 \times P = $（0，0.012，0.015，0），由此结果可以预测 4 月 24 日在 S_3 的概率较大。

把预测的数据同后来事件发展的真实结果做比较，得到的结果如表 8 所示。可以看出预测的 3 个舆情热度趋势都与实际吻合，准确率达到 100%。

表 8　舆情热度趋势预测

日　　期	预测区间	实际区间
4 月 22 日	3	3
4 月 23 日	3	3
4 月 24 日	3	3

（五）2013 年热点食品安全舆情预测结果

单纯的一个食品安全事件不足以证明马尔可夫预测的实用性，因此本文基于百度搜索引擎选取了 20 个 2013 年的热点舆情事件进行案例研究。预测结果如表 9 所示。

表 9　热点食品安全舆情事件热度趋势预测表

事　　件	预测 1	实际 1	预测 2	实际 2	准确率（%）
人造鱼翅	S_3	S_3	S_3	S_3	100
神奇月子水	S_2	S_3	S_3	S_3	75
雅培奶粉早熟	S_3	S_3	S_3	S_2/S_3	75
小肥羊假羊肉	S_3	S_3	S_3	S_3	100
大脚板冰淇淋	S_3	S_3	S_3	S_3	100
老鼠肉冒充羊肉	S_3	S_3	S_3	S_3	100
肯德基冰块	S_3	S_3	S_3	S_3	100
香飘飘奶茶青蛙	S_3	S_3	S_3	S_3	100
硫黄枸杞	S_3	S_2	S_3	S_3	75
多美滋问题奶粉	S_2	S_3	S_3	S_3	75
恒天然毒奶粉	S_3	S_3	S_3	S_3	100
南山奶粉致癌	S_3	S_3	S_3	S_3	100

续表

事　　件	预测1	实际1	预测2	实际2	准确率（％）
死鱼可乐	S_2	S_2	S_2	S_2	100
美素奶粉造假	S_2	S_3	S_3	S_3	75
吉野家餐具	S_3	S_3	S_3	S_3	100
五香牙签肉黑作坊	S_3	S_3	S_3	S_3	100
含铝炒瓜子	S_3	S_3	S_3	S_3	100
麦当劳洗涤剂	S_2	S_3	S_3	S_3	75
德芙巧克力活蛆	S_3	S_3	S_3	S_3	100
明一奶粉磺胺多辛	S_3	S_3	S_3	S_3	100

表9中14个事件预测准确，其中6个事件的预测准确率为75％。但是，预测区间和实际区间其实是相邻区间，也就是说预测区间略有偏差。因此可以推定，马尔可夫模型适用于对食品安全网络舆情的预测。

五　研究结论与研究不足

本文通过建立指标体系进行食品安全网络舆情的热度计算，结合马尔可夫模型再进行趋势预测，使得相关管理部门可以掌握事件的发展态势，从而对舆情进行正确引导。

马尔可夫作为预测模型在很多领域得到尝试，并且取得了较好的成果，但是在食品安全领域属于首次尝试，而根据本文的预测结果可以看出，马尔可夫模型在食品安全领域的预测能力较其他领域甚至更加精确。

该模型也存在不足，主要体现在食品安全事件的末段。食品安全事件不同于其他事件，主要涉及公众的生命安全，所以很难像一般事件那样完全在公众心中消退。因此，在后半阶段，虽然热度呈现下降的趋势，但不是完全降到0点，而是会出现反复，马尔可夫模型对于这种反复的变化预测不是很准确，因为此时的转移矩阵已经不再适用。

再者，马尔可夫模型不能预测舆情的生成时间。一般来说，政府部门希望在事件还未形成时就可以预料到某一事件的产生及其发展的趋势，从而可以及早对事件进行监管和处理。但是马尔可夫模型做不到这一点，因为它必须根据一定量的数据才能得到状态转移矩阵，从而进行预测。因此在事件的潜伏期不适合用马尔可夫模型进行预测。

最主要的一点不足还体现在马尔可夫模型不能精确预测状态拐点，只能预测舆情发展的态势，这也与其运用状态转移矩阵有关，转折点前后应该使用不同的转移矩阵，而马尔可夫模型在食品安全领域的预测还没有达到非常精准的地步。因此对于舆情发展拐点的预测，可能需要结合更加精确的预测方法，例如动态贝叶斯网络分类器模型等，从而可以使食品安全网络舆情预测更加完善。当然，这也是本文后续的努力方向。

参考文献

［1］ 王来华、陈月生：《论群体性突发事件的基本含义、特征和类型》，《理论与现代化》2006 年第 5 期，第 3～5 页。

［2］ 门玉峰：《北京市食品安全的媒体适度监督作用研究》，《中国商界》2010 年第 4 期，第 9～12 页。

［3］ 王丽、王权：《风险时代的大众传媒与食品安全——一个基于实证研究的视角》，《新闻前哨》2011 年第 6 期，第 20～22 页。

［4］ 侯瑜：《我国食品安全现状、差距及建议》，《食品研究与开发》2008 年第 1 期，第 149～153 页。

［5］ 王耀忠：《食品安全监管的横向和纵向配置——食品安全管理的国际比较与启示》，《中国工业经济》2005 年第 12 期，第 64～70 页。

［6］ 刘文、李强：《食品安全网络舆情监测与干预研究初探》，《中国科技论坛》2012 年第 7 期，第 44～49 页。

［7］ 曾润喜、徐晓林：《网络舆情突发事件预警系统、指标与机制》，《情报杂志》2009 年第 11 期，第 52～54 页。

［8］ 李雯静、许鑫、陈正权：《网络舆情指标体系设计与分析》，《情报科学》2009 年第 7 期，第 986～991 页。

［9］ 张一文、齐佳音、方滨兴等：《非常规突发事件网络舆情热度评价指标体系构建》，《情报杂志》2010 年第 11 期，第 71～75 页。

［10］ 喻国明：《网络舆情热点事件的特征及统计分析》，《人民论坛（中）》2010 年第 4 期，第 1～11 页。

［11］ 刘勘、李晶、刘萍：《基于马尔可夫链的舆情热度趋势分析》，《计算机工程与应

用》2011 年第 36 期，第 170 ~ 173 页。

［12］张一文、齐佳音、方滨兴等：《非常规突发事件网络舆情热度评价体系研究》，《情报科学》2011 年第 9 期，第 1418 ~ 1424 页。

［13］张虹、钟华、赵兵：《基于数据挖掘的网络论坛话题热度趋势预报》，《计算机工程与应用》2007 年第 31 期，第 159 ~ 161 页。

［14］张钰、刘云：《基于 BP 神经网络的 BBS 上帖子回复数预测》，《电脑与电信》2008 年第 10 期，第 28 ~ 29 页。

［15］Xu Chen, Hui Gao, Yan Fu, Situation Analysis and Prediction of Web Public Sentiment, International Symposium on Information Science and Engineering, 2008：707 – 710.

［16］杨频、李涛、赵奎：《一种网络舆情的定量分析方法》，《计算机应用研究》2009 年第 3 期，第 1066 ~ 1069 页。

［17］Watts, D. J., *Small Worlds.* Princeton：Princeton University Press, 1999：25 – 30.

［18］Girvan, M., Newman, M. E. J., "Community Structure in Social and Biological Networks," *Proceedings of the National Academy of Sciences*, 2002, 99 (6):7821 – 7826.

［19］Borgatti, S. P., Mehra, A., Brass, D. J. et al., "Network Analysis in the Social Sciences," *Science*, 2009, 323 (5916):892 – 895.

［20］钱爱兵：《基于主题的网络舆情分析模型及其实现》，《现代图书情报技术》2008 年第 4 期，第 49 ~ 55 页。

［21］Macqueen, J., *Some Methods for Classification and Analysis of Multivariate Observations.* In：Proceedings of the 5th Berkeley Symposium on Mathematical Statistics and Probability. Berkeley, University of California Press, 1967：281 – 297.

［22］曾果：《基于 K 近邻的垃圾邮件过滤模型》，《铜仁学院学报》2008 年第 9 期，第 118 ~ 119 页，第 134 页。

［23］聂恩伦、陈黎、王亚强、秦湘清、金宇、于中华：《基于 K 近邻的新话题热度预测算法》，《计算机科学》2012 年第 6 期，第 257 ~ 260 页。

［24］张虹、赵兵、钟华：《基于小波多尺度的网络论坛话题热度趋势预测》，《计算机技术与发展》2009 年第 4 期，第 76 ~ 79 页。

［25］何声武：《随机过程引论》，高等教育出版社，1999，第 1 ~ 89 页。

［26］吴殿廷、李东方：《层次分析法的不足及其改进的途径》，《北京师范大学学报》（自然科学版）2004 年第 4 期，第 264 ~ 267 页。

［27］张庆民、王海燕、吴春梅、吴士亮：《基于熵权——离差聚类法的城市公共安全舆情评估》，《中国安全科学学报》2012 年第 9 期，第 147 ~ 152 页。

Contents

Abstract: Taking agricultural producers' behavioral characteristics as the logical starting point, through the fieldwork of Funing pig breeders in Jiangsu province, this paper defined the concept of agricultural production randomness from different dimensions of agricultural production behaviors, combined with the hypotheses of "rational economic man" and the "social economy man", explored the structural conditions that generate agricultural producers' random behavior and its impression on the safety of agricultural production. This study found that the relative clearer perception of agricultural safe production is the prerequisite and basis for agricultural producers' continual and healthy agricultural safe production. If agricultural producers' behavior cognition and safety production norms are too different, even if they have safe production demands, their behavioral outcomes would pose a security risk, and excessive pursuit of economic interests is the original motives that generate agricultural producers' random behavior. Reducing interest conflicts and achieving interest integration are important means to promote agricultural producers' safe production, and establishing common governance mechanism is the necessary condition to eliminate path dependence in the process of production, resolve security risks of agricultural products and change agricultural production random behaviors.

Keywords: Agricultural producers; Random behavior; Theory explanation; Policy improvement

The Correlation Study of the Pig Farmers' Basic Characteristics and Disposing Behaviors of Dead Diseased Pigs: Simulation Experiment Method

Xu Guoyan   Zhang Jingxiang   /023

Abstract: Recently in our country, the event of farmers throwing dead diseased pigs or dead diseased pigs illegally flowing to the market keep occurring that has increasingly threatened the protection of environment and put human health in danger. So, it is extremely urgent for governing the dead diseased pigs from the source. The research perspective of this paper is farmers' disposing behaviors of dead diseased pigs, assuming farmers alone with the logic thought of "cost – benefit" to deal with dead diseased pigs. On the basis of summarizing the existing research literature, this paper concludes several factors, such as the year of farming, farming scale, the cognition of relevant laws and regulations, pig disease and epidemic prevention and so on, proposing hypothesis that aforementioned factors can affect farmers' disposing behavior. By building behavior probability model, adopting computational simulation experiment method, this paper researches the relationship between the basic characteristics of pig farmers and their disposing behaviors of dead disease pigs. The results demonstrate that the relationship between the year of farming and farming scale and disposing behavior choice of dead disease pigs are not simply linear. However, it is a positive correlation between the cognition of government policy, relevant laws and regulation, pig disease and epidemic prevention and behavior choice of farmers. Comparing with government subsidy of harmless treatment, government supervision and penalties for regulating disposing behavior of dead disease pigs are more efficient. The meaning of this essay is to target the basic characteristic of farmers who are choosing negative behavior to deal with dead disease pigs, and to supply decision –

making reference for government to manage the phenomena of dead disease pigs throwing and flowing into market from the source.

Keywords: Disposing Behavior of Dead Disease Pigs; Expected Return; Behavior Probability Model; Computational Simulation Experiment

A Study of Pig Farmers' Behaviors and Influencing Factors on Veterinary Drugs Use

Xie Xuyan   /046

Abstract: Veterinary drug plays an irreplaceable role in pig farming. However, improper use will cause the residues of veterinary drugs, as well as causation and spread of drug – resistant bacteria in the food chain system, posing a potential risk to human health. With samples surveyed on 654 pig farmers in Funing of Jiangsu Province, we adopt MVP (Multivariate Probit Model) model to study their behaviors and influencing factors on using veterinary drugs based on earnings expectations method. The survey and research results show that the behavior of excessive use of veterinary drugs and non – compliance with the withdrawal period is common in pig farming, and the proportion of non – compliance with withdrawal period accounting for about 70% of the samples. Farmers' gender, age, family size, the proportion of farming income in total net income, farming scale, breeding period, cognition of veterinary drug residues and understanding of the government penalties for non – compliance etc. affect their behaviors of veterinary use in varying degrees. Government regulation has a significant effect on the behavior of using human drug in pig farming, while not on the behavior of the excessive use of veterinary drugs and non – compliance with the withdrawal period.

Keywords: Pig Farmer; Veterinary Drug Use; Improper Behavior; Veterinary Drug Residues; MVP Model

A Study of Modern Agricultural Operators to Implement Self – Inspection Behavior and Influencing Factors of Aquatic Products

Yan Zhen   Zhou Jiehong/067

Abstract: Modern operators are the main body of our country's modern agriculture in large – scale production, and are the key responsibility body of implementing quality safety control, self – inspection and self – discipline. This paper analyzes self – inspection behaviors and influencing factors of the primary aquatic products by using the survey data of 66 aquaculture operators in Zhejiang province. The results show that the rates of self – inspection implemented by cooperatives and agricultural leading enterprises are significantly higher than breeding with large – scale production. Production file, unified brand marketing, competitive expectations, government checking and agricultural technology training etc. have significantly positive effects on self – inspection, and age of the head has a negative correlation with self – inspection behavior of the main body. Finally, this paper puts forward some useful solutions to promote modern agricultural operators to implement quality safety self – inspection is that optimizing the internal governance, ensuring the external policy and promoting the construction of market.

Keywords: Self – Inspection of Aquatic Products; Modern Agricultural Operators; Quality Safety; Regulatory System

Study on Farmers' Willingness to Bear Additional Cost for Traceable Agriculture Production: Case Study of Vegetables

Xu Lingling   Liu Xiaolin   Ying Ruiyao   /082

Abstract: The farmers are the source of production of safe agricultural production. Farmers participate in traceability will increase the additional costs of production. Therefore, farmers'awareness of the traceability of agricultural products and willingness to bear additional production costs are the key factors. We investigate farmers's willingness to bear additional costs of three different types of traceable vegetables, namely "basic traceable vegetables", "add parents' information based on basic traceable vegetables" and "traceable vegetables with all information certified by government professional organizations" through a questionnaire survey of 446 vegetable planting farmers. We apply Multivariate Probit Model (MVP) to estimate the main factors which affect farmers' willingness to bear additional costs of three types of traceable vegetables. The results showed that, farmers' willingness to bear additional costs of three types of traceable vegetables are not higher than 2.41%, 2.18% and 3.34% of the total costs respectively. Farmers' recognition and willingness to bear additional costs for "basic traceable vegetables" is higher than the level of more advanced "add parents' information based on basic traceable vegetables". The additional costs which farmers are willing to bear for "traceable vegetables with all information certified by government professional organizations" is the highest one. Education degree, vegetable planting scale, and the degree of vertical integration are also the significant factors. Farmers' age, family farm income, cognition of vegetable traceability system, and whether implement pollution - free, green or organic vegetable certification have varying degrees of significant effects on farmers' willingness to bear additional costs for traceable vegetables. Our result shows that, we should first promote the popularization of primary vegetable traceability system (such as the "basic traceable vegetables"), and then gradually choose younger farmers with higher education, larger vegetable growing areas, participate in agricultural enterprises or specialized cooperative organizations to implement more advanced vegetable traceability system (such as the "add parents' information based on basic traceable vegetables"). Farmers will decide whether traceability information needs to be certified by the government organizations or not according to their production cost and benefit. And it will increase the rate of farmers' participation in vegetable traceability system.

Keywords: Farmer; Vegetables; Traceability System; Additional Cost; Willingness to Bear

Based on the LCA Method the Assessment and Promotion of Low Carbon Manufacturing in China's Industry Enterprises
—The Case of Liquor Enterprise

Wang Xiaoli   Wang Haijun   Wu Linhai   /104

Abstract: The development mode of combination industrial civilization with ecological civilization makes the carbon emissions from industrial production is controversial. Through the products' carbon footprints in life cycle analysis (LCA), the carbon label is gradually used to introduce the attention on enterprises' low carbon manufacturing. In this paper, the method of LCA and ISO14000 series of international environmental management standards were mutually balanced to build the evaluating framework of Chinese industrial enterprise's low carbon manufacturing, which is introduced to analyze the case of China's typical liquor enterprise of Jiangsu Tanggou Liangxianghe Liquor Company that willing to practice carbon label. Through scientifically decomposition the LCA process and accurately definition the measure scope of enterprise's processing on pure grains liquor by solid fermentation, we completed the data collection of each link in the process of pure grains liquor by solid fermentation. On the premise of ensure the data validity and reliability, we defined the study area as raw material, such grain and energy inputs to liquor products reached a new organization, and the function unit was carbon emissions from a liter of pure grain liquor by solid fermentation. Based on the LCA method, we dynamically measured and recognized the carbon emissions of the enterprise producing pure grains liquor by solid fermentation liquor in 2009 – 2012. The conclusions were that the key points of carbon emission was boiler which closely related to steamed grain, and purchased electricity consumption was the secondary key point of carbon emissions. We suggested this enterprise on the basis of the status quo to increase technology innovation inputs to reduce waste water discharge of COD concentration. This results indicated low carbon transformation path of Jiangsu Tanggou Liangxianghe Liquor Company, also made the basis to fully practice carbon label and to fulfill social responsibility of this company. In the long run, these conclusions even take the method of carbon reduction for reference to all China's industrial enterprises.

Keywords: LCA; Industrial Enterprises; Low Carbon Manufacturing; Evaluation; Jiangsu Tanggou

A Comparative Study of Different Income Residents' Risk Perception after the Dairy Safety Incident
—Based on Random Effects Model of Panel Data

Dong Xiaoxia   Li Zhemin   /123

Abstract: Based on the random effects model of panel data, the research takes consumption risk perception as the breakthrough point, analyzes dairy consumption changes of residents with different incomes deeply after the dairy safety incidents. The results show that frequent dairy security incidents in recent years significantly increase consumers' perception on risks of dairy consumption, dairy consumption of different income residents tend to decline, and relatively low income residents' consumption risk perception is significantly higher than that of high income residents and is the main body of the urban residents dairy consumption decline; dairy consumption of urban residents decline is mainly due to the decline in milk consumption, the drop of milk powder of the melamine event "culprit" is relatively small, the high – income residents' consumption even risen.

Keywords: Dairy Safety events, Risk Perception; Different Income Residents; Random Effects Model

Analysis of Urban Residents' Food Consumption
Change Based on AIDS Model in Shaanxi Province

Liang Fan   Lu Qian   Zhao Minjuan   /139

Abstract: This paper used the statistical data from 1995 to 2012, based on the AIDS model, analyzed urban residents' food consumption in Shaanxi province. The results show that residents are lack of income elasticity in consumption of the most foods, but fruits, poultry and dairy consumption are greatly affected by the income; income elasticity of food consumption of low – income residents is higher than that of high – income groups, as time goes on, the influence of income will reduce; residents' meat and vegetable consumption is increasing affected by the income, while of high – income residents' consumption on the two types of food is not sensitive to income changes. Residents are not sensitive to the change of most food price. The absolute value of price elasticity of residents' consumption of grain, meat and vegetables are greater than their income elasticity. Research shows that the method that increasing Shaanxi urban residents' income to promote food consumption and nutrition absorption is not work; ensure the supply of vegetables is adequate and diversity in Shaanxi will promote the o-verall improvement of Shaanxi urban residents nutrition structure; Shaanxi food like fruit need necessary consumption guide and production support policies.

Keywords: Food Consumption; AIDS Model; Elastic Analysis; Urban Residents

The Study of Consumers' Behavior of Certificated Food and Development of Certification System

Chen Yusheng /150

Abstract: This article analyzed the choice of current Chinese food quality and safety certification system and development of certification system in the future based on the model of consumers' behavior. The results showed that the consumers' trust to the inspection and certification organization influences the affectivity of implementation of the certification system. The certification system can play the role in meeting consumers' demand of food quality and enhancing consumers' welfare when the standard of certification adapts to the level of economic development.

Keywords: Food Quality and Safety; Certification System; Consumers' Behavior; Welfare

The Study of Identifying Critical Factors in Consumers' Perception of Food Additives: a Fuzzy DEMATEL Method

Shan Lijie Xu Lingling Zhong Yingqi /161

Abstract: In recent years, the frequent food safety issues happened all over the world, consumers are increasingly concerned about food safety issues, especially food additives. It's important to study the relationship of factors influencing on the perception behavior of food additives and identify the key factors, so as to lead consumers' perception of food additives.

This essay uses fuzzy DEMATEL method to study the relationship of factors influencing on the perception behavior of food additives and identify the key factors and so on. It indicates government's supervision, enterprises' expectation benefits of economic, the size of enterprises, the integrated level of supply chain and consumer's demand and preference are key factors.

It's emergent to perfect the mechanism of government's supervision, strengthening the basic knowledge of food safety consumption, promoting scientific literacy, health awareness and recognition ability of the public. Government supervision is one of the key factors. Strengthen government supervision mechanism is a pressing matter of the moment, and timely release information and the government's efforts supervision, so as to restore public confidence in the food market.

Keywords: Food Additives; Critical Factors; Fuzzy Logic; DEMATEL Method; Using Behavior

Consumers' Preference for Traceability
Information: Based on Real Choice Experiment

Zhu Dian   Wang Hongsha   /175

Abstract: Based on the reality of food traceability system construction and key security risk areas in pork supply chain, price and traceability information including farming, slaughtering and processing, distribution and marketing, and government certification are set, using a real choice experiment and a latent class model to study 209 consumers in Wuxi preferences and willingness to pay for traceability information and influence factors. Significant heterogeneity is observed in consumer preferences for traceable pork. Consumers are divided into ordinary type, risk – aware, price – sensitive and high – risk – aware four classes. The ordinary gets the highest proportion, followed by high risk – aware, while reveal the same preference order, Both of the ordinary and the risk – aware are willing to pay the highest premium for government certification information, followed by farming information. Farming risk – aware consumers are willing to pay the highest premium for farming information. Old consumers are more price – sensitive than the young consumers. Therefore, developing differentiated traceability system is advised, serving as a reference for the Chinese government in improving the decision – making market governance.

Keywords: Traceability Information; Willingness to Pay; Real Choice Experiment; LCM

Consumers' Willingness to Pay for Food Safe Labels: A Case Study of Organic Tomatoes

Yin Shijiu   Xu Yingjun   Gao Yang /190

Abstract: The paper took tomatoes as example, based on the choice experimental data of the 868 consumers in Shandong province, used the random parameter logit model to measure the consumers' willingness to pay (WTP) for different types of food safe certification label, and analyzed influence of the consumer food safety risk perception and the consumer environmental awareness on consumers'WTP. The results showed that consumers have higher WTP for organic label, and the WTP for EU organic label is much higher than China's organic label, while the WTP for green label is similar to pollution – free label. The WTP of consumers with different food safety risk perception is strikingly different, while the WTP of consumers with different environmental awareness is closer to each other.

Keywords: Food Safe Label; Willingness to Pay; Choice Experiment; Random Parameters Logit Model

On the Perfection of the Food Safety Legislation of Criminal Law

Mei Jin   /209

Abstract: The food security situation is not optimistic in nowadays, as criminal law is not very comprehensive on combating crimes which endanger food security. In this regard, the person who produces, sells foods that do not conform with hygienic standards will be punished; the people produces, sells foods that do not conform with hygienic standards will be punished though with negligence; depriving the qualifications of the criminals to be engaged in food activities; change the crime from the chapter of crimes of endangering public security into the chapter of crimes of endangering public security.

Keywords: Food Crime; Acts Committed; the Perfection of Punishment; Foreign Criminal Law

Trend Analysis of Food Safety Public Opinion
Based on Markov Chain

Hong Xiaojuan   Zhao Qiannan   Hong Wei   /224

Abstract: Recently China has been in a high – incidence season of food safety events and not only social media but also public pay great attention to them. The government is facing a severe challenge of food safety management. According to the features of food safety events such as short life cycle, regular development curve and so on, it is feasible to predict the heat trend of online public opinion in food safety area using Entropy Law and Markov Chain Model. Based on detailed analysis of hot food safety events through the amount of micro – blogs' and forums' posts as well as forums' comments and reposts, the weight of each indicator can be calculated. And then utilize Markov transfer matrix to predict the trend of online public opinion in food safety. After retrospective forecast of popular food safety events in 2013, the accuracy of prediction using Markov Chain Model is 85% means Markov Chain Model is suitable to forecast the trend of food safety online public opinions.

Key words: Food safety; Network Public Opinion; Heat of Public Opinion; Markov Chain Model; Entropy Law

图书在版编目（CIP）数据

中国食品安全治理评论. 第 1 卷/吴林海主编. —北京：社会科学
文献出版社，2014.12
　（国家安全与发展战略研究丛书）
　ISBN 978 - 7 - 5097 - 6794 - 8

　Ⅰ.①中… 　Ⅱ.①吴… 　Ⅲ.①食品安全 - 安全管理 - 研究 -
中国 　Ⅳ.①TS201.6

　中国版本图书馆 CIP 数据核字（2014）第 267310 号

· 国家安全与发展战略研究丛书·

中国食品安全治理评论（第一卷）

主　　编／吴林海
执行主编／王建华

出 版 人／谢寿光
项目统筹／周　丽　林　尧
责任编辑／颜林柯

出　　版／社会科学文献出版社·经济与管理出版中心（010）59367226
　　　　　地址：北京市北三环中路甲 29 号院华龙大厦　邮编：100029
　　　　　网址：www. ssap. com. cn
发　　行／市场营销中心（010）59367081　59367090
　　　　　读者服务中心（010）59367028
印　　装／三河市尚艺印装有限公司

规　　格／开　本：787mm × 1092mm　1/16
　　　　　印　张：16.5　字　数：256 千字
版　　次／2014 年 12 月第 1 版　2014 年 12 月第 1 次印刷
书　　号／ISBN 978 - 7 - 5097 - 6794 - 8
定　　价／69.00 元